半導体業界の動向と問題点

視点❶　日本の半導体業界の慢心と誤認識

1980年代は、DRAMでトップシェアを誇った日本勢も、1990年代以降は急激に勢いを失っていきました。

パラダイムシフトに対応できなかった日本企業

パソコンの出現とともに低価格路線へとパラダイムシフトが起こりました。しかし、市場が求める以上の高品質にこだわった日本企業は、コスト対応できなかったことで凋落していくことになります。

日本のSoCはほぼ壊滅状態

一つのチップに回路を組み込んだSoCの市場競争において、DRAMに偏っていた日本の半導体企業は対応できず、現在はほぼ壊滅状態になっています。

マーケティングを軽視した日本メーカー

「イノベーション＝発明と市場の新結合」を「技術革新」と誤認識したことと、マーケティングをしなかったことで市場ニーズを把握できず、イノベーションを阻害したと考えられます。

DRAM世界シェアの推移

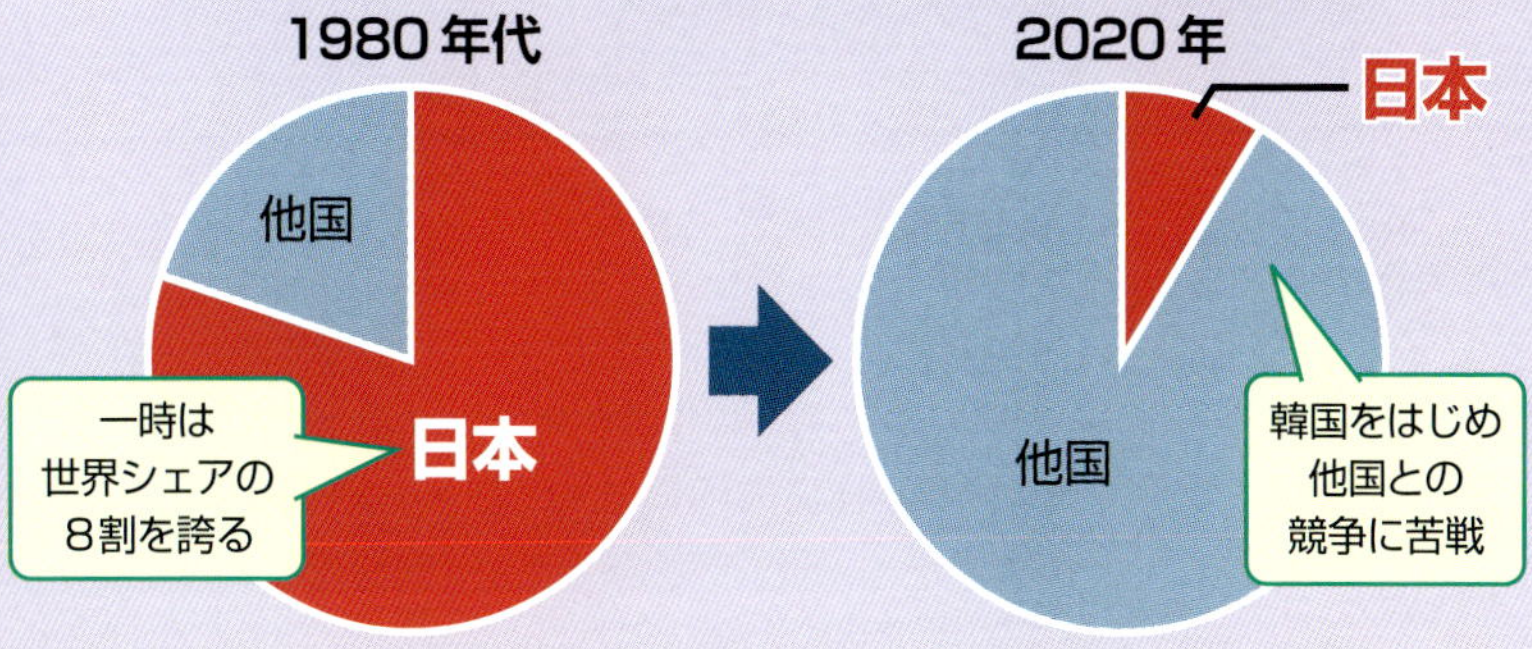

身の回りにあふれる半導体搭載製品

視点❷　半導体がないと成り立たない社会生活

20世紀最大の発明品である「半導体」は、様々な製品に搭載され、現代社会に多くの恩恵をもたらしています。

CPU（プロセッサ）の製作過程

シリコンウエハ上に、電気的特性を持った素子を形成し、配線して回路を作ったチップを切り離します。それをパッケージ基板に乗せて接続するとCPUチップができあがります。

メモリ（DRAM）の製作過程

CPUチップと同じ製造工程でできる半導体記憶素子で、コンデンサにビット記憶させるメモリです。ローコストで生産でき、集積度を上げやすいというメリットを併せ持っています。

空気中の
浮遊微粒子や
浮遊微生物が、一定の
レベル以下に
管理されている

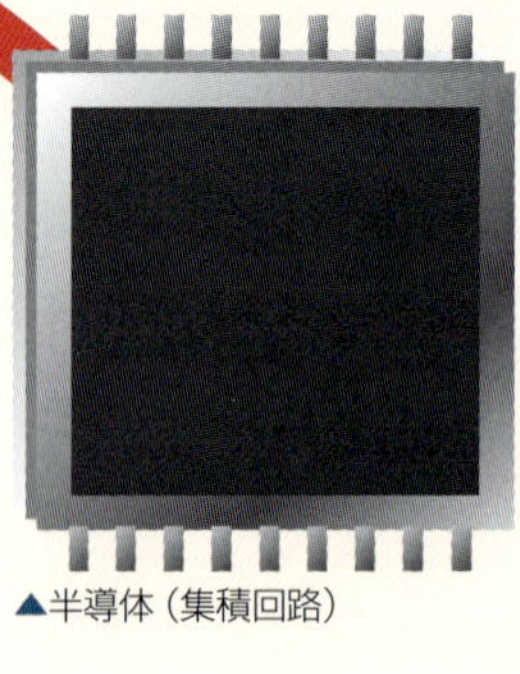

▲半導体（集積回路）

▲半導体製作過程の一部（クリーンルーム）

半導体搭載製品（一例）

私たちの身の回りにある様々な機器には、必ずといっていいほど多くの半導体が搭載され、便利さと快適さを提供しています。

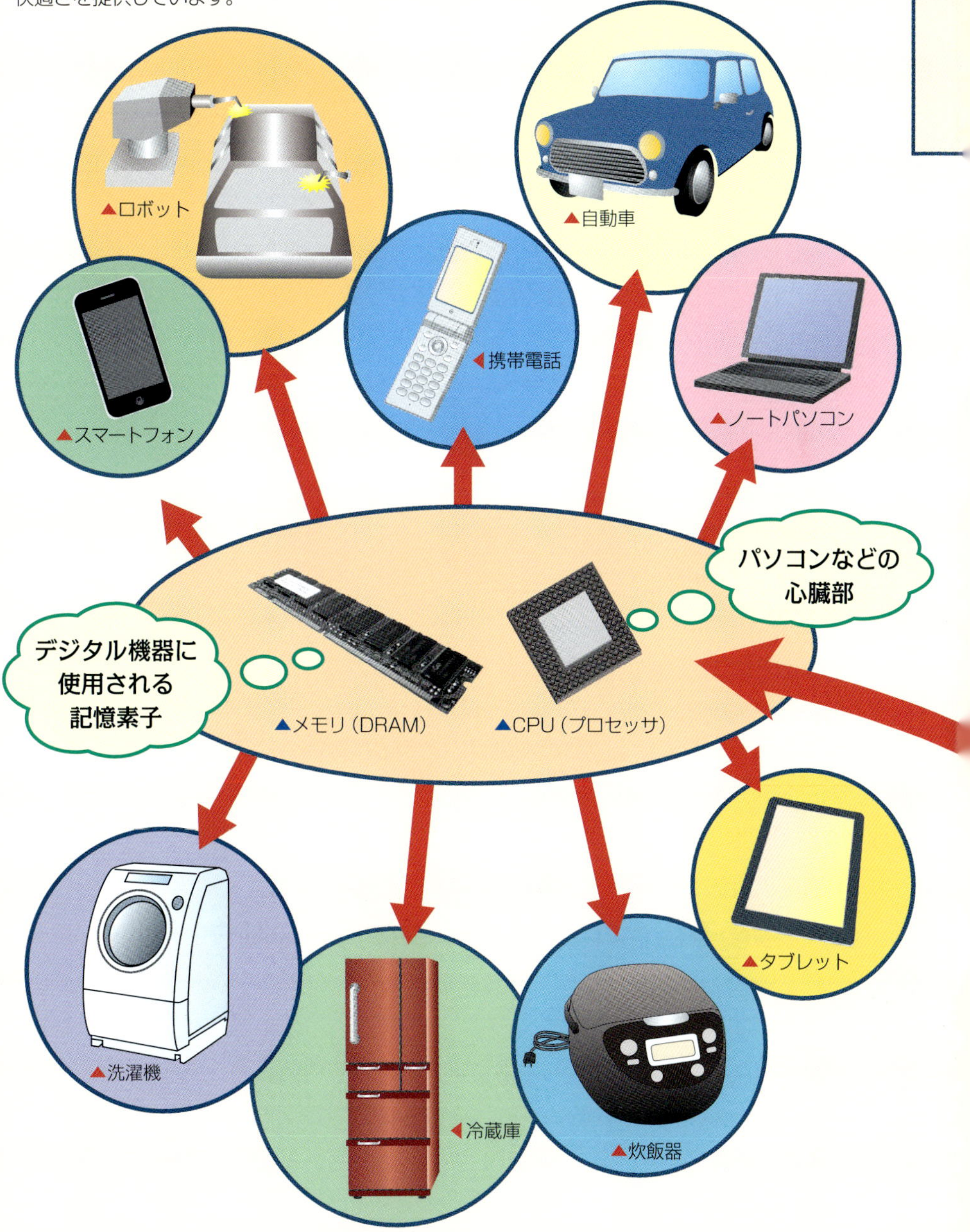

世界における日本の半導体

視点③　成長を続ける韓国とシェア30%を割り込んだ日本の明暗

地域別DRAMシェアの推移

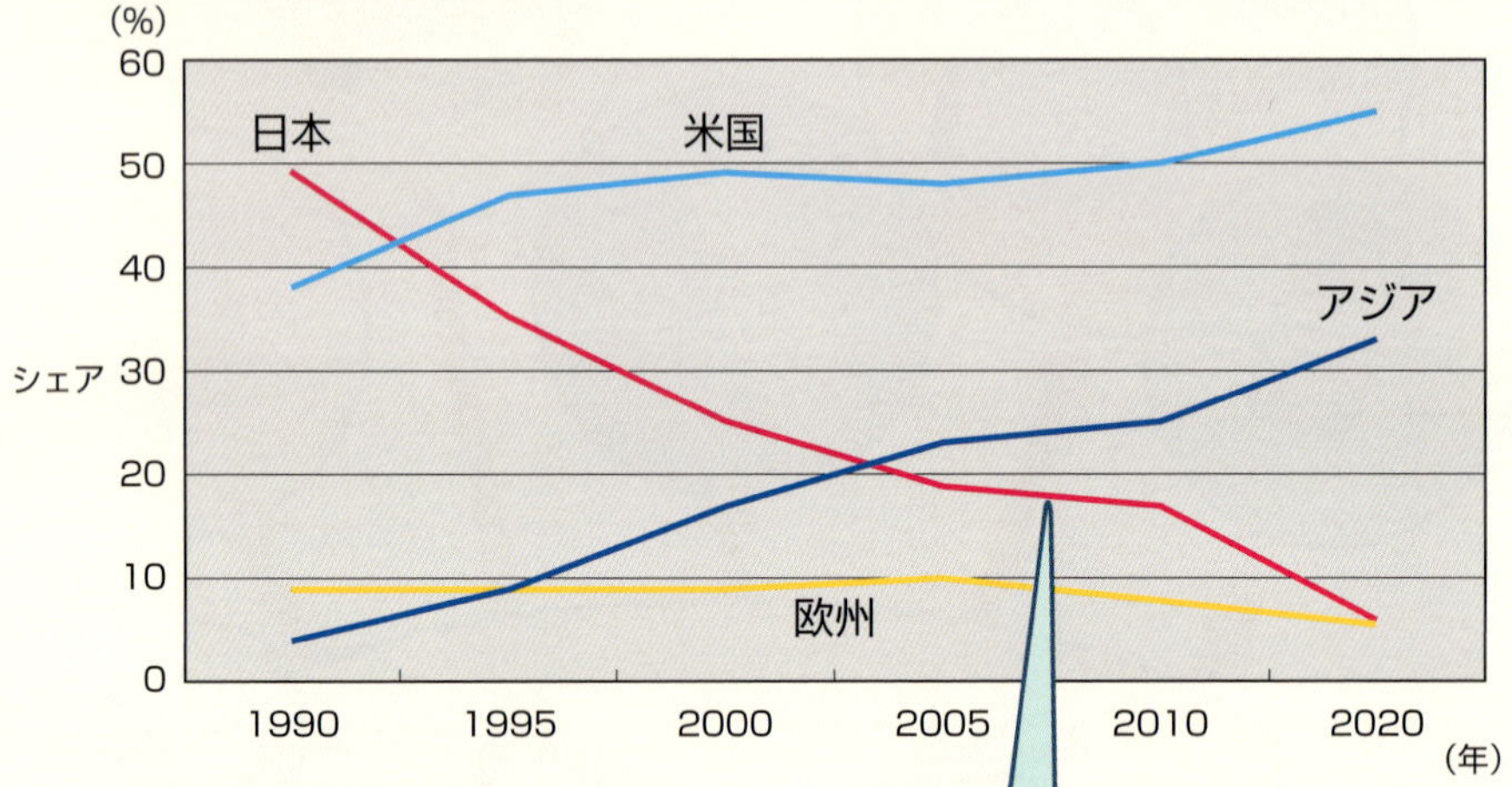

●日本と韓国の数値が逆転

1990年代後半に始まったパソコンブームに際し、日本メーカーが必要以上に高品質にこだわり、低価格路線に踏み切れなかったことが、韓国にシェア逆転を許した大きな原因として考えられる

視点④　今後予想される日本の半導体業界の動き

① DRAMでの失敗をバネにした新しい展開
② スマート家電市場など、得意分野での活躍
③ 有機デバイスなど、次世代の技術での巻き返し

How-nual　Shuwasystem Industry Trend Guide Book
図解入門
業界研究

最新

半導体業界の動向とカラクリがよ～くわかる本

業界人、就職、転職に役立つ情報満載

［第3版］

センス・アンド・フォース 著

秀和システム

●注意

(1) 本書は著者が独自に調査した結果を出版したものです。

(2) 本書は内容について万全を期して作成いたしましたが、万一、ご不審な点や誤り、記載漏れなどお気付きの点がありましたら、出版元まで書面にてご連絡ください。

(3) 本書の内容に関して運用した結果の影響については、上記(2)項にかかわらず責任を負いかねます。あらかじめご了承ください。

(4) 本書の全部または一部について、出版元から文書による承諾を得ずに複製することは禁じられています。

(5) 本書に記載されているホームページのアドレスなどは、予告なく変更されることがあります。

(6) 商標

本書に記載されている会社名、商品名などは一般に各社の商標または登録商標です。

はじめに

日本は、資源はないものの、技術立国として信頼性の高い優秀な製品を作り出し、広く世界に輸出しているナンバーワンの国だと、いま本気で考えている人はまずいないでしょう。

確かに、数十年前まではそう考えても間違いではありませんでした。しかし、現在の日本の各産業の実情は惨憺たるもので、いままで製造を委託していた国にまで、そのシェアを奪われる有様です。

その象徴的な産業が、本書で取り上げる「半導体産業」です。世界を席巻していた日の丸半導体も、日米半導体協定やバブル崩壊による失われた一〇年で、競争力を大きく落としてしまうことになりました。

しかし、日本の半導体産業は、製造装置産業や材料産業などのような得意分野で世界と比肩できるまでに成長しているだけでなく、お家芸のデジタル家電でもその実力を発揮しようとしており、将来に対する光明が見えています。

本書では、半導体業界の置かれている現状を認識するために、まず、業界全体の仕組みやグローバル経済における業界のあり方を解説しています。その上で、代表的な企業や技術的なバックボーンの紹介と動向を説明し、将来的な展望や私たちの生活に及ぼす影響と恩恵などについても話題を展開しています。

半導体は、これからも様々な産業にとって欠くことのできない電子部品として、さらなる発展が期待されています。少しでも多くの方に本書を手にしていただき、半導体産業の現実と将来性を理解していただければと思います。

2021年6月　筆者

How-nual 図解入門 業界研究

最新半導体業界の動向とカラクリがよ〜くわかる本［第3版］●目次

第4章　半導体製造の技術を知る

第5章　半導体を使ったアプリケーション

第6章 半導体産業の今後と未来

Appendix

巻末資料

第1章

半導体業界の基本と仕組み

20世紀最大の発明品である「半導体」は、誕生からたった70年の間に、トランジスタから超LSIへと急激な進歩を遂げました。現代社会になくてはならない存在となった半導体の有用性と、業界の置かれている立場やその仕組み、そして問題点について、概略を解説していきます。

1 半導体の成長の歴史

二〇世紀最大の発明といわれるトランジスタが誕生してから、すでに七〇年以上が経ちました。歴史は、ICから超LSIへと進化して移り変わり、半導体産業はめざましい急成長を遂げてきました。

トランジスタからICへ

二〇世紀半ばの一九四七年、米国のベル研究所で**トランジスタ**が誕生します。それまでの**真空管**に代わる大発明は、その後、半世紀以上にわたり、電子および電気産業だけではなく、様々な分野に多大な影響を与えました。

その後、ICと呼ばれる**集積回路**になり、半導体産業はきわめて異例のスピードで急成長を果たします。成長度合を数値で表しても、誕生から数十年もの間、年平均二桁の成長を示していたほどで、国民総生産の一%に相当する市場規模にまで上り詰めました。

これだけの急成長は過去にも例がなく、結果としてコンピュータはもとより、通信機器や家庭電化製品、自動車、ロボットにいたるまで、ICは、身の回りのあらゆる電気製品に使われるまでに拡大していきます。

この現象をとらえ、半導体は「**産業のコメ**」と称されるようになりました。

IC以降、さらに集積度は向上し、LSI*から超LSIへと進化を積み重ね、電子産業の発展に大きく貢献しています。

IT革命や**デジタル革命**を根底から支えていたのも半導体技術であり、その功績はきわめて大きく、現在も電気および電子機器をはじめとする様々な産業がさらなる発展を続けるための礎になっています。

半導体が日本のイメージを一変

半導体の発展は、戦後の日本産業界にとっても大き

用語解説

*LSI　Large Scale Integrationの略で、素子の集積度が1000個～10万個程度の大規模集積回路のこと。当初はICに比べて飛躍的に集積度が高まった製品を区別するために使用されていたが、現在はICと同義語に使われている場合が多い。集積度が10万を超えるものをVLSI、1000万を超えるものをULSIと呼んでいたこともあるが、最近はこれらも含めてLSIと呼んでいる。

な効果をもたらしています。

トランジスタの発明が、終戦間もない出来事であり、復興時期と重なったことも幸いしたと考えられるでしょう。

当時の日本は、労働者の低賃金をベースに、低価格路線で世界に打って出ていました。そのため、輸出先国の消費者からは「安かろう、悪かろう」といったイメージでとらえられていたことは否めません。

しかし、新しく誕生したトランジスタに日本の産業界が目を向け、製品開発したことで、このイメージが大きく変わりました。初期のトランジスタラジオからテレビ、オーディオ機器、VTR、電子玩具などが次々と輸出されたことで、日本製品の品質の高さが評価され、**「日本製品=高品質」**のイメージができあがっていったのです。

日本の戦後復興は、「奇跡の復興」といわれますが、この成長に半導体産業が果たした功績には絶大なものがあります。その後もしばらくはこの傾向が続いたことを考えると、苦戦を強いられている現在の日本半導体が近々復興するのも夢ではないのかもしれません。

世界の半導体市場規模推移

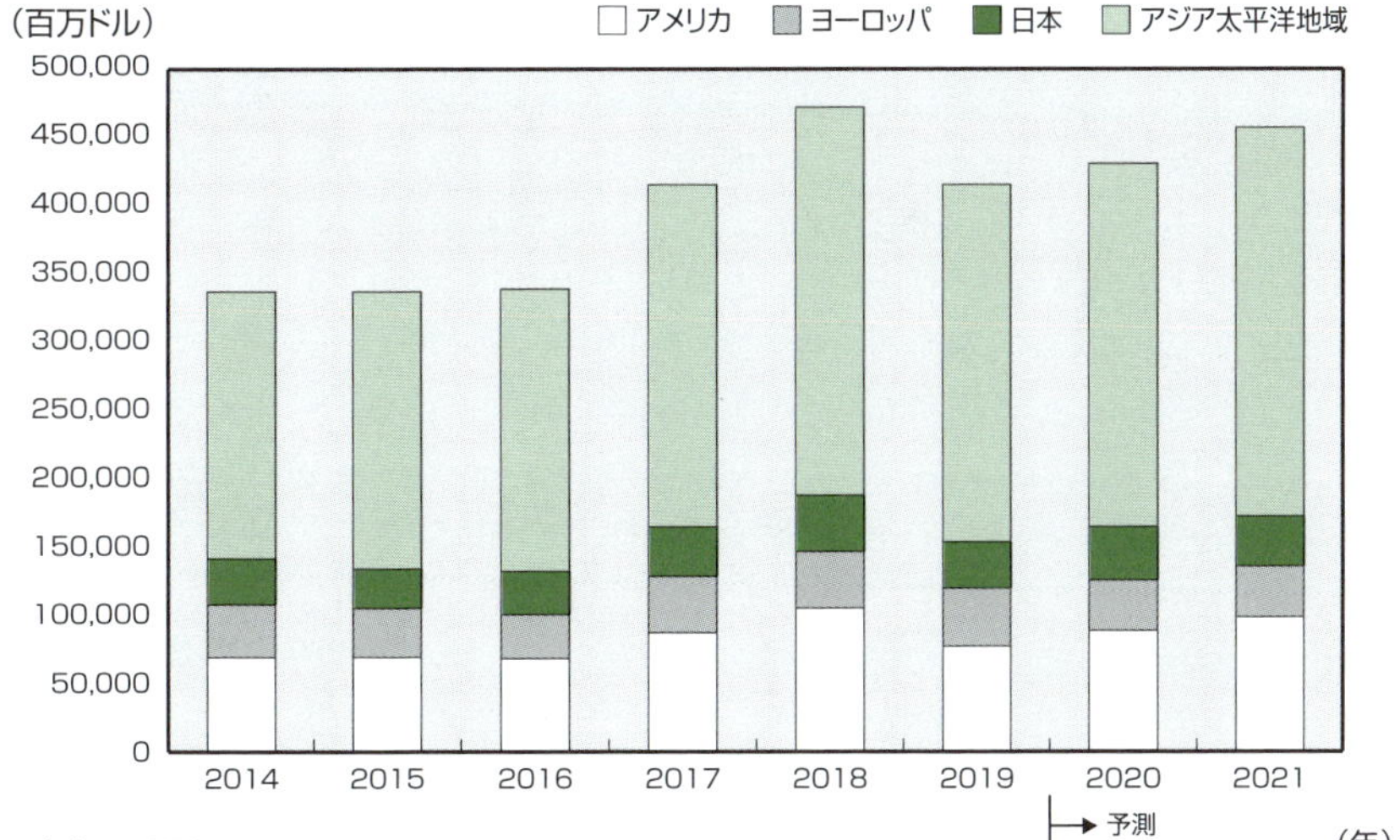

出典：WSTS

2　半導体産業と経済景気

急成長を果たした半導体産業ですが、日本国内ではバブル崩壊後、一気に国際競争力を失って凋落していきました。その後、低迷していたものの、デジタル家電の成長で息を吹き返したという歴史があります。

バブル崩壊後の失われた一〇年

一九八〇年代後半に発生したバブル景気は、実質経済とかけ離れて膨張するだけだったため、中身のない風船に例えられました。しかし、実質がないため長続きせず、九〇年代に入るとそのバブルがはじけ、日本経済は**長期間のデフレ状態**になりました。

日本経済が経験したバブル崩壊後の低迷期を「**失われた一〇年**」と呼びますが、それと時期を同じくして日本の半導体産業は凋落し、衰退しはじめました。一国の経済悪化によるものとはいえ、これほどまでに短期間で国際競争力を失った産業というのも、過去に例のないことです。

この時期、米国ではその後の半導体の行く末を左右することになる、ＩＴ産業などの「**ニューエコノミー**」が台頭しはじめます。

しかも、八六年に結ばれた「日米半導体協定」は、およそ市場経済の常識からはかけ離れた協定内容で、その後の日本半導体産業を苦しめる元凶になります。今にして思えば、このような理不尽といえるような協定を日本政府が了承した理由については、疑問の残るところですが、その後の政府の政策や対応を見ると、当時の日本政府の半導体産業に対する認識や関心が決して高いとはいえなかったことがうかがえます。

デジタル機器の成長による経済効果

国としての対策や対応が見えない中、日本の産業界は独自に再生の道を探ります。

そのとき、一つの光明だったのがお家芸である家庭電化製品でした。

半導体の卓越した技術と、戦後の日本を支え続けてきた家電分野の技術が融合したことで、**独自のデジタル家電製品**を誕生させます。デジタルカメラや薄型テレビ、DVDレコーダ、ブルーレイレコーダなど、現在私たちの身の回りにあるほとんどのデジタル家電製品が生み出されました。

この当時、デジタル家電は、製造コストの約半分が半導体の価格といわれるほど搭載数が多く、半導体産業を潤していくことになります。さらに、コントロール用の組込みソフトなどを含めると、製造コストに占める半導体の比率は七割程度まで上がり、日本国内ではデジタル家電が**半導体産業の救世主**のような存在になっていきました。

また、このデジタル家電の躍進は、日本の半導体産業にとってその後の方向性を示すことになるシステムLSIを誕生させるきっかけにもなります。ほかにも、小型化や高性能化、高機能化、コスト競争力なども、この躍進の中で育まれることになります。

ニューエコノミーのパラダイムシフト

特徴	旧来の経営形態	ニューエコノミー
組織	ピラミッド型	ウェブ型またはネットワーク型
経営視点	社内	社外
スタイル	厳格な指揮系統	柔軟かつフラット
パワーの源泉	安定	変化
構造	自給自足	相互依存
リソース（資源）	物理的（有形）資産	ノレッジ（無形）資産
運営形態	垂直型統合	バーチャル統合
製品	大量生産	マスカスタマイゼーション
地理的エリア	国内	国際
財務データ	四半期ごと	リアルタイム
在庫	数ヶ月	数時間
意思決定	トップダウン	ボトムアップ
リーダーシップ	独裁者的	啓発的
労働者	社員	社員とフリーエージェント
職に対する期待	セキュリティ	自己成長

出所：Business Week, August 21, 2000/August 28, 2000"The 21st Century Corporation"

3 半導体需要の構造的変化

半導体の初期の利用分野は国によって異なっていました。米国が軍事主体だったのに対し、日本では主に民生品への採用が広がりました。結果的には、お家芸であるデジタル家電の急成長をもたらします。

軍需をメインに広がった米国市場

真空管からトランジスタ、そしてIC、LSIへと移り変わる中、日本では民生品へ応用されるようになりました。

一方、半導体を生み出した米国では日本とはまったく異なり、半導体の初期の応用分野は**軍事用**でした。真空管と比べて、軽量で低消費電力、しかも性能も高いとなれば当然のことで、半導体は、航空機の制御のほか、ミサイルの制御に採用されていくことになります。

特に、当時のケネディ大統領が提唱した**アポロ計画**では、人類を月に送り届けるための最も重要なデバイスと位置づけられていました。

日本には戦後、軍需産業がなかったために民生用に限られた採用になったわけですが、市場規模を考えると正しい選択だったといえるでしょう。

米国ではその後、ご存知のようにパソコンや通信機器などのいわゆるIT産業を指向していくことになり、世界の**デファクトスタンダード**＊を握るまでに成長していきます。一方の日本は、失われた一〇年を経験した後、デジタル家電分野で生き残りをかけることになります。

現在、パソコン製品の成長が鈍化したといわれていますが、まったく止まったわけではありません。また、デジタル家電もこのまま伸び続けるとは誰も予測していません。**次世代のニューアイテム**をいかに早くつかみ取り、独創的な製品を提供できるかが、今後の半導体

用語解説

＊**デファクトスタンダード(de facto standard)**　「事実上の標準」の意味。国際規格のISOや日本標準のJISなどのような標準化機関が策定した規格ではなく、市場において広く採用された「事実上標準化した基準」を指す。逆に標準化機関などが定めた標準規格をデジュリスタンダード (de jure standard) と呼ぶ。場合によっては、デファクトスタンダードが国際規格のベースとなる場合もある。

産業界の浮沈を占ううえでも重要になってきます。

自動車用半導体の台頭

一つの製品に対してより多くの半導体が搭載されていることでは、自動車やロボットに勝るものはないでしょう。確かに、宇宙工学分野でのロケットや航空機になると桁違いですが、ここでは身の回りの製品で私たちが手に入れられる範囲で考えてみます。

特に自動車は、欧州を中心に提案された**車載ネットワーク**が浸透してきたおかげで、半導体の需要が飛躍的に伸びていきました。

今では、エンジンコントロールはもちろんのこと、タイヤ空気圧の自動調節や前車との車間距離自動測定とそれによる衝突回避システム、衝突時の衝撃を最小限にとどめる安全システムなど、半導体の高速性能や信頼性に負うところが大きくなっています。

現在、最も注目されているのは自動運転で、最高クラスの**レベル4**の実用化に向けた開発競争が激化しており、半導体の高性能化や高速化、高信頼性化が強く求められています。

自動車に搭載されている半導体

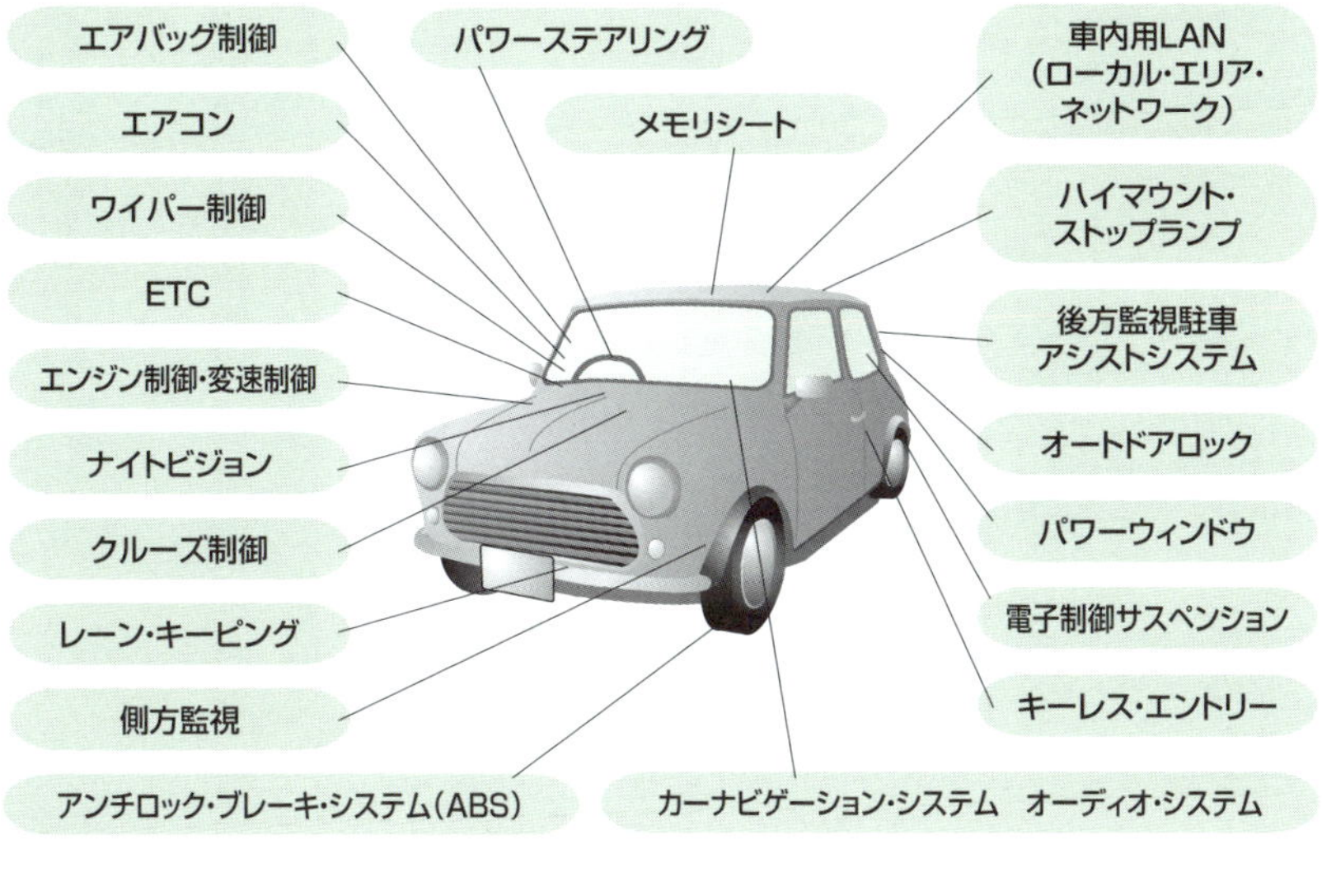

4 半導体が実現した小型軽量化

半導体がもたらしたメリットの中で最も効果的だったのが、小型化と軽量化です。今では当たり前になっている、モバイル機器の小型化やテレビの薄型化も、半導体がなければ実現できなかったことです。

デバイスの大型化と機器の小型化

当初、半導体デバイスは真空管と比べ、小型で信頼性が高く製品寿命が長いものの、コストや性能面では見劣りしていたといいます。今からは考えられないことですが、当時は真空管が大量生産されていたという背景があったためです。

しかし、前述のように米国では半導体を軍需目的に採用したことから、潤沢な軍事予算がつぎ込まれ、技術的にも飛躍的に進歩することになります。

その後は、コンピュータからパソコンへ、そして通信機器や家庭電化製品などへと広がっていきます。

アプリケーション分野が広がっていくということは、それだけ要求も多く、厳しいものになっているということです。特に、多機能化に対しては、一個の単体だったICから**複合型への発展**をもたらし、機器の小型化に貢献することになります。

複合型のICである**システムLSI**などを考えれば分かるように、単体のICに比べるとサイズは大きいものの、基板上に単体ICを多数配置することを考えれば**スペースファクタ***が**大幅に向上する**ことは明らかです。このように、デバイスの複合型による大型化は、搭載される機器の大幅な小型化をもたらし、併せて一チップ化したことによる低消費電力化も実現することになります。

小型になるほど高機能化した要因

電卓が、現在のパソコンよりも大きかった時代と違

用語解説

***スペースファクタ**　空間占有率のこと。部品や機器を小型化することで、その率は向上することになり、占有するスペースも狭くて済むことになる。ある限定されたスペースに、より多くの機器や機能を搭載しようとするとき、個々の占有率が問題になる。

い、今では手のひらサイズが当たり前で、腕時計やスマートフォンにその機能が装備されていることを見ると、半導体が小型化に果たした役割の大きさを知ることができるでしょう。

技術的にはもっと小さくできますが、それをしないのは、小さすぎて使い勝手が悪くなってしまうからです。**技術的な限界**よりも**使いやすさの限界**が先に来てしまったということです。

半導体が小型化を達成する前は、機能を減らしてでも小型軽量化しようとしていました。それだけユーザーの小型軽量化に対する思い入れが強かったためです。

しかし、その小型化と軽量化が達成されると、今度は余裕ができたことで多機能化への要求に変わりました。勝手な要求といってしまえばそれまでですが、半導体技術者はその要求に真っ向から取り組み、次々と難題を解決していったのです。

結果として、小型化および軽量化により従来比で余裕ができた部分に新しい機能を搭載していくことになり、必然的に**半導体が1チップで多機能化**していくことになりました。

電子機器の小型化

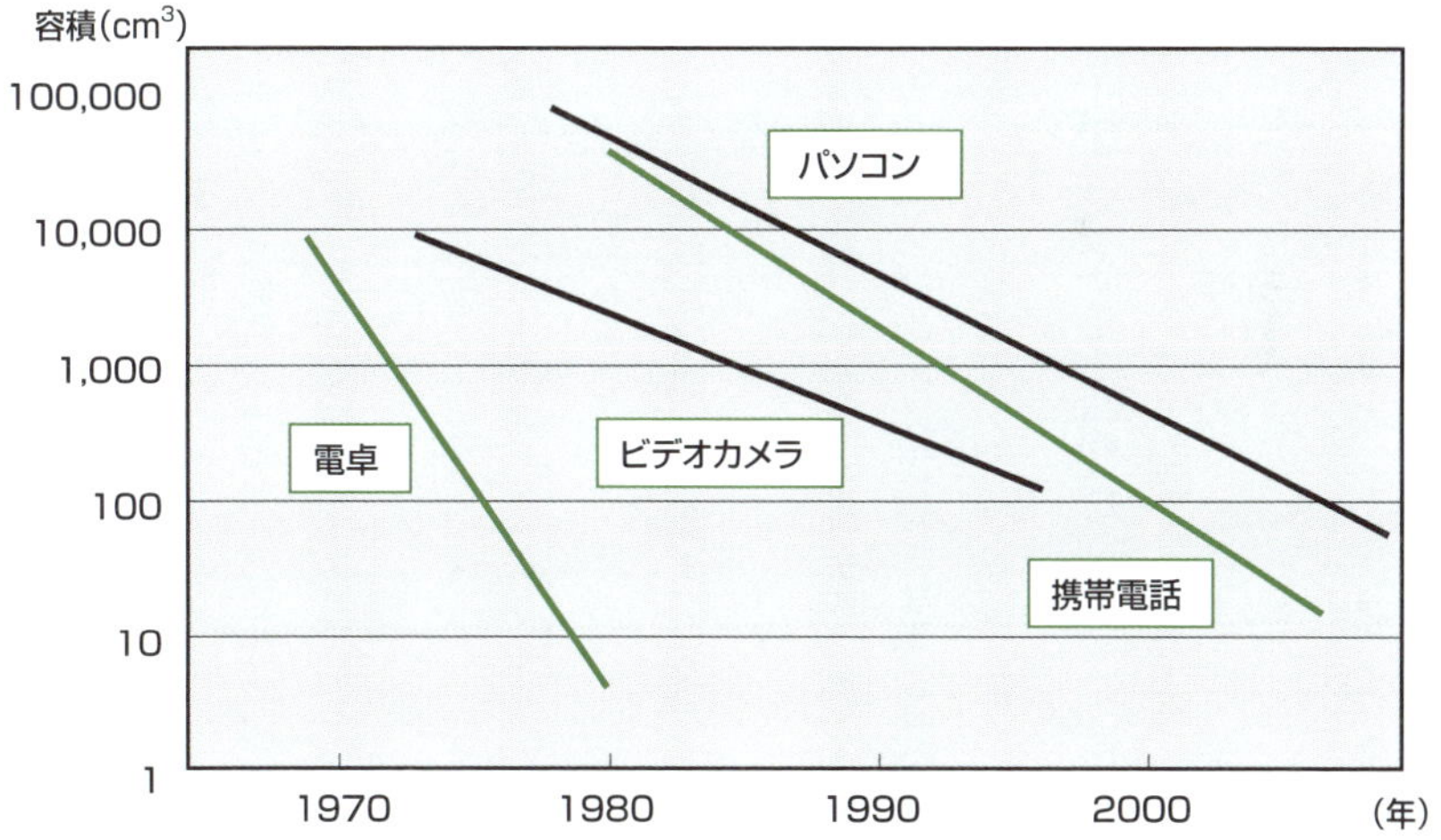

出所：工業調査会「一国の盛衰は半導体にあり」

5 景気やパンデミックによる影響

国内ではバブル崩壊、世界的にはオイルショック＊やリーマンショック、新型コロナウイルスなど、半導体は景気低迷の中でも、新しいアイテムを求め続け、常に産業界を下支えする基幹産業です。

パンデミックで悪化した世界市場

二〇〇七～〇八年ころ、米国で発生した**サブプライム問題**や**リーマンショック**によって世界の景気低迷が懸念されていました。しかしその当時、先進国の消費の落ち込みを下支えしていた、いわゆるＢＲＩＣｓ（ブラジル、ロシア、インド、中国）やネクスト11（韓国、ベトナム、エジプトなど）など、世界の約四割を占めるといわれた新興（途上国の経済成長で救われた歴史があります。

しかし、また、二〇一九年末に中国・武漢で感染が確認され、二〇二〇年以降には世界的に猛威をふるった**新型コロナウイルス（COVID－19）のパンデミック（世界的大流行）**は、全世界に経済的なダメージをもたらしました。国際通貨基金（ＩＭＦ）によると、経済的な落ち込みを抑えるために、過去に例のないほどの経済的・政策的支援が行われたものの、二〇二〇年の世界の国内総生産（ＧＤＰ）は、四・四％の縮小が見込まれるというものでした。

影響は半導体業界の、自動車やゲーム機、ＩＣＴ関連などにも及び、一時的には**世界的な半導体不足**という事態を招くことになりました。

半導体が支える産業分野

このように、経済的な問題だけではなく、パンデミックなども半導体産業にも大きな影響を及ぼすことになります。特に大きな影響を被ったのは自動車産業ではないかといわれています。

用語解説

＊**オイルショック**　1970年代に二度起こった、原油の供給逼迫と価格高騰に伴って巻き起こった経済混乱のことを指す。石油危機、石油ショック、オイルクライシスといわれることもある。英語圏では、禁輸措置に力点を置いて"oil embargo"と呼ばれることもある。

自動車は電子部品の塊とさえいわれ、半導体の使用量も機能の高度化に歩調を合わせて、増大の一途をたどっています。しかし、その使用量は半導体全体の約一割程度で、決して大きな市場ではないことが、COVID－19による半導体不足で取り沙汰されることになりました。しかも、ゲーム機やパソコンなどに使用される半導体に比べ、製造期間が一か月ほど長くかかってしまうことや、信頼性の基準がかなり厳しいことなどもあいまって、納入が後回しになるといった事態も引き起こすことになってしまいました。

ただ、パンデミックによっても、影響を強く受ける産業分野とそれほどではない分野があり、産業界としては自然災害に対する半導体確保の対策をしたのと同じように、感染症の脅威に対する方策が早急に必要になるとしています。

特に、その多くを海外調達に頼っている日本としては、安定的な確保に向けて、早急に、そして抜本的な見直しが必要であると指摘されています。識者の中には、「半導体も安全保障の範ちゅう」としている考えもあり、世界的な動きを見た対応が強く求められます。

半導体の分野別における COVID-19 の影響

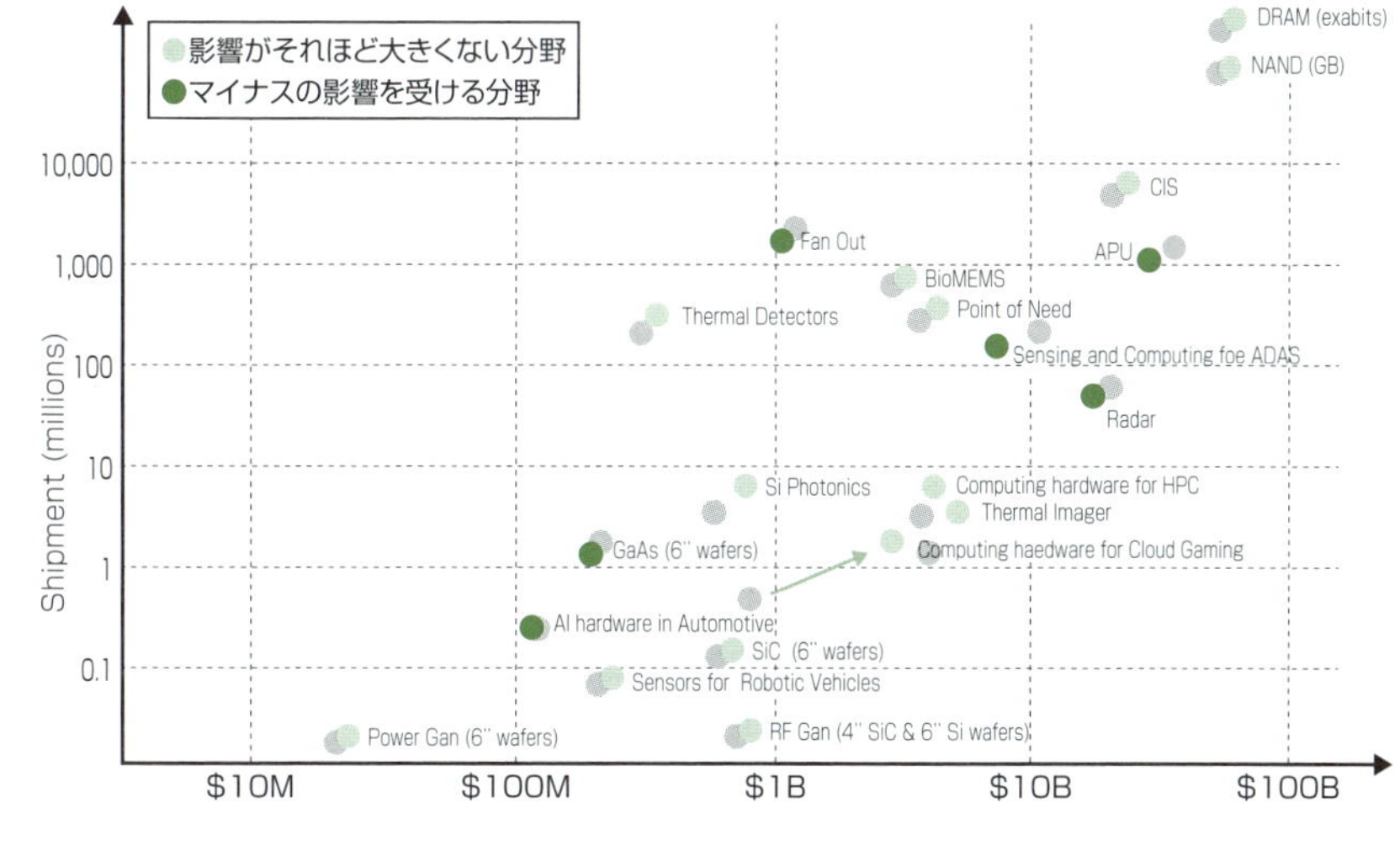

出典：Yole Développement

6 ＩＴ革命の立役者は半導体

一九九〇年代半ばからの急激なＩＴ革命は、半導体の高性能化や高機能化によって実現したといえます。特に、パソコンの出現と急速な普及は、社会生活やオフィス環境に大きな変化をもたらしました。

パソコンがもたらしたデジタル革命

一九八〇年代に初期のモデルが開発され、九〇年代に入って爆発的に全世界に普及した**パソコン**は、産業界だけではなく、オフィス環境や社会生活はもとより、日常生活にいたる、あらゆる分野に影響を与えることになりました。いわゆる「**デジタル革命**」で、そのインパクトの大きさは、近年にないものとして語られています。

このパソコンの出現と、その後の発展は、半導体チップの進化と密接な関係にあります。パソコンの演算処理の急速な高速化を実現したのは、ＭＰＵをはじめとする半導体チップの進化そのもので、その影響は周辺機器にまで及んでいきました。その後も、パソコン本体はもちろんのこと、ハードディスク装置やメモリをはじめとする周辺機器や各種入出力機器の進化および発展に半導体が大きく寄与したことは、周知のとおりです。

また、性能および機能面だけではなく、価格面でもパソコンは大きな変革を引き起こしています。

現在のデジタル機器では当たり前になった、機能アップと価格ダウンの図式は、パソコンからスタートしたといってもいいでしょう。しかも、市場での販売価格は、新製品の投入によってさらに低価格化が進んだことで、普及にも拍車がかかりました。

高性能半導体が通信環境を変革

パソコンによって技術革新が推進された半導体です

が、その当時はパソコンが最大の市場となっており、最盛期には全半導体の五〇％を占めるまでに拡大されました。

パソコンの普及は、同時に**インターネット**や**電子メール**などに代表されるＩＴ文化を発展させることにつながっています。

さらに、その進化が産業のグローバル化を生むなど、瞬く間にビジネスシーンや社会環境を大きく変革する原動力になりました。

この変革に大きな効果をもたらしたのが、通信環境の変革です。インフラの整備と併せて、通信環境が高速化したことで、デジタル化された社会がより一層快適なものになったことは、現在私たちが利用している様々なデジタルアイテムが証明しています。

しかも、**通信環境の高速化**は、大容量データをストレスなく送信できることにつながり、デジタルカメラの**画像配信**や**音楽データのダウンロード**など、**エンターテインメント**系の需要を喚起し、ライフスタイルを一変させる力を発揮することになります。

PC の国内出荷台数の推移と Windows の発売時期

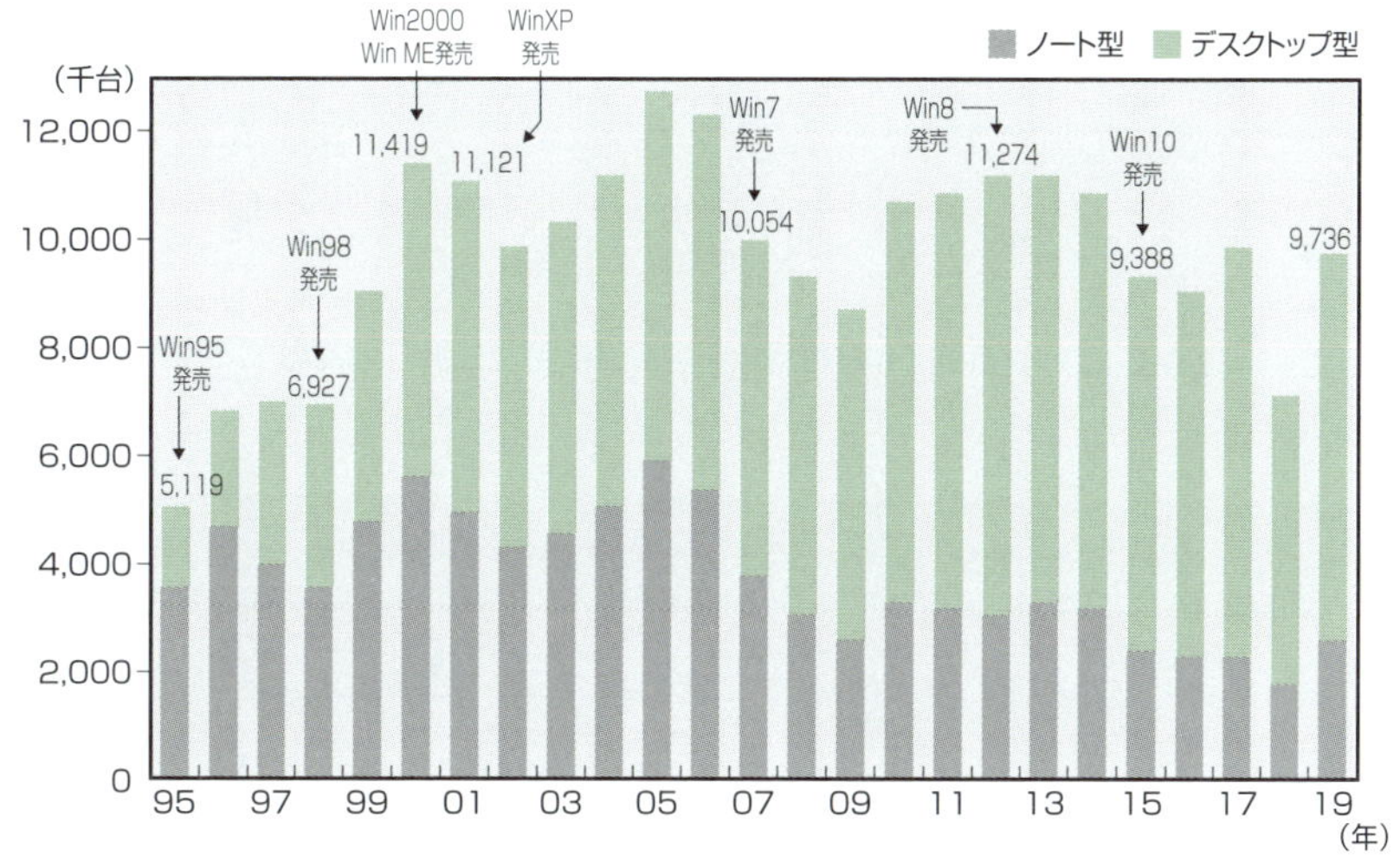

出所：JEITA（(社)電子情報技術産業協会）

7 社会生活に入り込んだ半導体①

たんなる走る道具だった自動車は、半導体を利用した電子機器の搭載によって、移動空間のイメージを大きく変えました。カーナビだけではなく、安全性の向上にも半導体は大きな役割を果たしています。

自動車産業と半導体

家電製品と並んで、半導体の搭載によって大きな変革が起こったのが自動車です。

乗車スペースで、最初に電子機器が搭載されたのがAMラジオでしたが、その後、FMラジオやカーステレオが搭載されます。現在は、マルチオーディオシステムやカーナビゲーションシステムが搭載されていますが、いずれも随所に半導体が使用された電子機器であることに違いはありません。

最近では、ETCも半導体による通信技術を活用したシステムとして注目を集めています。

しかし、自動車で最も大きく変わったのが駆動系や制御系といわれる部分で、「**自動車は半導体のかたまり**」と称されるほどに、その搭載量は膨大です。

自動車には、CAN*、LIN*、FlexRay*Ethernetなどの車載ネットワークがあり、エンジンやブレーキ、安全装置、ドアやダッシュボード回りの制御に活用されています。

特に、安全性に関する部分では半導体が重要な役割を果たしています。前の車との車間距離を測定し、追突を防止するシステムや、衝突を察知して事前に安全な状態までシートベルトを巻き上げるシステム、エアバッグコントロールなどは、すでに実用化されています。さらに、現在は前後左右の距離測定から安全性を高め、将来的な完全自動運転システムの実現に向けた研究および開発が行われています。

ここでも、高速性と多機能性を達成した半導体が随

用語解説
* CAN　5-8節参照。
* LIN　5-8節参照。
* FlexRay　5-9節参照。

所に採用されていくことになります。

情報機器や産業機器への波及効果

自動車で採用されているシステムは、ほかの産業機器にも活用できるシステムとして注目されています。

特に、安全性が重要視される分野での応用が考えられ、ロボット産業などからも注目されています。

産業用ロボットの分野では、安全なロボットが生産性を向上するという見地から、**機能安全やフェールセーフ***などに対する考え方が進んでおり、同じように安全確保で一歩先を行く自動車産業に注目しているわけです。安全性の確保には、トラブルやイレギュラーな動作を、いかに速やかに回避できるかが問われるわけで、制御装置に使用される半導体の応答性や高速性が問題になります。

自動車産業では、半導体の信頼性要求に対して極めて高い数値を設定しており、その要求をパスした製品しか使用しないことが徹底されています。ロボット産業でも、そのノウハウが生かせると考えられています。

半導体と産業界

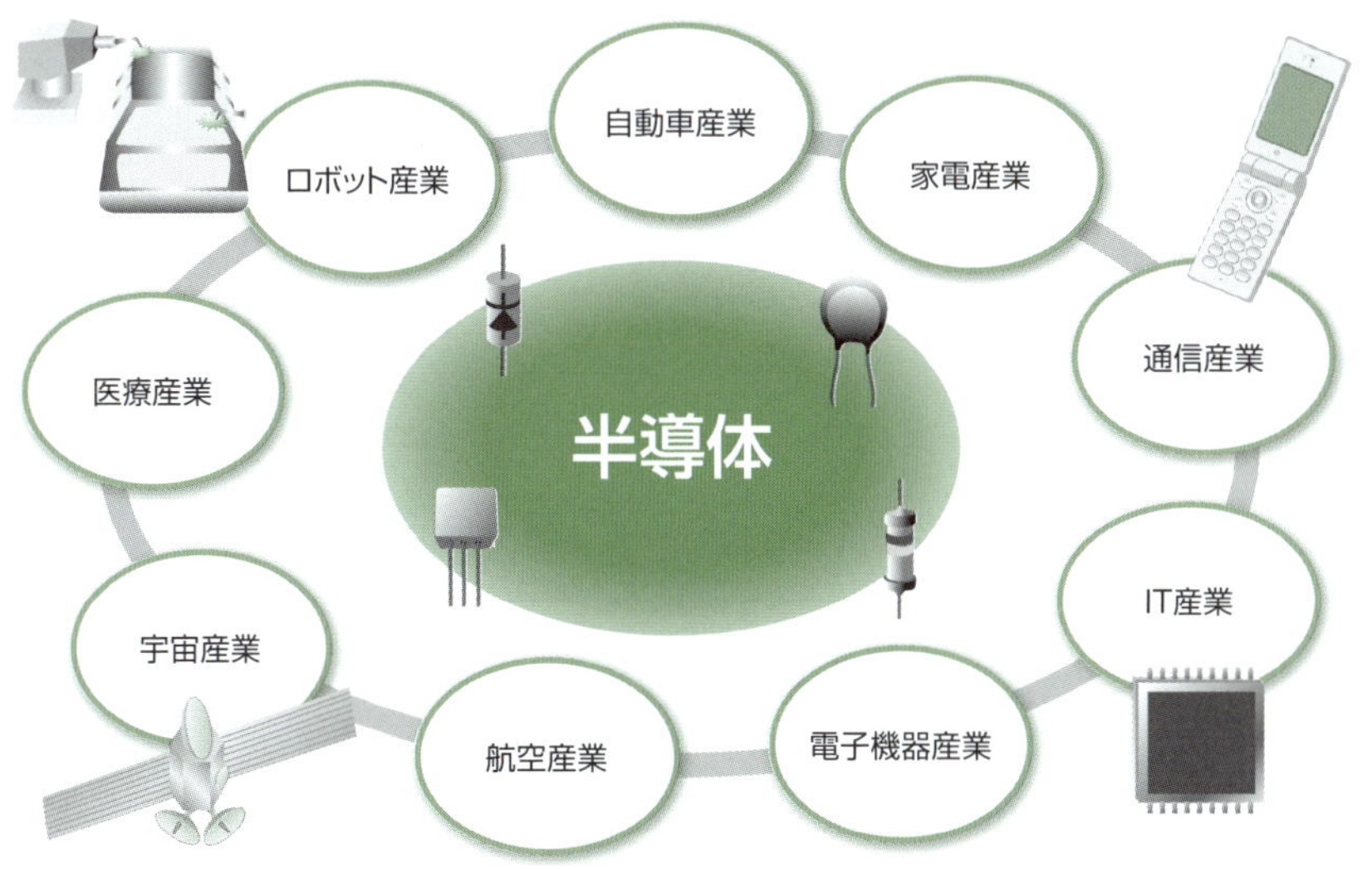

用語解説

＊**フェールセーフ**　装置やシステムに誤操作や誤動作によるトラブルが発生した場合、常に安全にコントロールされるような設計手法や信頼性設計のこと。機器の故障やユーザーの誤操作は必ずあるということを前提にした考え方。

8 社会生活に入り込んだ半導体②

家庭電化製品に半導体が搭載されると、家庭生活が大きく変化しました。また、半導体の高集積化や半導体応用技術の進展は、体に負担をかけない装着機器（ウエアラブル機器）を生み出すことになります。

ホームエレクトロニクスの発展

家庭における三種の神器は、新旧ともにそのほとんどが電子機器で占められています。それは、「カー、クーラー、カラーテレビ」の時代以前も以後も、それほど大きく変わってはいません。

現在はデジタル家電が大きな注目を集めていますが、半導体は以前から家庭電化製品に搭載され、主に家事の手助けをしてきました。そこでは、たんに家事の代わりをするだけではなく、機器が状態を判断して自動的に最適モードを選択する「おまかせモード」も実現しています。また、家庭内にあるほとんどの電化製品は半導体によってコントロールされ、省エネや安全性確保も実現されています。

現在では、住まいの随所に埋め込まれた測定機器やカメラによって、個々の健康データを自動管理したり、ホームコンピューティングやホームエレクトロニクスとモバイル機器の連携によって、外出先からホームコントロールすることや、逆に家庭内にいてデジタルテレビなどから外部へアクセスをするなど、様々な使いみちの提案が現実になっています。

このような進化はさらに進み、コントロールパネルやスイッチ類を意識することなく、すべての操作を手元でできる時代が来ることも予測されています。

ウエアラブル機器や健康機器への応用

半導体の高集積化は、半導体チップ自体の超小型化を実現するとともに、ＭＥＭＳなどの技術を応用した加速度センサやジャイロなどの機能を搭載することで、姿勢制御を可能にします。

この機能を応用すると、ドローンや無人飛行機からのセンサ情報を元に、手元で有人飛行と同様のコントロールをすることも可能になっています。

また、製品の超小型化とともに、加速度センサとジャイロで位置制御を可能にすることで、ウエアラブル機器による健康管理データの収集や自動送信、そしてオンライン・リアルタイムでの診断結果配信なども可能になるとされています。

さらに、ウエアラブル機能とクラウドを活用するとともに、HUD（ヘッドアップディスプレイ）で画面に映し出すことで、モバイルにおけるハンドフリー操作を可能にすることも考えられています。

実際に、眼鏡形状のHUDと通信機器を活用して、眼の動きでマウスのクリックと同様の操作を行うことができるウエアラブル機器も出現しています。

映像機器にもウエアラブル機器があり、小型CCDカメラを眼鏡フレームなどに取り付けて、ハンズフリーで撮影できる録画装置も出現しています。

マイコン制御が使われている機器

製品分類	製品名	マイコンで行っている制御
家電機器	冷蔵庫	温度設定、インバータ制御、開扉警告　など
	洗濯機	回転制御、洗濯パターン制御、乾燥温度制御、省電力制御　など
	エアコン	自動風量設定、自動温度設定、自動運転制御　など
	電子レンジ	温度／湿度制御、回転制御　など
	炊飯器	温度調整、炊き分け機能　など
AV機器	テレビ	室内の明るさによる画面輝度制御、自動ON/OFF制御　など
	DVDレコーダ	回転数制御、イジェクトコントロール　など
	デジタルカメラ	感度制御、オートフォーカス、連写制御　など
	ナビゲータ	DVD制御、通信制御　など
OA機器	デジタル複写機	印刷制御、ピックアップコントロール　など
産業機器	エレベータ	速度制御、群管理制御　など
	ロボット	運動制御、センサの連携制御　など
通信機器	携帯電話機	接続制御、カメラ機能の制御、音声コントロール　など
自動車	乗用車	カーナビ制御、エアコン制御、ブレーキ制御、エンジン制御　など

9 半導体製造装置産業への波及効果

半導体の普及は、国内産業における製造装置産業も生み出しています。現在では世界的に高いシェアと技術水準を誇る国産装置も、一つの半導体効果と見ることができます。

世界的な評価が高い国内の製造装置

半導体製造装置産業は、半導体が普及していくほど大きく成長した分野で、半導体メーカーにとっては極めて重要な**パートナー**といえます。

半導体同様、半導体製造装置も技術の宝庫で、電気および電子工学、物理科学、機械工学、材料工学、金属工学、高分子物理学、制御工学などの研究成果があらゆる部分で生かされています。

半導体同様、一時期は世界的に苦戦していたものの、半導体製造装置に関する限り、日本メーカーに対する評価は高く、トップ一五の半数は日本メーカーが占めるまでに復調しています。半導体より一足先に巻き返しを図った装置業界では、今後の動向を的確に把握しながら、さらに世界シェアを拡大していこうと考えています。

また、**プロセス技術**に関しても日本の評価は高く、こちらも半導体製造より早く世界的な競争に勝ち残っています。

この両者を合わせると、日本のメカトロニクス技術とケミカル技術は世界有数の技術であり、世界を席巻しているといえます。つまり、今や極論すれば日本の技術がなければ世界の半導体メーカーは製品を製造できないといえます。

製造装置産業が半導体を牽引

半導体と一心同体の関係にあるといわれる半導体装置産業やプロセス技術が、世界的に評価を得ている中、残るは半導体自体の市場回復です。

装置関連は、一九八〇年代と同等にまで回復しているといわれていることを考えると、半導体が世界市場で回復できない理由はないのです。

元来、装置産業が半導体に引っ張られるようにして成長してきましたが、今となっては世界的に評価の高い半導体製造装置産業に牽引してもらうという、逆転の発想も頭に入れておかなければならない事態になっています。

また、それ以外の分野では、回路パターンの現像液メーカーや半導体材料ガスメーカー、洗浄薬液メーカーなどが世界市場で活躍を続けており、高い評価とシェアを獲得しています。

さらに、プロセス材料の分野では、世界的な企業が目白押しで、中には供給できるメーカーが世界中で日本の一社のみという部門もあるほどです。

このように、半導体を取り巻く周辺産業では、日本メーカーが世界で活躍しています。すべてのマテリアルが揃う環境にある日本の半導体メーカーが世界に向かって立ち上がる日はそう遠くないかもしれません。

半導体装置メーカーランキングトップ 15（2020 年）

順位	国	社名	2019	2020	成長率	シェア
1	USA	Applied Materials	13,468	16,365	21.5%	17.7%
2	Europe	ASML	12,770	15,396	20.6%	16.7%
3	USA	Lam Research	9,549	11,929	24.9%	12.9%
4	Japan	Tokyo Electron	9,552	11,321	18.5%	12.3%
5	USA	KLA	4,704	5,443	15.7%	5.9%
6	Japan	Advantest	2,470	2,531	2.5%	2.7%
7	Japan	SCREEN	2,200	2,331	6.0%	2.5%
8	USA	Teradyne	1,553	2,259	45.5%	2.4%
9	Japan	hitachi High-Tech	1,490	1,717	15.2%	1.9%
10	Europe	ASM International	1,261	1,516	20.2%	1.6%
11	Japan	Kokusai Electric	1,127	1,455	29.1%	1.6%
12	Japan	Nikon	1,104	1,085	-1.7%	1.2%
13	Korea	SEMES	489	1,056	116.0%	1.1%
14	ROW	ASM Pacific Technology	894	1,027	14.9%	1.1%
15	Japan	Daifuku	1,107	940	-15.1%	1.0%
		Others	14,294	16,034	12.2%	17.4%
		Total	78,032	92,405	18.4%	100%

出所：VLSIresearch

10 半導体の製造形態

半導体の製造形態には、一つの企業ですべての製造を行う「垂直統合型」と、専業メーカーが製造工程を分業する「水平分業型」があり、現状では「水平分業型」が主流になっています。

垂直統合型企業の特徴

半導体は、大きく分けて、開発、設計、製造、組立の**四つの製造工程**があります。すべての製造工程から販売までを一貫して手がけるメーカーは**垂直統合型企業**（**IDM型メーカー**＊）と呼ばれます。

垂直統合型は、一社で開発して販売することで、研究、開発、製造に関する知的所有権やノウハウをすべて社内に留保できるというメリットがあります。そのため、特定のユーザーのニーズを満たした製品や、特殊な用途の製品、特段の技術力を要する製品などを自社で開発すると、市場を席巻できるだけでなく、ユーザーの囲い込みができるなどの効果も得られます。

例えば、電子機器の機能を根幹から変革するような半導体を開発し、製造した場合、その機能を上回る製品や代替製品が開発されるまでは、ほぼ一社の寡占状態が続き、企業として安定的な利潤が見込めるようになります。

反面、設備投資や運用維持などに多大な費用が必要なため、景気悪化や開発遅滞などによる影響を受けやすいというデメリットもあります。また、組織の大型化によって市場のニーズへの対応が遅れる可能性もあり、垂直統合型は新規参入する企業では敬遠される傾向にあります。

水平分業型企業の特徴

前述の垂直統合型のように、半導体製造の四つの工程をすべて一社で手がけるのではなく、それぞれの企

用語解説
＊IDM型メーカー　IDMは「Integrated Device Manufacturer」の略で、半導体製造の全工程を1社で一貫して行う製造形態を持つ垂直統合型メーカーのこと。

業が独立して生産工程を分業し、製造していくのが**水平分業型**です。

開発工程は「IPプロバイダ」、設計工程は「ファブレスメーカー」、製造工程は「ファンドリメーカー」、組立工程は「組立メーカー」というように、それぞれの工程を専業のメーカーが受け持って、一つの半導体製品を作り上げています。

各企業が専業化することによって、それぞれの工程に専念することができ、独自性が出しやすくなるとともに、ニーズの高度化や急激な変化にも柔軟に対応できるようになります。しかも、分業による**スケールメリット**も生かしやすくなります。

しかし、分業化によって、個々の企業は少ない資金で運用できる反面、一社だけでは機能しないことから、必然的に他企業との連携や統合を行わなければならなくなります。他企業と連携するためには、ビジネス上での連携方法や技術的な連携方法、利益配分などを事前に交渉する必要があり、企業間で解決しなければならない課題が多くなってしまうことがこの形態のデメリットといえるでしょう。

垂直統合型企業と水平分業型企業

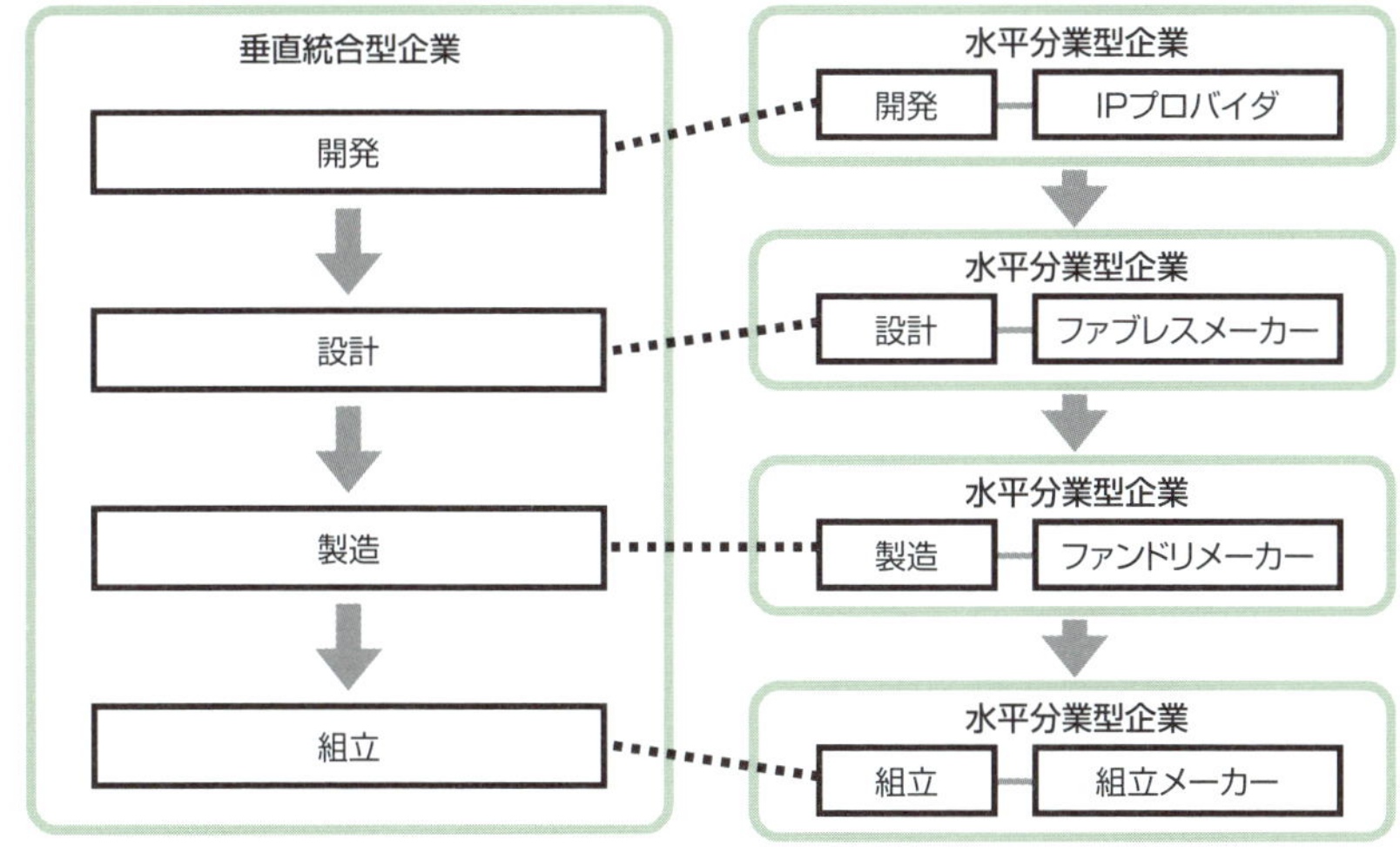

11 国内半導体製造の問題点

製造装置でも材料分野でも世界的レベルにあり、半導体の基礎技術も決して引けを取らない日本メーカーの半導体は、なぜ凋落してしまったのでしょうか。そこには技術とは別の問題が横たわっています。

国からの支援が乏しい半導体産業

国産半導体の中で、海外向けに自信を持って販売できる製品がどれだけあるでしょう。業界筋では、DRAMとフラッシュメモリだけともささやかれています。

しかも、失われた一〇年以降、半導体に対してほとんど戦略的な認識がないばかりか、台湾や中国から調達すれば良いという認識も大きな要因といえるでしょう。

しかし、昨今の国際情勢や地政学リスクを考慮すると、日本国内にも海外の生産拠点に匹敵するような大きなファウンドリー（製造受託会社）を作るべきではないかといった議論も起こっています。

半導体の需要は、5Gのスマートフォンや、レベル4が現実味を帯びてきた自動運転車などの市場拡大により、今後もますます伸びていくと見込まれています。

そこで必要なのは政府による支援ということになります。**アメリカでは二〇二一年に三兆八〇〇〇億円の支援**が行われ、**中国では国と地方を合わせて一〇兆円規模の予算**が投じられているように、トップランナーの国が多額の投資をしているにも関わらず、**日本政府の支援額は二〇〇〇億円ほど**にとどまっているのが実情です。

このような国際感覚の欠如に等しい対策では、やがてアメリカからさえも見放される危険性もあります。決定や対応の遅れは、産業界にとってだけではなく、国家安全保障上も大きな問題になると考えられることから、大胆な方針の打ち出しが求められています。

半導体製造装置でチャンスを

ＥＵは、域内で製造する半導体について、二〇三〇年までに世界シェア二〇％を目指すとしています。デジタル分野でリードするアメリカや中国への依存度を低くするのが目的と考えられますが、**半導体の安全保障**という見方もあります。

一方、日本には半導体製造に関して得意・不得意があるといわれています。

現在の半導体製造は、「生産や材料」と「設計」という部分に分かれています。この中で、日本は素材や半導体製造装置などについては、世界からも注目されるほどに強味があり、それを巻き返しのチャンスにできると考えられます。

また、設計に関しては世界から多少の遅れは取っているものの、グローバルに人材を確保すれば発展の余地は十分にあるとみられています。

問題は、**巻き返しの絶対条件である、強いリーダーシップ**です。激動の業界にあって、強く迅速な意思決定がスムーズにできる体制を取らなければなりません。これらをクリアしていければ、まだ失われた時を取り戻すチャンスはあると考えられます。

単月の世界の半導体売上高と前年同月比の推移

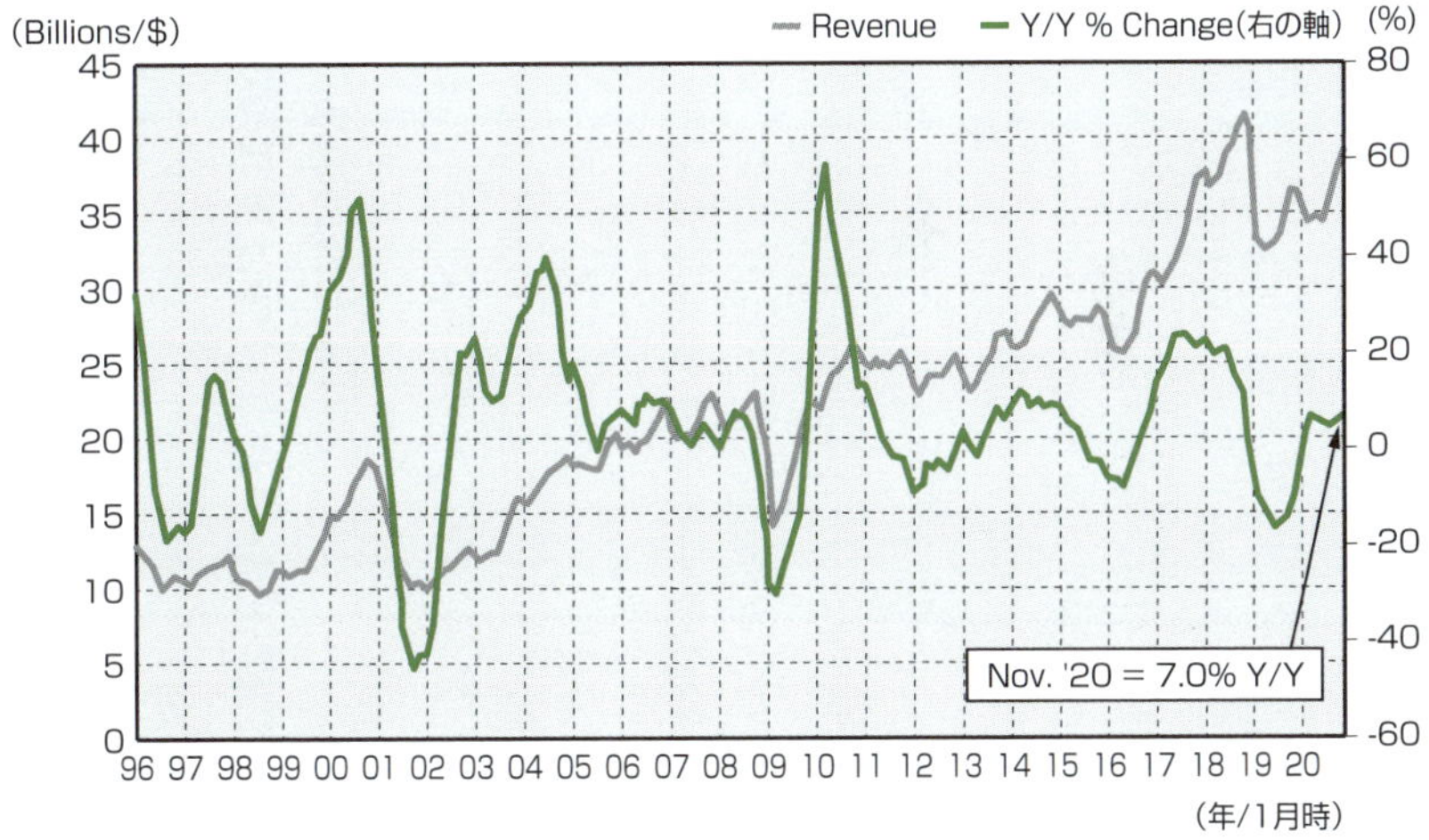

出所：SIAおよびWSTS

12 半導体業界の仕事①…営業

半導体業界の営業マンは、製品の販売のみに終始しているわけではありません。ユーザー動向や製品化傾向をつかむとともに、技術的にもサポートできるだけの知識が必要とされます。

技術色が濃い営業職

営業職の中で、最も技術系の色合いが濃いのが半導体業界の営業でしょう。

これは、メーカーだけにとどまらず、半導体商社の営業も同じように技術色が濃くなっていることを考え合わせると、業界特有なのかもしれません。

半導体業界の営業職は、販売はもちろんのこと、マーケティングや製品企画のための**情報収集部隊**としての機能も担っています。

ユーザーが、どのような性能や機能を望んでいるかはもとより、コストや納入希望時期までを綿密に調査し、最終的にはメーカーからの**ソリューション提案**という形にまとめ上げる必要があります。

この職種を営業とは分けて、「営業技術」や「カスタマエンジニア」などと呼んでいる企業もありますが、おしなべて業務内容は似通っています。

営業マンでありながら、高度な技術の知識を持っているメンバーがほとんどですが、理系出身者だけの職種ではありません。近年は文系出身者からの採用も進んでおり、技術知識以外の要素を考慮して人選している企業も現れているようです。

この傾向はメーカーよりも商社に多く見受けられますが、文系出身者は理系出身者のように技術的限界を意識せずに物事を考えられるようで、その点が技術的な壁を作らないといった評価につながっているようです。

高度な技術的知識が武器

営業マンや営業技術、カスタマエンジニアも、絶対に不可欠なのが**技術的な知識**であることはいうまでもありません。そして何よりも大切なことは、ユーザーの言っていることを正しく理解し、正確な情報として**フィードバックする能力**です。

メーカー側からの提案に対しては、担当の開発者などの同行が可能ですが、日ごろの営業活動の中で得られる情報をもらさずキャッチするためには、技術的な知識武装が求められることになります。

そのためには、自社の製品知識を習得しておくことはもちろんのこと、他社動向や市場動向のほかに、世界的な動きにも目を向けておく必要があります。

営業職は、最前線でユーザーニーズに直接触れたり、最新技術の可能性を知ることができる環境で仕事をしています。したがって、その経験や知識を生かすことで、さらに上級の営業職に就くことも、またはマーケティング部門や製品企画部門に異動して、広い視野の見識をベースに活躍することも可能になる職種です。

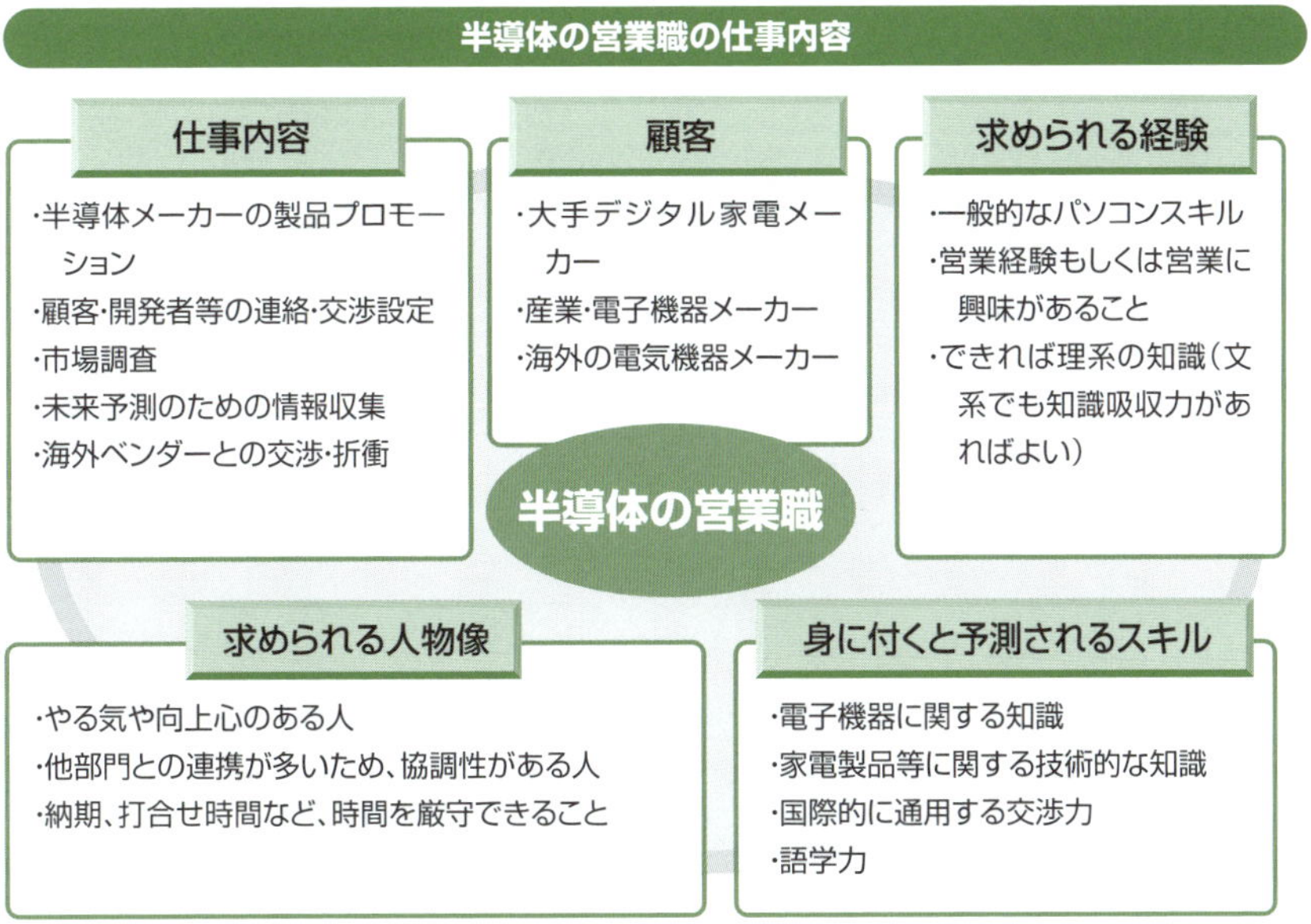
半導体の営業職の仕事内容
仕事内容
・半導体メーカーの製品プロモーション
・顧客・開発者等の連絡・交渉設定
・市場調査
・未来予測のための情報収集
・海外ベンダーとの交渉・折衝
顧客
・大手デジタル家電メーカー
・産業・電子機器メーカー
・海外の電気機器メーカー
求められる経験
・一般的なパソコンスキル
・営業経験もしくは営業に興味があること
・できれば理系の知識（文系でも知識吸収力があればよい）
半導体の営業職
求められる人物像
・やる気や向上心のある人
・他部門との連携が多いため、協調性がある人
・納期、打合せ時間など、時間を厳守できること
身に付くと予測されるスキル
・電子機器に関する知識
・家電製品等に関する技術的な知識
・国際的に通用する交渉力
・語学力

13

半導体業界の仕事②…R&D

産業構造や生産形態の変化があり、研究および開発部門の所属や立場が変わったとしても、業務に大きな変わりはありません。しかし、技術進化の激しい世界市場をターゲットにした開発競争は熾烈です。

分散と結集で柔軟な対応を実現

営業部門などから収集されたユーザー情報をもとに、実際の製品化のための作業をしていくのが研究および開発の**R&D部門**です。

担当は、システムLSIやメモリ、ASICなどのように、製品カテゴリによってスタッフ構成されているケースが多くなっています。場合によっては製品ごとの**縦割り構成**ではなく、研究項目ごとに材料、回路、パッケージのように、**横割りで担当を分担**している場合もあります。いずれにしても、論理設計から回路設計、レイアウト設計を行ってから、ハードとソフトに分けて作業をしていくことになります。

この組織とは別に、**基礎系の開発部隊**を配置している企業もあります。基礎系とは、設計基盤技術、プロセス技術、量産技術などで、メーカーの中でも、どちらかといえば縁の下の力持ち的な存在で、重要な部署に位置付けられています。

設計基盤技術は設計資産や設計ツールを担当し、プロセス技術では微細加工のための最先端技術が今の課題です。また、量産技術では、品質やコスト、納期から、最適な工場の選択と生産プロセスの策定を行います。

R&D部門では、これらの部署がそれぞれ分散して作業を進め、最終的にすべての力を結集することで、**高いレスポンスや柔軟な対応**を可能にしています。

理系離れで人材不足

R&D部門は、圧倒的に理系中心の組織といえます。

まったく文系出身者がいないわけではありませんが、**基礎知識や専門知識が必要**とされるために、必然的に理系出身者が多くなっています。

ところが、現在の日本では、その人材を輩出する大学での**理系離れ**が進んでいます。これは半導体分野だけではなく、「ものづくりニッポン」にとって危機的状況といわざるを得ません。

理由としてはいくつか考えられます。教員の質の低下が取り上げられていますが、それとは別に初等教育の**教員たちのほとんどが文系出身者**ということも影響していると見られています。また、知的財産権訴訟にも表れたように、日本での**技術者の待遇問題**も大きな要素ですし、それを報じるマスコミの対応にも原因があります。

ISSCC*の会議でも、日本の半導体論文提出数は上位ながら、年々大幅に減少していることも事実です。

今後、世界の半導体市場での巻き返しを図ろうと考えるなら、国としても教育方針やそのあり方を考え直さなければならないでしょう。

IT企業の人材不足感

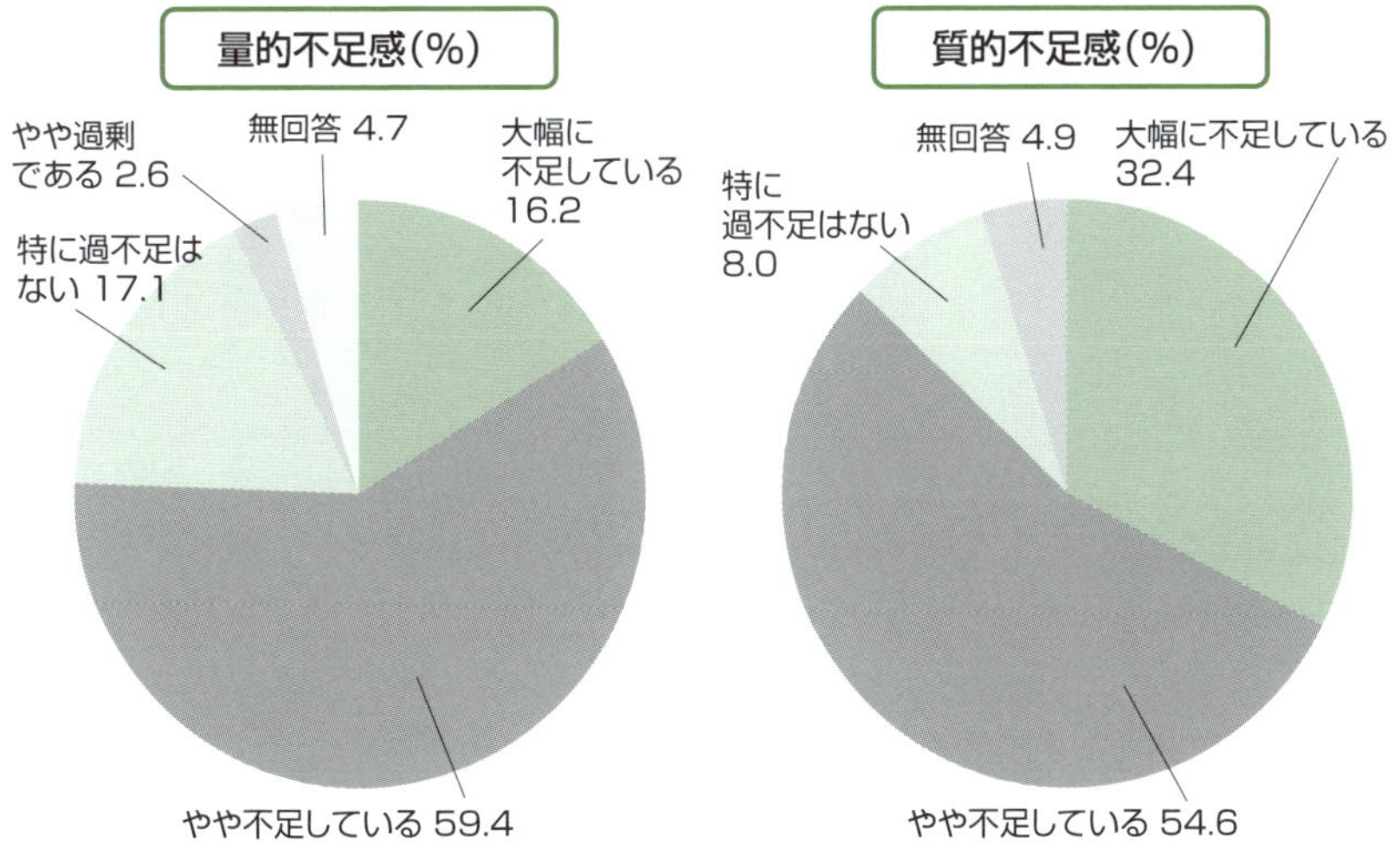

出所：IPA(情報処理推進機構)調査

用語解説

＊ISSCC　国際固体素子回路会議(International Solid-State Circuits Conference)。IEEEが主催する最先端LSIなどについての国際学会で、「半導体のオリンピック」と呼ばれることがある。毎年2月に米国サンフランシスコで開催されており、最先端の半導体技術はここで発表されることが多い。

半導体業界の仕事③…製造

生産形態の変化で、大きく変わってきたのが製造現場です。国内では垂直統合型が多かったため、水平分業型への移行に戸惑いがある中、製造形態が今後の市場席巻に果たす役割も大きいと考えられます。

生産形態によって違う製造部門

半導体工場で製品の製造を行うことに違いはありませんが、垂直統合型の場合はすべてを自社工場で生産するのに対して、水平分業型の場合は製造をファンドリメーカーが担当し、パッケージングは専門の組立メーカーが担当するというように、それぞれを分担して行っているところに違いがあります。

いずれの場合でも半導体工場は、基本的に**二四時間操業**で、従業員も**三交替勤務**を敷いているところが大半です。したがって、年間を通してラインが停止することはほとんどありません。理由としては、半導体の生産ラインは一度停止させると、再稼働に五〇時間程度を要してしまうためで、停止させない方策も重要な工場管理システムの一部になっています。

日本の場合などは、地震によって設備にダメージを受けると停止を余儀なくされてしまうため、大地震にも耐えられる**免震および制震構造を採用した工場**も建設されています。また、本州の中央を横断しているフォッサマグナを挟んで、東西に生産工場を分割させることで**震災時の安定供給**に対応しているメーカーもあります。

現在、半導体工場は日本全国に点在していますが、比較的九州に多く、米国のシリコンバレーに対して「**シリコンアイランド**」などとも呼ばれています。

また、本州とは別に沖縄が新たな半導体工場の候補地に挙げられています。優遇税制が受けられるといった面だけではなく、台湾や中国、韓国にも近いことか

用語解説

＊**ハブ化**　空港や港湾などで、幹線と地方線とをつなぐ物流の拠点を指す。車輪のハブとスポークの形状が地図上の物流経路図に似ていることから命名されたもの。現在の日本では、空港、港湾などを含め、様々な分野でこのハブ化が世界的に見て遅れを取っているといわれている。

ら、ハブ化*する可能性も考えられています。

生産規模を調整できるミニファブ

半導体工場の生産ラインは、きわめて**クリーン度**が高いという特徴があります。これは、半導体が生産工程において著しくゴミやほこりを嫌うためで、一定以上のクリーン度が保たれないと、チップが損傷し、**生産の歩留まり**が極端に下がってしまいます。

そのため、ラインに入る従業員は、無塵服を着用し、エアシャワーでゴミやほこりを除去しなければなりません。しかも、室内は外気圧よりも高めに気圧設定し、外部からの空気の流入も防ぐほどに徹底されています。

ラインも特別な設備になっており、天井搬送システムでウエハ*が自動搬送される仕組みになっています。設備自体が大型で、どちらかといえば大量生産に適した形態になっています。しかし、日本が得意とするシステムLSIの場合は、**多品種少量生産で厳しい納期が要求**されるため、生産するデバイスに応じて、柔軟に生産規模を拡張または縮小できる**ミニファブ**というライン方式が登場してきています。

半導体加工の分業構造

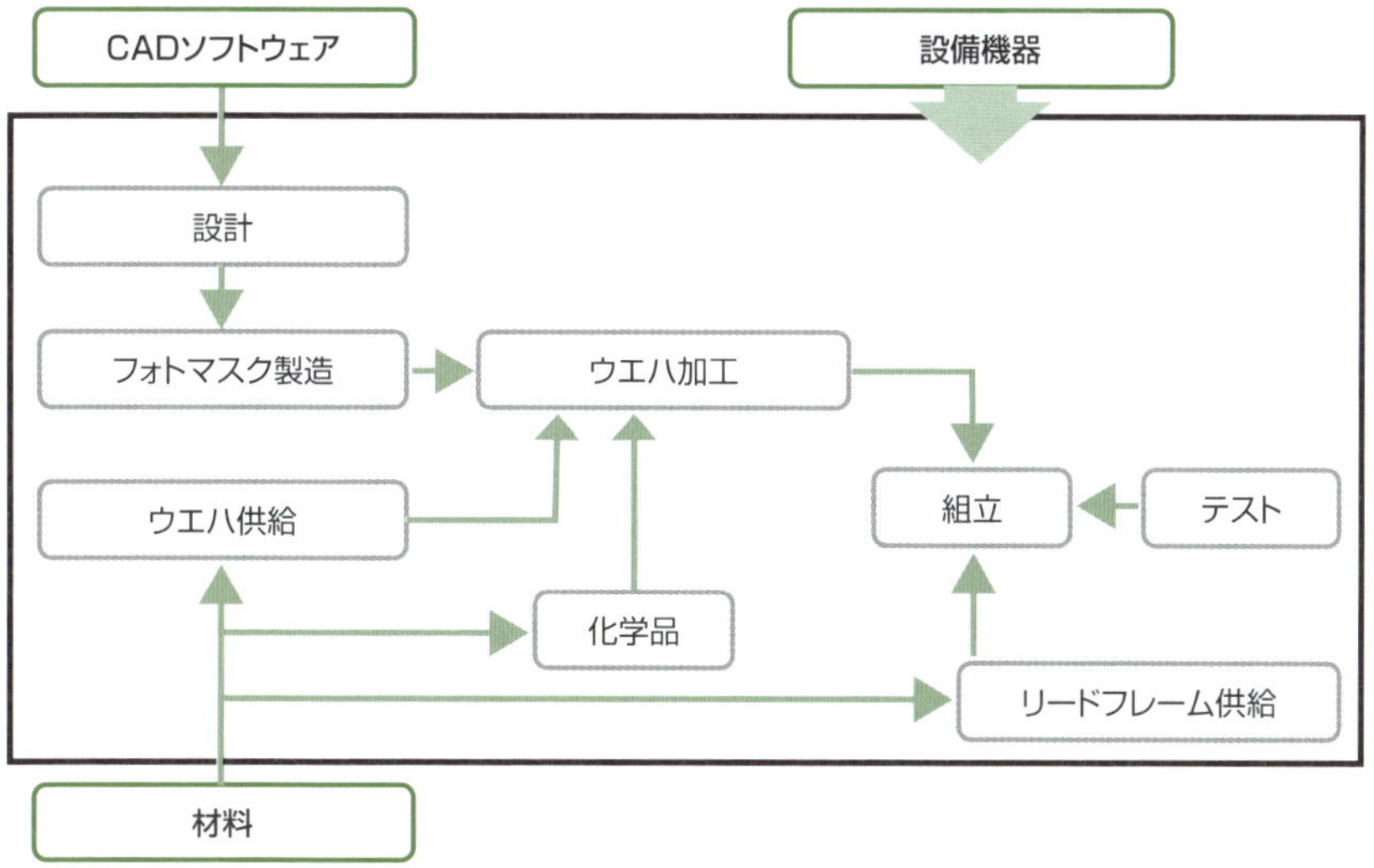

*ウエハ　ウエハとは、ICチップやLSIの製造に使われる半導体でできた薄い基板のこと。中でもシリコン製のものを「シリコンウエハ」と呼ぶ。

用語解説

column

鉄腕アトムだけがロボットじゃない

手塚治虫の漫画「鉄腕アトム」。この物語で、アトムの誕生日は2003年4月7日となっています。その設定からすると、今の時代はすでに鉄腕アトムが日本の空を飛んでいることになります。ただし、今の社会情勢の中で、物語にあるような大活躍がアトムにできるかどうかははなはだ疑問ですが。

では、現実に目を向けてみましょう。確かに、人型ロボットが出現してはいますが、「歩いた」「片足立ちした」「走った」「飛び跳ねた」ということがニュースになる程度で、とても空を飛んだというまでにはほど遠い様子です。

ロボットは戯曲で使用されたのが始まりとされていますが、その中ではマシンではなく人造人間のようなものとして表現されていたといいます。そこから、「ロボット」と聞けば、人型を思い浮かべるようになったのかもしれません。

しかし、様々な産業で活躍しているロボットのほとんどは、人型ではありません。外見的に人と似ているところといえば、アクチュエータを使った関節くらいではないでしょうか。それ以外は作業工程や内容によって、アームの形状や長さが違っていたり、人の五感に相当するセンサの位置や性能が違っていたりと、それこそ千差万別です。

任されている仕事内容も様々で、自動車の塗装や組立をしているかと思えば、お菓子工場で形を整えたり、サイズごとに並べ替えたりと、繊細な作業から力仕事まで、休みなく続けられるだけではなく、その万能ぶりがもてはやされて大活躍です。

でもここで考えてください。アトムと形は違いますが、ロボットなのです。10万馬力はないかもしれませんが、人とは比べものにならないパワーを秘めているのです。そのパワーがすべて仕事に注がれている場合は問題にならないのですが、暴走すると大変なことになります。マシンですから「キレた」ということはないでしょうが、とにかく大事故につながることもあります。

このトラブルを防ぐのが安全対策であり、機能安全という考え方です。ロボット生産で日本が世界のトップを走れるのは、人には危害を加えないという、アトムの心根を産業用ロボットにも植えつけているからではないでしょうか。

第2章

グローバル経済における半導体業界

順調な伸びを示していた半導体産業も、世界経済の動きによって少なからず影響を受けることになります。当初、欧米と日本を中心としていた半導体産業も、日本経済のバブル崩壊によって勢力地図が変化したように、現在は生産拠点としてのアジアの勢力を抜きにしては語れない時代に入ってきています。

1 日本の産業を支える半導体

半導体は、国内において「産業のコメ」と称されています。パソコンをはじめ、スマートフォンや家電、自動車など、電気に関連する分野では必ずといっていいほど半導体が関わっています。

半導体は産業のコメ

世界的にはもちろんのこと、国内において過去にこれほどの成長を遂げたことがない産業が半導体です。

敗戦後の高度経済成長期に国内経済を下支えした「鉄鋼」に代わり、冷戦以降には半導体が**産業のコメ**＊ともいわれる基幹部品となり、パソコンやスマートフォンだけではなく、自動車や家電製品などにも多く使われています。

その用途はとどまるところを知らず、民生機器をはじめ、航空宇宙、医療分野、環境関連、通信機器、車両関連、AIやICTをはじめとする先端機器などに広がり、需要の高まりとともに、要求される機能や性能も日を追って高度なものになっています。

そのような半導体市場のすう勢の中で、世界市場に占める日本製品のシェアが大幅に下がってきたとはいうものの、生産量や売上高は確実に右肩上がりで推移していることに間違いはありません。

特に、日本のお家芸である**デジタル家電**をはじめとして、私たちの生活や産業に関わるほとんどの製品がその恩恵を受けています。

しかも、半導体に替わる技術が出現してきたわけでもなく、この技術的な傾向と成長は、国内外を問わず今後もしばらくは続くと予測されています。

しかし、半導体の需要が伸び、不足する事態が起こると、それに対応した増産が必要になりますが、輸入に頼っている日本には自国で賄えないという大きな問題があります。そこで、世界で最も半導体を生産して

用語解説

＊**産業のコメ**　日本における産業の中枢を担うものを指すとき、日本人の主食にたとえて使う経済用語で、戦後に生まれた言葉。この言葉が誕生した当時は、高度経済成長を支えた「鉄鋼」を指していたが、近年は「半導体」に対して使われている。

いる国である台湾と、日本両方にメリットがあるような環境を作って行くことが必要と考えられます。

半導体に支えられる産業分野

半導体技術は、現代の高度情報化社会を根幹から支えており、その高度な技術革新によってライフスタイルや産業構造に大きな変化と影響を与え、そしてあらゆる面で半導体技術から大きな恩恵を受けています。

いまでは、その存在を感じなくとも、得られる利益は多大です。

確かに、景気によって半導体自体の伸びは左右されますが、半導体を取り巻く産業全般を見渡すと、その存在感の大きさが理解できるでしょう。

半導体は、**GDPの約1%**を占めていますが、それに関わる川下の電子産業や、川上の半導体製造装置産業、部品および材料産業などを含めると、**GDP比で五%**ほどになると報告されています。

このように、半導体はそれ自体の成長だけではなく、関連する多くの産業分野を支える一大基盤としての役割が大きい産業であるといえます。

世界の半導体市場と市場を牽引する機器の変化

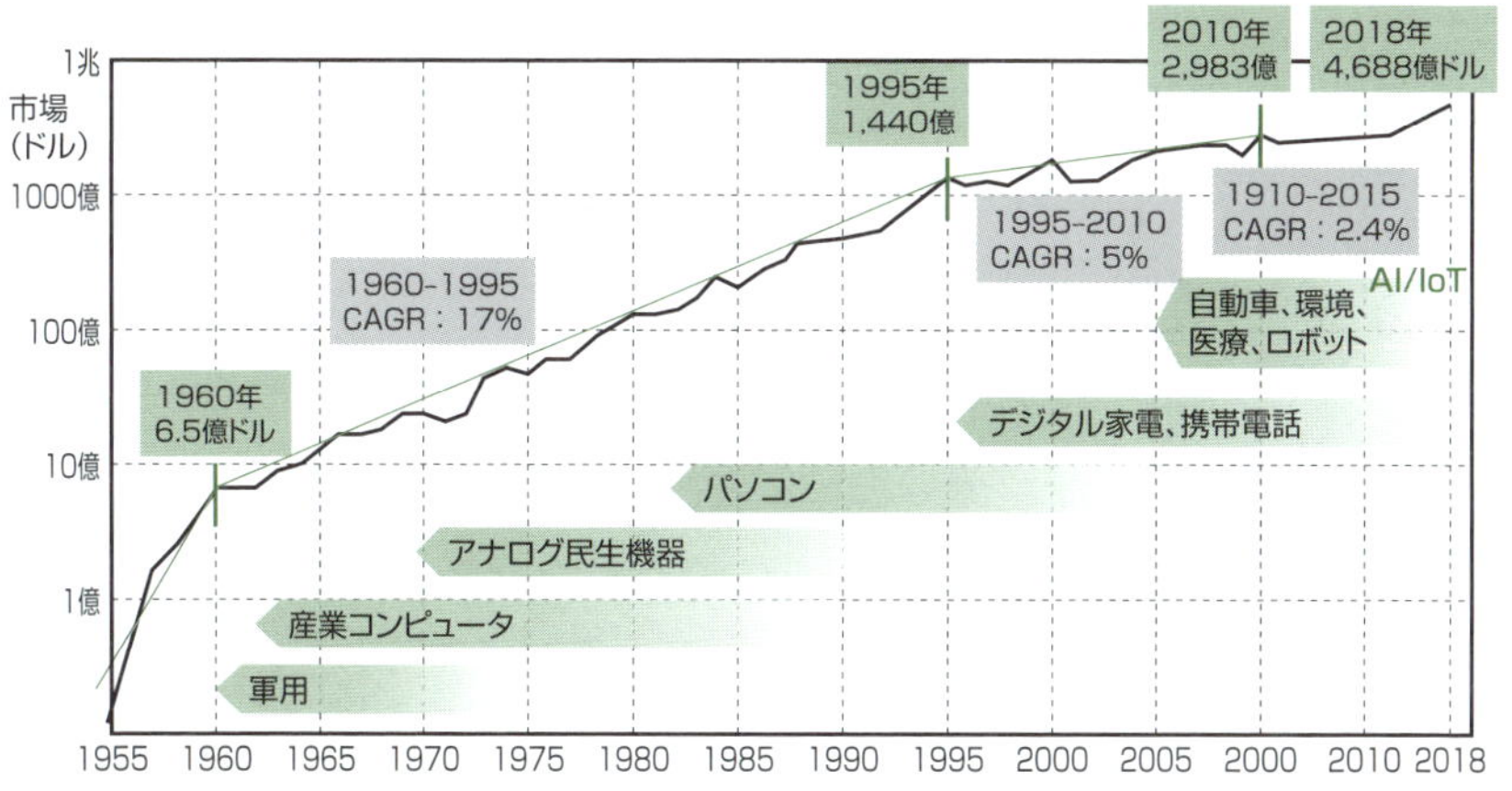

市場額データはSIA、WSTSデータ
CAGR：年平均成長率

2 世界における日本の半導体

日本の半導体は隆盛を極めていた一九八〇年代とは比較にならないほどに、九〇年代から凋落が目立ち始めました。その原因と考えられているバブル崩壊と日米半導体協定について考えてみましょう。

「失われた一〇年」で日本が失ったもの

日本経済の「**失われた一〇年**」は、バブル景気*崩壊後の一九九〇年代中ごろから二〇〇〇年代の前半にわたっています。当時の経済情勢を指して、「**複合不況**」や「**平成不況**」とも呼ばれていました。

この「失われた一〇年」と、同時期に起こったのが半導体産業の急激な凋落です。それまで、急速にして順調な成長を見せていた産業にあって、これほどの短期間に国際的な競争力を失ったことは、過去にもあまり例がありません。

それまでの日本の半導体産業は、八〇年代をピークに、**六四キロビットDRAM**の技術開発で、当時の競争相手であった米国を大きく引き離していました。

半導体の生産だけではなく、製造装置としての露光装置などにも国産の製品が登場したことによって、純国産でしかも大量生産に対応したモデルを開発できるようになり、両国の差は広がる一方でした。

これに対して米国側が起こした行動が、通商問題化することによる政治的圧力でした。いわゆる、八六年に締結された「**日米半導体協定**」による米国製半導体の市場での巻き返し工作です。

この協定は、その後一〇年間にわたって効力を持つことになり、日本の半導体産業を圧迫していくことになります。

日米半導体協定がもたらしたもの

「日米半導体協定」は、協定とは名ばかりで、実際に

用語解説

***バブル景気**　1980年代後半におとずれた経済現象。投機によって、不動産や株式の資産価格が高騰し、実態経済とかけ離れてしまった。長続きはせず、90年代に入ってバブルが崩壊し、その後の日本経済はデフレに転じた。語源はイギリスで1720年に起こったSouth Sea Bubble(南海泡沫事件)から来ている。

は日本製半導体の閉め出しを目的にしていたことで知られています。

内容的には、海外製の半導体を二〇%以上輸入することが義務づけられており、国内だけではなく、世界的にも市場原理や市場経済をまったく無視したものといえます。

これは米国の、自助努力によって奪われた競争力を回復するのではなく、**競争相手の力を政治的圧力で奪う**行為に等しく、日本の半導体産業は大きな打撃を受けました。

その国策によって、パソコン分野でマイクロソフトやインテルを**グローバルスタンダード**に押し上げたことが知られています。これはほかの半導体でも同様で、このときに生まれた「生産をアウトソースする」考えが、以降の**水平分散型**へと発展していきます。

日本では、この攻勢に対してなすすべのない状態が続きました。その後に起こったバブル崩壊もマイナスを一層悪化させただけではなく、海外生産をしていた韓国や台湾の企業に技術が流失したことによって、さらに苦しめられる結果を招きました。

世界の半導体市場

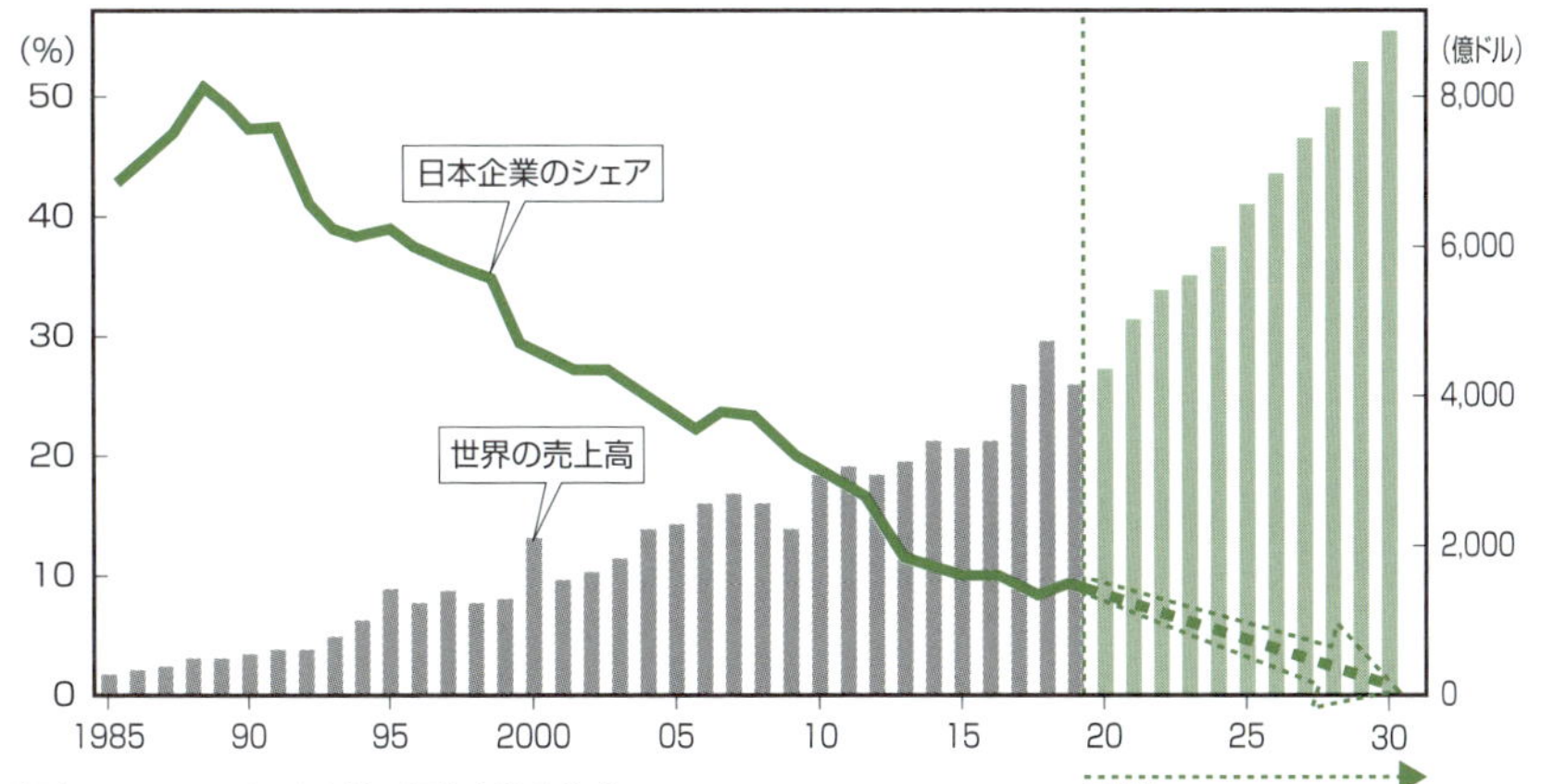

出所：Omdiaのデータを基に経済産業省作成

3

産業構造の変化と半導体

一九八〇年代にDRAMで大躍進を見せた日本の半導体メーカーは、パソコン需要の落ち込みを契機に、その特性と技術力を生かし、システムLSIへと注力していきました。

新たな産業基盤の創世

一九八〇年代にピークを迎え、世界をリードしていた日本メーカーのDRAM*は、コンピュータの発展に大きく寄与したものの、その後市場規模が年々後退したことで、半導体産業の製品戦略に転機を起こすきっかけを作りました。

そこでは、パソコンに代わる電子機器で、半導体を大量に使用するアイテムを考案するところからスタートしました。その結果として生まれたのが、「**デジタル家電**」です。

日本のお家芸ともいえる家電分野においてデジタル革命を引き起こすことで、半導体の搭載を増加させるだけではなく、ユーザーニーズに合った半導体の開発に注力していこうというものです。

言い換えれば、日本メーカーが持っている技術力を結集させ、メモリやロジック回路、周辺デバイスなどを一つのチップに集積するシステムLSIの開発に乗り出したということです。

日本の半導体メーカーは、今までの経験の中で、**システムLSI**に必要な半導体製造技術とそのノウハウを蓄積しています。つまり、集積度の低いディスクリート*やアナログ半導体のほか、LEDや光デバイス、各種メモリ、ロジック回路、ASICなど、それらすべてを製造するだけの技術力を持っているということです。

この分野では、諸外国に引けを取らないどころか、凌駕するだけの技術力といえるでしょう。この卓越した技術力を活用したシステムLSIは、**日本半導体産業**

用語解説

＊ DRAM(Dynamic Random Access Memory)　半導体を使用したメモリ(RAM)の一種で、パソコンの主記憶装置やデジタルカメラなど多くの情報機器の記憶装置に用いられている。電源が切れると記憶内容が消えてしまう揮発性メモリのため、情報処理過程の一時的な作業記憶に用いられる。

の**新たな産業基盤**として期待されました。

マーケティングの重要性

日本における従来の**シリコンサイクル**は、「**DRAMサイクル***」と言い換えられるでしょう。しかし、システムLSIを産業基盤にすることで、サイクルの波に左右されない、安定した事業展開が期待できるといわれています。そこで、日本メーカーの課題となるのが「**マーケティング力**」です。

つまり、メーカーが生産した製品を販売して、ユーザーがそれをどのように利用するかを考えるのではなく、ユーザーの求めている製品をいかにスピーディーに安定して供給できるかが求められることになります。

そこには、部品や原材料の購入を的確に判断できる、需要を重視した施策が必要になります。

システムLSIでは、ユーザーニーズを解き明かし、的確な判断で材料を準備するとともに、それらを使って最適な製品にまとめ上げる技術力の双方が問われることになります。

シリコンサイクルの概念

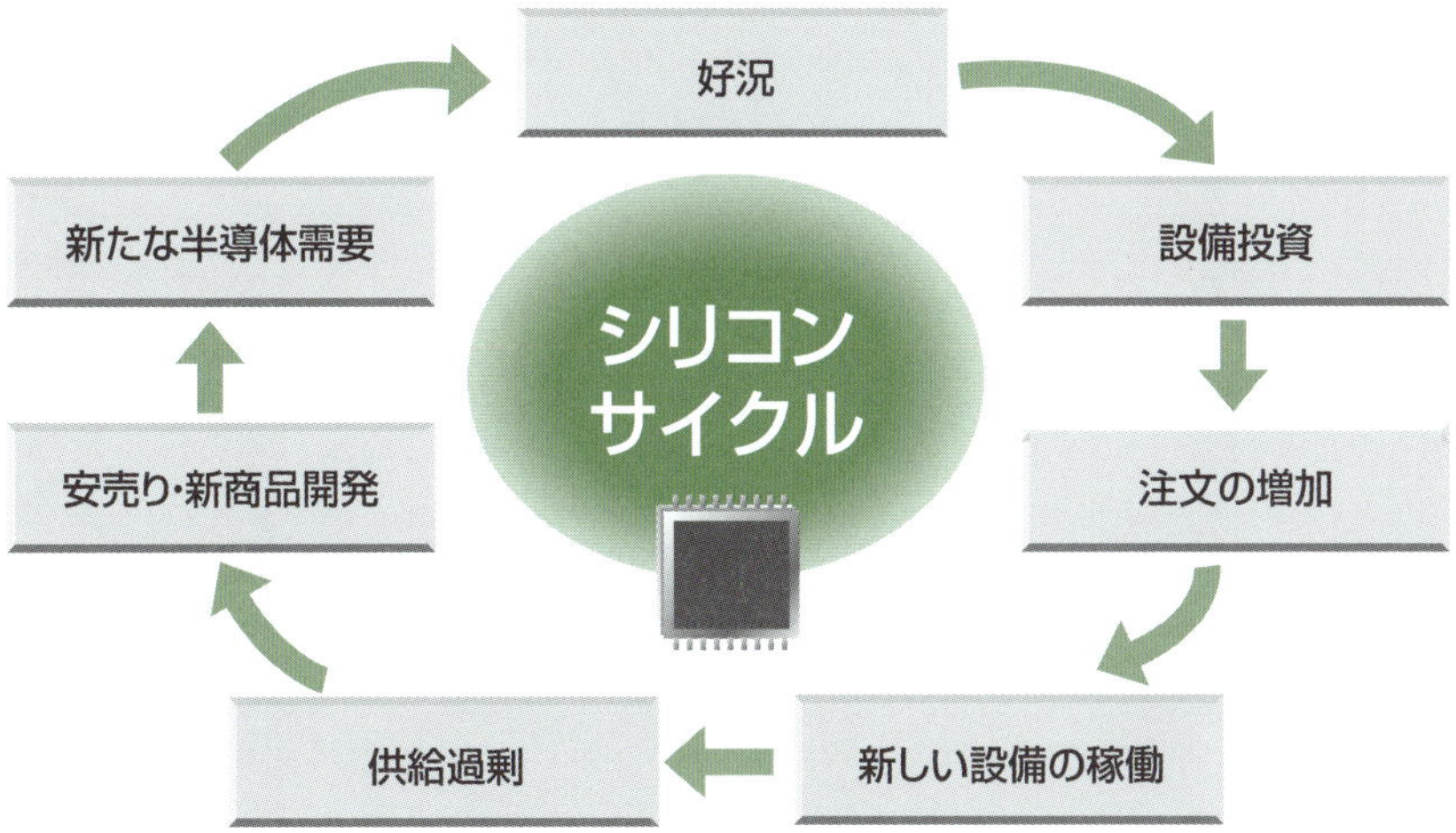

国の循環が、4～5年の一定の周期で繰り返される

用語解説

＊**ディスクリート**　半導体製品の部品である「トランジスタ」「ダイオード」「コンデンサ」「サイリスタ」など、単機能素子の総称。

＊**DRAMサイクル**　パソコン向けの需要が、全体の80%に届く勢いだったDRAMは、シリコンサイクルに大きく影響を及ぼすことになり、シリコンサイクル＝DRAMサイクルといわれるようになっていた。

4 半導体工場の設備投資とリスク

世界的な経済状態の悪化による成長の鈍化は、あらゆる企業にとって、設備投資が大きな負担に感じられるようになっています。景気悪化による低成長時の設備投資とリスクを考えてみましょう。

投資負担を軽減するリスク分担

半導体産業は、設備に巨額の投資を必要とすることで知られています。製造装置が高額というだけではなく、生産に必要なクリーンルームや超純水装置などの付帯設備の設置にも多額の費用が必要になります。

投資費用は、主だった生産品や量産の規模、製造装置などによっても変わってきますが、一度建設すればそれで終わりではないところが悩ましいところです。

つまり、メイン製品の変更に合わせた生産ラインの変更のほか、**大口径化***や高機能化、微細化などに対応するためのラインの組み替えなどにも設備投資の費用がかかることになります。

当然、一つの製品を長期間にわたって生産できれば効率はいいのですが、市場の動向はそれを許しません。変化の激しい市場状況を見ながら、**投資回収**できる計画を立てることが重要になってきます。

また、先行きの生産を確実にするため、設備投資に踏み切る前に、顧客との間で「**生産受託契約**」を結び、投資回収のしっかりとした目処を立ててから取り組む企業も出ています。その中には、顧客に対して販売金額を前倒しして受け取る形で資金提供してもらう企業も現れています。

これも低成長時における**リスク回避**の手法で、設備投資の**負担軽減**と確実な**投資回収**を実現する手段として採用されるケースがあります。

用語解説

***大口径化**　ウエハ円盤のサイズを現状より大きなものにする動きが大口径化で、現在は従来のラインで主体となっている200mm(直径)ウエハから300mmの大口径ウエハに生産ラインを変更する企業が多い。300mmウエハ1枚で、200mmウエハの2倍以上のチップ生産が可能になる。

柔軟に対応できる生産規模

多額な費用を必要とする半導体の設備投資では、巨大な設備投資で企業同士がぶつかり合う「**メガバトル**」に向かう方向と、変化の激しい市場の要求に対応するため**多品種少量生産**に柔軟に対処できる「**ミニファブ**」のような生産ラインを組む方向の二極化が起こりつつあります。

メガバトルは、ある限られた企業が巨大な設備投資をすることによって、成熟した市場の中でシェアを奪い合う競争に生き残るための方策で、巨額投資に対抗できない企業は淘汰されることになり、先行きは寡占化の方向が見えてくることになります。

一方のミニファブは、ユーザーからの要求に応じて柔軟に生産規模の拡張や縮小ができる生産ラインで、日本が取り組みを開始しているシステムLSIのような多品種少量生産を短納期で実現するために登場したものです。

この二つの方向性は、お互いを駆逐するのではなく、補完する関係にあると考えるのが正しいでしょう。

半導体工場建設費用の内訳比率（想定概算）

▲半導体製造装置を販売するASML社

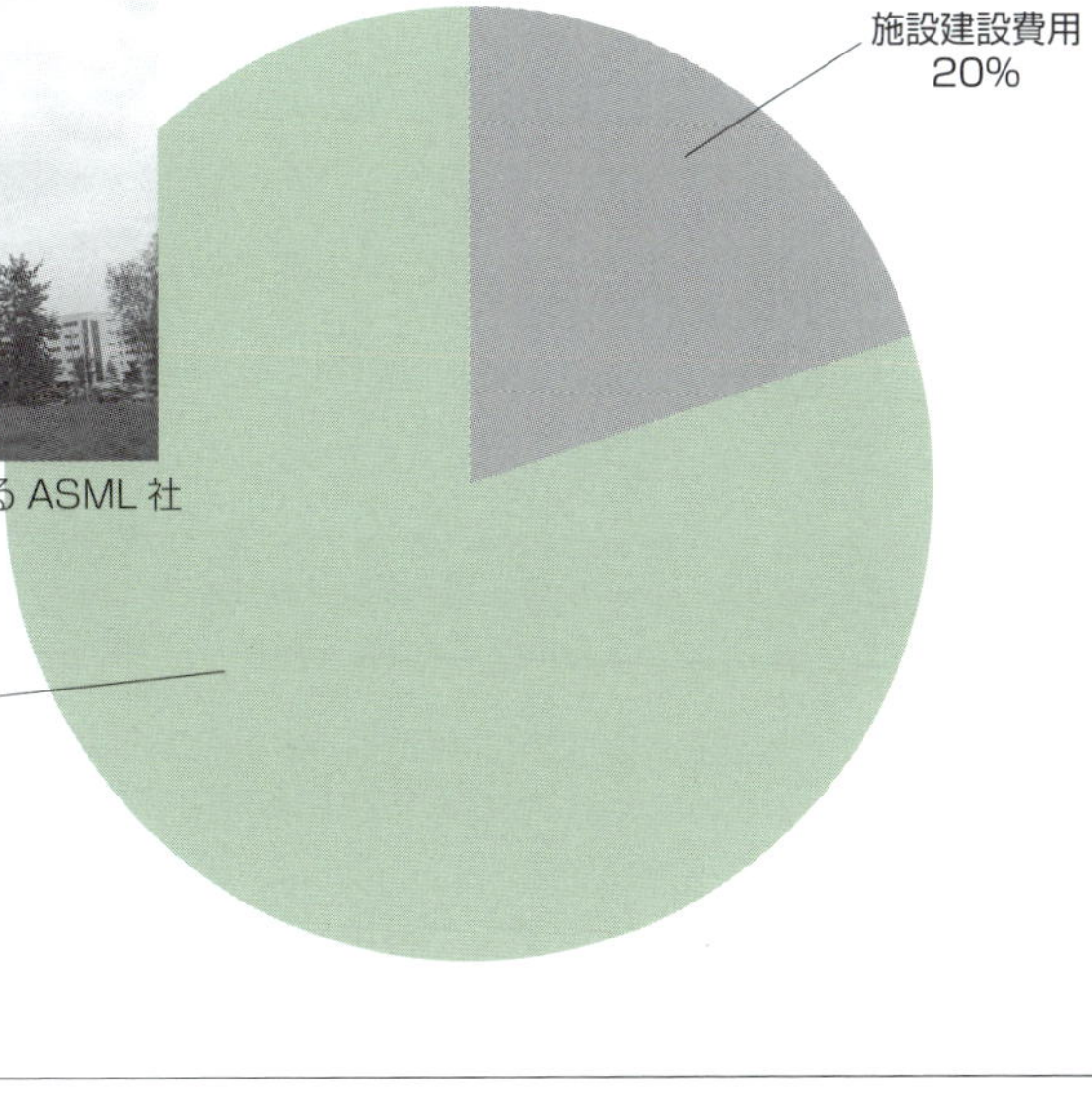

5 半導体商社の役割

商社の中で、半導体製品を専門に扱う商社を指して「半導体商社」といいます。国内だけでも、メーカー系、独立系、外資・外国系を含めると一〇〇〇社以上が存在するといわれています。

メーカー系列と独立系

半導体商社は、半導体メーカーの製品販売を主たる事業とした「**メーカー系列**」と、メーカーに依存しないでユーザーが求める製品を販売する「**独立系**」に大別できます。

メーカー系列の半導体商社の場合は、所属しているメーカー系列の製品しか専属的に扱えませんが、独立系商社の場合には、メーカーの系列にとらわれることなく、複数メーカーの製品や海外製品を扱うことができるといった違いがあります。

一見、独立系のほうが営業しやすいように見えますが、そこには「**商権**＊」という大きな壁が待ち受けています。商社にとっては、この「商権」と「人材」が事業の生命線を握っているといっても過言ではありません。

半導体商社は、この「商権」で基本的な業務を推進していくことになりますが、従来と違ってこの商権が最近になって脅かされています。原因としては、半導体メーカー同士による事業再編や外資系メーカーの台頭などが挙げられます。

それによって、商権の流動化現象が発生し、中小規模の商社が倒産に追い込まれるケースも稀ではなくなってきました。

この現象は、人材の流動も引き起こしているようです。商社にとって、企業としての売上高や利益率も重要ですが、商社マン一人当たりの利益率にも重きが置かれています。その利益率をはじき出すための付加価値を生み出す「人の力」が大きく作用してくるため、商

用語解説

＊**商権**　特定の顧客と独占的な取引ができるように、メーカーが半導体商社に与えている権利。この権利を持っている限り、ほかの商社はその顧客に対して営業活動ができないことになる。

権とともに歯止めをかける施策が求められています。

一〇〇〇社がひしめき合う業態

半導体商社は、海外から見た日本の流通構造の複雑さを物語る存在として揶揄されます。

日本国内には、上場している半導体商社だけでも三〇社以上があり、二次商社や三次商社などの末端の事業者までを含めると、その数は一〇〇〇社以上になると推測されています。

最近では従来のような御用聞きスタイルは影を潜め、半導体メーカーとユーザーとの間に立って、製品の設計、開発、試作にいたる一貫したサービス機能を提供する「**ソリューション・プロバイダ**」としての機能が大きく注目されています。

ユーザーニーズの多様化や製品の高付加価値化に対応したもので、半導体ビジネスの浮沈を握っているともいわれています。

市場の変化を迅速に察知し、グローバルビジネスに対応するために、商社の果たす役割は大きくなると考えられます。

国内主要半導体／エレクトロニクス商社 2020年3月期通期業績

会社名	売上高（億円）	売上高 前年比(%)	営業損益（億円）	営業損益 前年比(%)
マクニカ・富士エレホールディングス	5211.93	▼0.6	144.47	▼5.7
加賀電子	4436.15	51.5	100.14	32.3
レスターホールディングス	3795.48	84.5	66.37	47.2
丸文	2875.50	▼12.0	23.69	▼53.1
トーメンデバイス	2603.67	19.6	45.26	28.3
菱電商事	2300.87	▼4.3	55.59	▼1.2
リョーサン	2272.97	▼9.0	31.08	▼40.6
エレマテック	1756.54	▼4.2	47.65	▼24.8
立花エレテック	1705.41	▼6.7	60.38	▼8.5
伯東	1531.82	9.3	24.14	▼33.7
サンワテクノス	1379.43	▼5.1	18.46	▼45.8
東京エレクトロンデバイス	1353.94	▼4.0	38.10	8.1
萩原電気ホールディングス	1282.06	7.7	41.73	▼3.4
カナデン	1265.19	2.6	36.88	▼17.4
三信電気	1230.85	▼16.8	19.58	▼0.3
新光商事	1016.27	▼12.7	16.11	▼34.0

EE Times Japan調べ

6 知的財産権と国際競争力

半導体メーカーに限ったことではありませんが、特許などの知的財産権の保護が重要な経営課題になっています。安易な技術流出を食い止めるため、国が政策で企業の理論武装を保護する動きが出ています。

衰退の原因は知的財産権の流出

日本の半導体産業が衰退した原因として、バブル崩壊による失われた一〇年が挙げられますが、別角度の見方では**知的財産権***に関する戦略的な敗北を大きな要因としている向きもあります。

確かに、最盛期の日本の半導体産業では、DRAMの大量生産による世界シェア一位にうかれ、知的財産権に対する考え方が乏しかったといえるでしょう。そのことに業界や国が気づいたのは、ほぼ敗北が決定的になった一九九〇年代の半ば以降でした。

いわゆる**パソコンブーム**の創生期に当たり、インテルやマイクロソフトの特許を否応なく受け入れなければならない状況に陥ってしまったのです。

また、日本の得意分野であった半導体製造装置業界でも、諸外国の設備投資に呼応して装置を販売する際、技術やノウハウまでも提供してしまったことで、業界全体が丸裸にされてしまったという経緯もあります。

このことでの**知的財産権の流出**は、当時生産工場を数多く立ち上げていたアジアに対してが最も多く、その後、特許のコピー問題などで、逆に日本を苦しめることになります。

さらに、日本では知的財産を個人の権利として評価しない風潮があったため、金銭的に優遇される海外メーカーに技術教育することで対価を得るといった構造ができあがってしまったことも大きなマイナス要因として挙げられます。

用語解説

***知的財産権**　特許や意匠、商標などのように、無形の技術的および科学的発見や表現の功績と権益を保証する権利のことで、知的所有権とも呼ばれる。グローバルには、世界知的所有権機関（WIPO）が、世界的な知的財産権の保護活動を行っている。

国として取り組む特許戦略

知的財産権による囲い込みに対し、海外の特許に抵触しない日本独自のソフトウェア「TRON（トロン＊）」で対抗したことは、一つの解決策として評価できます。

しかし本質的には、企業が高い技術力や開発力を持った技術者を個人として優遇するとともに、**知的財産権を手厚く保護**していくことが重要になってきます。

そこで、知的財産の戦略的な強化に、国を挙げて取り組むことになりました。遅きに失した感は否めませんが、日本が得意とするシステムLSIなどを中心に、特許戦略を構築し、グローバル特許を取得する動きが活発になったのは前進と見るべきでしょう。

そのうえで、知的財産の流出に歯止めをかけていくだけではなく、日本が最も不得手としていた**特許の財産化**にも取り組んでいく必要があります。いわゆる特許収入の獲得です。日本はこの分野で海外に大きく水をあけられており、出願数では劣っていないものの、利益ベースにすると桁違いに少ない結果になっています。早期の対応で経済的にも優位に立つ必要があります。

半導体が関連する主な知的財産権

	保護対象	保護期間
特許（発明）	発明と呼ばれる比較的程度の高い新しいアイデアに与えられる権利。「物」「方法」「物の生産方法」の3タイプがある。	出願から20年
実用新案（考案）	発明ほど高度なものではないが、新しいアイデアとして与えられる権利。実用新案権は無審査で登録される。	出願から10年
意匠（デザイン）	物の形状、模様など斬新なデザインに対して与えられる権利。	登録から20年
商標（マーク）	自分が取り扱う商品やサービスと、他人が取り扱う商品やサービスとを区別するためのマークに与えられる。	登録から10年（更新あり）
著作権	電子機器関連やIT分野では、コンピュータプログラムが該当する。	創作時から著作者の死後50年（法人著作は公表後50年）
半導体集積回路配置	独自に開発された半導体チップの回路配置に関する権利。	登録から10年
商号	営業上、法人格を表示するために用いる名称、社名保護のために与えられる。	期限なし
不正競争の防止	公正な競争秩序を確立するために、著しく類似する名称やデザイン、技術上の秘密などの使用を差し止める。	期限なし

用語解説

＊TRON　The Real-time Operating system Nucleusの略。協調動作する分散コンピューティング環境の実現を目指して1984年に東京大学・坂村健教授が提唱し、以後、財団法人トロン協会によって「TRONプロジェクト」が運営されている。

7 日米の流通構造と外資系日本法人

早くから水平分散型の産業形態に移行してきた米国では、流通構造にも「メガ・ディストリビュータ」と「レプレゼンタティブ」の二つの形態が、お互いに補完しあって存在しています。

米国の二つの流通構造

日本の商社構造に対して、米国の半導体商社には世界規模で事業展開する巨大な「**メガ・ディストリビュータ**」と、エリア単位でユーザーの技術的なサポートを行う「**レプレゼンタティブ**（略してレップ）」の二つの形態があります。

それぞれが業態として棲み分けされており、お互いが補完しあっている関係のため、競合したり対立したりすることはありません。

メガ・ディストリビュータは、米国国内の物流網はもとより、海外にもネットワークを拡充し、ワールドワイドな体制を整えていますが、半導体メーカーと直接の取引はしません。

一方のレップは、半導体メーカーが指定したエリア内で、ユーザー企業の技術サポートをするのが仕事です。したがって、全米に多くの企業が存在し、きめ細かな対応を提供するのが特徴になっています。

両者は、レップがユーザーの要求する製品を発注し、メガ・ディストリビュータが運搬および納品するといった仕組みで、レップは大量の在庫を持ちません。

これは早くから**水平分散型**に移行したことが構造変革のきっかけになったもので、**垂直統合型**から抜けきれない日本では、この両者の機能が混在している状態になっています。

また、水平分散型が進んだ米国では、生産拠点が海外にシフトしているため、世界中に工場を持ち、生産の肩代わりをしてくれる企業としてEMS型の企業*が

用語解説

＊EMS型の企業　EMSは、Electronics Manufacturing Serviceの略で、電子機器の製造および設計を担うサービスを指す。1980年代までの「受託製造サービス」と違い、関わりを持つ領域が大きく広がっているのが特徴。中には、世界中に工場を持ち、生産の肩代わりをする大手企業もある。

誕生しています。日本では、この機能も半導体商社が担っています。

外資系日本法人

海外企業が日本への進出の足がかりとするのが「日本法人」です。資本が本国の企業にあることから、「**外資系日本法人**」と呼ばれます。

資本は海外ですが、そこで働くのはほとんどが日本人で、生産される製品も日本製と考えられています。いわば、別の意味での日本の半導体といえるでしょう。

日本法人では、ユーザーへの営業やマーケティングを主たる業務としており、販売は直販か商権を持つ半導体商社に任せるかのいずれかの方法を採っています。

基本的な裁量権は日本法人が持っていますが、グローバル化の波によって、SCM*(サプライ・チェーン・マネジメント)が徹底されたことで、本国の意向や影響力が強くなる傾向にあります。

しかも、日本の最先端技術情報を本社にフィードバックするためにも、その重要性は増しているといえます。

主な外資系の日本法人

会社名	
日本アイ・ビー・エム	マイクロメモリジャパン
日本AMD	日本サムスン
アトメルジャパン	ハイニックス・ジャパン
アナログ・デバイセズ	ウィンボンド・エレクトロニクス
インテル	TSMCジャパン
インフィニオンテクノロジーズジャパン	マクロニクスリミテッド・ジャパン
STマイクロエレクトロニクス	ユナイテッド・セミコンダクター・ジャパン
日本サイプレス	SMICジャパン
日本テキサス・インスツルメンツ	グローバルファウンドリーズ・ジャパン
NXPジャパン	

用語解説

*SCM　供給連鎖管理と訳される。製造業や流通業において、原材料や部品の調達から製造、流通、販売まで、生産から消費の流れを「供給の鎖(サプライチェーン)」ととらえ、関係する部門や企業の間で情報を相互共有・管理することで、ビジネスプロセス全体の最適化を目指す戦略的な経営手法やそのための情報システムを指す。

8 半導体生産拠点に成長したアジア

水平分散型の産業形態では、ベンチャー企業がファンドリメーカーを活用して製造を行っています。このファンドリ分野では、台湾や中国をはじめとするアジアのメーカーが台頭しています。

ファブレスとファンドリ

半導体工場のことを「**ファブ**」と呼びますが、このファブがない、つまり工場を持たない半導体メーカーのことを「**ファブレスメーカー**」といいます。水平分散型の産業形態が生み出した言葉で、ファブレスメーカーには、開発および設計やマーケティングを主として行うベンチャー企業や中小企業が含まれます。

一方の「**ファンドリメーカー**＊」も水平分散型における工場に位置づけられ、製造工程の前工程と後工程を受け持ち、チップの製造から組立までの全工程を担うことができます。

両者は共存関係にあり、技術の共有などによって共同開発したり、ファブレスメーカーからの生産委託を受けてファンドリメーカーが製造するなどが行われることになります。これでファブレスメーカーは工場に投資しなくて済み、費用的にも時間的にも開発や設計に集中できるようになります。このファブレスメーカーは、ベンチャー企業が多い米国で発展しましたが、ファンドリメーカーはアジアを中心に広がりを見せています。

ファンドリメーカーは、ファブレスメーカーとの間で、高機能製品や微細加工プロセスを共同開発することにより、高い技術力を修得できるといったメリットもあり、両者にとって得られる利益は大きなものになっています。

アジアの半導体産業

ファンドリメーカーとしては、台湾企業が先行しま

用語解説

＊**ファンドリメーカー**　半導体産業の水平分散型によって生み出された事業形態。設計や開発機能を持たず、製造に特化したメーカーのことで、生産委託を受けてチップ製造を行う。逆に、設計および開発のみを行い、工場を持たないメーカーを「ファブレスメーカー」と呼ぶ。

したが、中国をはじめ韓国や東南アジアの各国で参入が相次ぎ、熾烈なシェア争いが起こっています。

特に、台湾と韓国に集中していた巨大投資が東南アジアやインドにまで広がったことにより、半導体の生産拠点がアジアに大集結の様相を呈しています。

その傾向は、下図と表を見れば一目瞭然で、世界各地域の生産能力の勢力分布によく表れています。実に、台湾・韓国・日本・中国の四か国で、全体の七割を超える生産能力を持っていることになります。

このように、生産拠点をアジアに大集結させた裏側には、当然のことのように生産コストの飛躍的な低減政策があります。また、ファンドリメーカーの活用で、巨大な設備投資のリスクを回避できるといったメリットも忘れてはいけません。

しかし、それ以上に大きなポイントとしては、ファンドリメーカーが存在する地域の半導体市場を手に入れたいという思惑があることです。特に、川下の企業まで含めるとより大きな市場が見込めることになり、大きな利益に結びつくと考えられます。

世界の国・地域の半導体生産能力

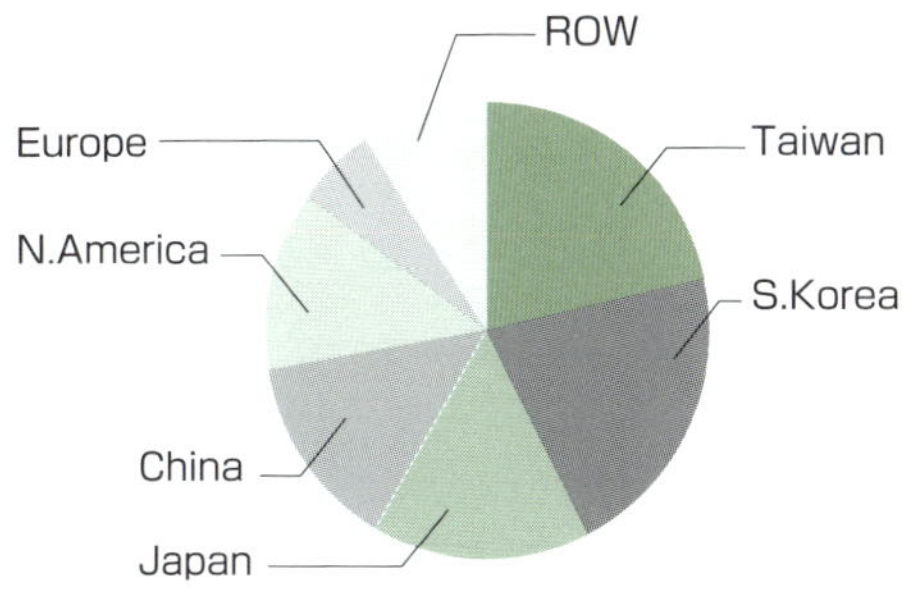

Region	Installed Capacity (K w/m)	% of Worldwide Total
Taiwan	4,208	21.6%
S.Korea	4,079	20.9%
Japan	3,114	16.0%
China	2,709	13.9%
N.America	2,492	12.8%
Europe	1,140	5.8%
ROW	1,765	9.0%
TOTAL	19,507	100%

国・地域別の半導体ファブを200mmウェハで換算した生産能力(単位:1000枚/月)
出所:IC Insights

9 各国の国家的な取り組み

日本はお家芸のデジタル家電、米国はパソコンと通信系が中心、EUシェア拡大をキーワードにする中、アジア各国は水平分散型のファンドリー事業に注力し、拡大路線を目指しています。

情報および通信系を強化する日米欧

デジタル革命以降、半導体の需要は急激に伸長の一途をたどっていましたが、**リーマンショック**以降は拡大路線にかげりが見えるようになってきました。

しかし、一時的に低迷したとはいえ、半導体の需要がなくなったわけではありません。

逆に考えると、低迷したことで、各国の半導体産業への取り組み方が明確になってきたとも受け取れます。

それは、生産形態に表れたり、アプリケーション分野に表れたりと様々ですが、技術力や資金力をバックに各国の思惑が見え隠れする格好になっています。

半導体生産では、欧米がファブレス化に動いたことで、生産拠点としてファンドリメーカーにアジア各国が名乗りをあげてきました。結果として、活発な市場を喚起しており、国の施策として拡大路線をひた走っています。

また、アプリケーション分野では、米国が総合力を結集して、パソコンやインフラを中心とした通信系に重きを置く傾向が強くなっています。

EUは、域内で製造する半導体について、米国や中国への依存度を低くすることを目的として、二〇三〇年までに世界シェア二〇%を目指すとしています。

日本では、システムLSIを活用して、お家芸のデジタル家電をさらに進展させる考えのようで、いずれは**ホームコンピューティング***なども一般家庭に普及させられるよう、機能の拡充とコスト対応が当面の課題となっています。

用語解説

***ホームコンピューティング(Home Computing)** 日常生活を豊かにするために、家庭でコンピュータを利用すること。ただし、ノートPCのようないかにもコンピュータといったものではなく、デジタルテレビの双方向性を利用するように、低価格で簡単に使えることが必須条件となる。

日本の取り組み方は正しいのか

一九七五年に当時の日本電信電話公社（のちのNTT）がスタートさせた「**超LSI開発プロジェクト**」は、国家プロジェクトとしてDRAM開発を成功させ、その後の技術水準を世界レベルにまで押し上げました。

しかし、その後におとずれた日米半導体協定締結にいたっては、日本の半導体産業を暗い時代に引き込む原因を作ってしまったといえるでしょう。この協定で明らかになったのは、日本の半導体産業に対する国としての取り組みが不十分であったという事実です。

国内でも、半導体関連の国家プロジェクトがいくつか立ち上げられました。しかし、海外の国家プロジェクトが国を挙げての政策だったのに対して、企業団体などにまかせた日本政府の支援の乏しさが、世界から後れを取る原因になってしまいました。

最も大きな違いは、その支援額でしょう。第一章にも述べたように、二〇倍から五〇倍もの格差では、世界と太刀打ちできないことは明らかです。

日本が行ってきた半導体に関連する主な国家的なプロジェクト

プロジェクト名	活動内容
半導体 MIRAI プロジェクト (Millennium Research for Advanced Information Technology)	情報化社会における共通基盤となる半導体 LSI 技術について情報通信機器の高機能化、低消費電力化等の要求を満たす次世代のシステム LSI 等の基盤技術開発を行った。
あすかⅡプロジェクト	2001 年に正式スタートした第 1 期を受け継いだ第 2 期のプロジェクト。ニーズに先駆けた先行 R&D を推進することで、新技術の早期実用化に貢献することを目的とした。
半導体先端テクノロジーズ (Selete)	300mm ウエハ装置を用いる生産技術開発の純民間コンソーシアム。2006 年からは“あすかⅡプロジェクト”、および NEDO 委託による“MIRAI プロジェクト”に参画し新たな 5 か年計画の活動を行った。
半導体理工学研究センター (STARC)	半導体設計技術力の強化を目的とし、日本の主要半導体メーカーの出資で、設立されたが、2016 年に終了している。
先端 SoC 基盤技術開発 (ASPLA)	システム LSI 開発の設計環境を整備と開発プラットフォームを構築のため、半導体メーカー各社が国費 315 億円を投入して 2002 年に設立。2005 年にプロジェクトが終了し、株式会社も解散している。
超先端電子技術開発機構 (ASET)	合計 32 社の組合員の参加と産業技術総合研究所、大学、STARC との共同研究等を通じて先端電子技術分野における産業界の共通基盤技術を開発し、2013 年に解散。

column

凋落を続ける国内半導体産業

世界的な不況は、どのような産業でも少なからず影響を受けるものです。半導体産業も、当然例外ではありません。

しかし、不況の波の受け方には違いがあります。例えば、自動車産業の場合は、自動車が売れないという直接的な原因があります。半導体の場合は、搭載される製品が売れないことで、需要が低迷し、売上減につながるということになります。

つまり、最終的なお客さまは半導体を買ってくれるのではなく、製品を買ってくれるのであって、半導体はいわばその一部品ということになり、最終製品の売れ行きによって左右されるといった側面があります。

ところが、現在の日本の半導体が置かれている現状は、このような外的要因による不況だけではありません。世界的な市場の中で、日本の半導体製品がどのように扱われているかが大きな問題なのです。そこでは、製品の信頼性や生産性よりも、市場が求めているものを提供できているかが問われることになります。メーカーの姿勢が問われるのは当然ですが、国としての施策や企業支援に対する考え方も問われることになります。

生産面において、世界のすう勢に逆行し、いまだに垂直統合型が残っている産業風土にも問題があるのかもしれません。

ここで最も怖いのは、いまだに「日本の半導体は世界的にも圧倒的に強い」といった、誤った認識を持ち続けていることです。特に、国の首脳などがこの認識を持ち続けている場合は、世界レベルでの嘲笑の対象になります。技術力も生産力も、そして発想力に基づく知的財産としても日本の半導体技術は世界的に見ても高水準だとしても、このことだけで収益が確保できるわけではありません。

例えば、日本の半導体が20年以上の長期保障を提唱したとしても、変化の著しい業界のユーザーがそこまでのクオリティを望むでしょうか。それより、3年から5年でスペックアップしていく動きに敏感に応えられる能力を求めることの方が大勢を占めることになろうと思います。

アジアの半導体対策を見ても分かるとおり、いまや半導体事業は世界的な動きを敏感に察知し、国策として取り上げるべき問題になっているのです。

第3章

半導体業界の主要メーカー

グローバル経済の中で語られる半導体産業は、その主要メーカーも世界的な企業が上位を占めています。しかし、業界再編の嵐はとどまるところを知らず、日本国内ばかりではなく、世界的な兆候になりつつあります。いま、生き残りをかけ、メーカー間では得意分野の獲得に、熾烈な戦いが展開されています。

How-nual
図解入門
業界研究

1 世界と日本の半導体関連企業

垂直統合型から水平分散型に生産形態が移行してきたことで、設備投資の分散が可能になり、半導体メーカーも増加しています。また、半導体製造装置メーカーなど関連企業も多彩になっています。

構造改革と統合で生き残りをかける

この章では、世界の半導体関連企業の中から主要なトップメーカー企業と、半導体製造装置の企業などを紹介します。

ここに紹介する国際的な半導体主要メーカーといえども、急激な経済変化や熾烈な国際競争に生き残るために、情勢に対応した的確な構造改革や、状況によっては業界内の競合メーカーとも合併や統合を余儀なくされる場合があります。

特に、国際的に苦戦を強いられている日本企業としては、大規模な企業再編も必要と考えられています。

最盛期には国内で十数社が参入していたDRAMやSRAMの分野でしたが、今となっては世界の半導体メーカー・トップテンの中に、たった一社だけとなってしまいました。コスト競争力はいうに及ばず、プロセス競争力までをも失ってしまった日本の半導体企業は、あらゆる企業努力はもとより、海外メーカーを迎え撃つための戦略を早急に練らなければならないところまで追いつめられているといえるでしょう。

二〇一〇年に、ルネサステクノロジとNECエレクトロニクスの二社が合併し、国内最大級の半導体メーカーが誕生すると騒がれ、国内の半導体産業の勢力地図が変わるとまでいわれましたが、海外勢の攻勢には抗しきれず、その後も合併や統合、協業を繰り返してきたものの、生き残ったのは数社という有様です。

しかも、国内では電機メーカーが一事業として半導体製造に関わっていることから、**「日本に半導体メー**

用語解説

＊**マイクロ波デバイス**　マイクロ波を利用したデバイスで、使用する電磁波が1GHz～数十GHzのもの。

＊**ハイブリッドIC**　ICチップやコンデンサ、抵抗などの半導体部品が1つの基板に組み込まれているICのこと。様々な部品を集積できるため、機器の小型化や省電力化を可能にする半導体として注目されている。

カーはない」という考え方もあります。

そのような状況下にあって、日本が世界に誇る半導体関連事業に「半導体製造装置」があります。世界のトップテンでは四社、トップ一五には七社が顔を揃えます。

応用分野を見据えた製品カテゴリ

生産形態の変化などで半導体メーカーも増加しており、搭載される製品も多くなっています。その広がりによって、製品の種類が増えることになりましたが、機能や構造によって、**①ディスクリートといわれる個別半導体　②光半導体　③マイクロ波デバイス*　④センサ　⑤集積回路(IC)　⑥ハイブリッドIC***　の六種類カテゴリに大別できます。

六種類のうち、デジタル家電やスマートフォンなどに採用されているシステムLSIを含む⑤の集積回路が全体の約八〇%を占めているといわれています。

また、今後その比率が増大すると考えられているのが④のセンサです。

なお、MEMSや太陽電池などは、これらの分類とは別のカテゴリとして考えられている場合もあります。

世界の半導体メーカートップ10（単位：100万USドル）

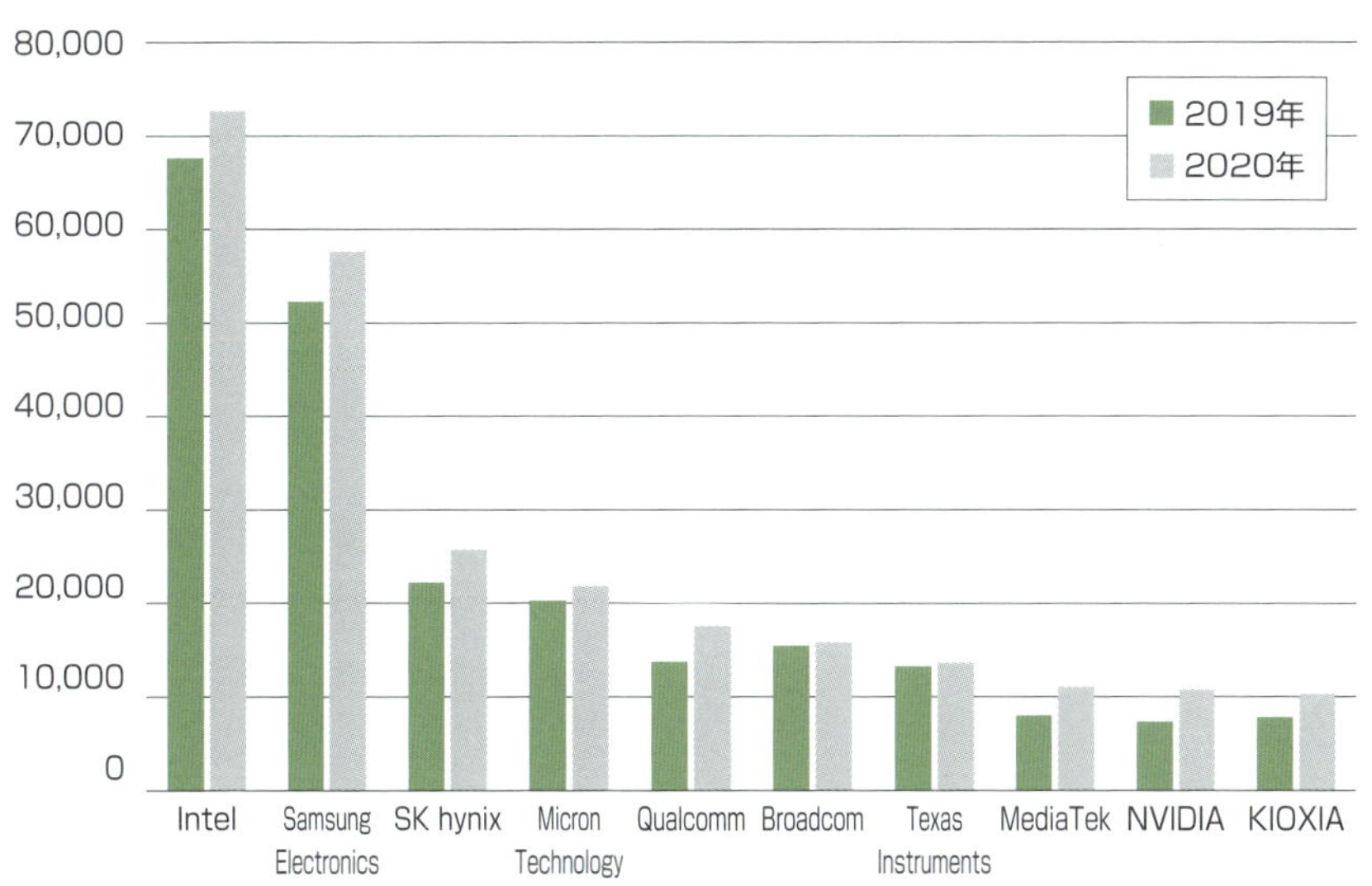

2

インテル

パソコンのCPUなどで利用されているマイクロプロセッサの提供を中心に様々な半導体の製造販売を行っている世界最大規模の半導体企業です。

企業の特色

インテルは、一九六八年に設立された、米国カリフォルニアにある**半導体業界世界最大規模の多国籍企業**です。

七一年に世界初のマイクロプロセッサを開発して以来、今日まで様々なプラットフォームやマイクロプロセッサ、チップセット、フラッシュメモリなどを製造および販売してきました。

当初はDRAMなども手がける総合的な半導体メーカーとして活躍していましたが、八〇年代のパソコンの世界的な普及に合わせて、その心臓部分であるマイクロプロセッサに特化し、高機能化・高性能化・高速化とともに、サーバやワークステーション、データセンターやモバイルデバイス向けの分野の製品も供給する、現在の業態に移り変わっています。

二〇世紀後半からは、アクセラレータ系プロセッサとして、主にCPU統合型GPUおよびXeon Phiと呼ばれる**MIC**(Many Integrated Core)を手掛けるなど、様々な分野におけるコンピュータ関連ハードウェア事業も展開しています。

企業としては、一九九二年以降、世界一の半導体メーカーとしてその座を譲ることなく、二〇二〇年現在の**パソコン向けCPU市場で、六〇%に迫る世界シェア**を誇っています。

マルチコア化

インテルは、ユーザーから要求される以上に、CPU

用語解説

＊**クロック周波数** 動作周波数やクロックなどとも呼ばれる。コンピュータ内部の各回路間で処理の同期を取るためのタイミング信号。同じ構成のコンピュータの場合、この数値が高い方が高い処理能力を持っていることになる。

の高速化を推し進めており、数百KHzの初期世代からMHzそしてGHzを超えるパフォーマンスまでの成長を可能にしてきました。

現在は、単一CPUコアによる高速化を避け、複数のCPUコアによる並列的な動作によって性能向上を図る手法を取るようになっており、**マルチコア***化の道をたどるデュアルコアやクアッドコアの新世代CPUの開発を盛んに行っています。

またインテルでは、プロセス技術とマイクロアーキテクチャを、年ごとに交互に改良していく「**チックタック**(Intel Tick-Tock)**戦略**」をとっていました。マイクロアーキテクチャの開発において、「微細化」と「機能向上」を一年おきに繰り返す戦略で、回路を変えずに微細化した年を「チック」、その翌年には機能向上を図った年として「タック」としたものです。

この戦略は二〇一五年まで、約一〇年間続きましたが、その後「最適化」(「タック+」)を加えた「3ステージ制」とする、「**プロセス・アーキテクチャ最適化モデル**」へと転換しています。

インテルの主な製品群

主な製品ラインアップ	各種プラットフォーム
	PC向けマイクロプロセッサ
	Core™ プロセッサ・ファミリー
	Pentium® プロセッサ・ファミリー
	Celeron® プロセッサ・ファミリー
	サーバ/ワークステーション向けプロセッサ
	サーバ向けプロセッサ
	モバイル向けプロセッサ
	組み込み機器向けプロセッサ
	数値演算コプロセッサ
	各種チップセット
	グラフィックアクセラレータ
	MICアクセラレータ
	イーサネット・コントローラ
	フラッシュメモリ

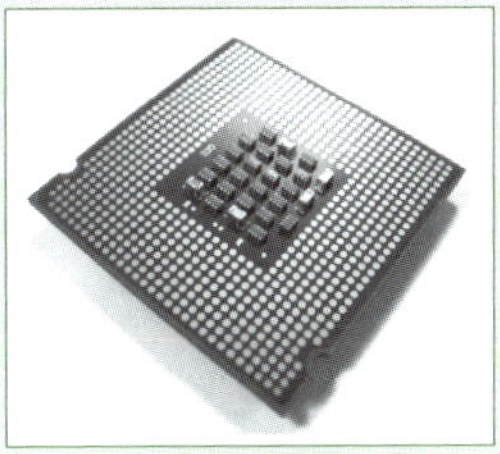

▲インテル製のプロセッサ

用語解説

***マルチコア** マルチ・プロセッシングの一形態で、1つのプロセッサ・パッケージ内に複数のプロセッサコアを封入した技術のこと。見た目には1つのプロセッサだが、複数のプロセッサとして認識されるため、並列処理で処理能力を上げるために用いられる。プロセッサコアは、2個、4個、8個から数十個も封入しているものまで出現している。

サムスン電子

サムスングループの中核企業であるサムスン電子は、韓国最大の総合家電、電子部品、電子製品メーカーです。先進のエレクトロニクス技術とデザインを企業としての特徴としています。

企業の特色

サムスン電子は、一九六九年一月に設立され、現在では世界各地に六五の生産法人と一三〇の販売法人を展開しているとされる多国籍企業です。韓国を代表する企業の一つで、韓国経済の代表格として、LGエレクトロニクスなどとともに、大きな位置を占めていることで知られています。

特に大きな世界シェアを持つ製品としては、中小型有機ELディスプレイのほか、薄型テレビや液晶パネル、スマートフォン、デジタルカメラなどがあり、半導体部門でもDRAMをはじめ、NAND型フラッシュメモリ*やシステムLSI*、アプリケーションプロセッサなどを扱っています。

さらに、半導体事業に力を入れるため、**デバイスソリューション部門**を設けています。部門は、メモリ事業、システムLSI事業に加え、新設されたファウンドリ事業で構成され、変化と競争の激しい電子部品業界で優れた品質の製品を創出するための原動力になっています。

サムスン電子のメモリ事業は一〇年以上にわたり、DRAM、NAND型フラッシュメモリ、ソリッドステートドライブ(SSD)で、テクノロジーリーダーシップと世界におけるトップシェアを維持し続けています。また、システムLSI事業も幅広いアプリケーションに対応するディスプレイドライバICやCMOSイメージセンサ、モデムチップセット、アプリケーションプロセッサ(AP)のようなロジックIC製品において

3

用語解説

*NAND型フラッシュメモリ　不揮発性記憶素子のフラッシュメモリの一種で、1987年に東芝の舛岡富士雄が発明。NOR型と比べ、回路がコンパクトで、ローコストと大容量化が特徴である。USBメモリやSSD、デジタルカメラ用のメモリカードのほか、携帯音楽プレーヤや携帯電話などの記憶装置として幅広く使用されている。

卓越性を示しています。

特に、**新設されたファウンドリ事業**は、一〇nmFinFETプロセステクノロジーと、一四nmと業界初の高誘電率金属ゲート（HKMG）トランジスタ、高周波（RF）デバイスのような特殊テクノロジーや高度なロジックプロセスにおける世界的な企業としても評価されています。

二〇三〇年までに大型投資を実施

同社は、二〇二〇年までの三年間に設備投資と研究開発費で大型投資を行っており、既存のメモリ、有機ELパネルのほか、次世代通信規格に対応した通信インフラ設備やバイオテクノロジー、人工知能、自動車部品などの新規事業にも乗り出すとしていました。

さらに、二〇三〇年までに、日本円にして**約一六兆五〇〇〇億円の大型投資**を行うとしています。この投資には、新型コロナウイルス禍による半導体不足や、今後の大型需要に対応して供給力を高めるのが狙いとみられています。

サムスン電子の主な製品群

主な製品ラインアップ	
	DRAM
	NAND型フラッシュメモリ
	システムLSI
	LSI
	アプリケーションプロセッサ
	イメージセンサ

▼スマートフォン

用語解説

*システムLSI　様々な機能を1つのチップに集積したLSIのこと。複数のLSIを使用するのと比べ、配線の単純化や機器の小型化が可能になり、機能が固定化されている機器で需要がある。主に携帯端末やデジタルカメラなどで利用されている。

4 SKハイニックス

SKハイニックスは、韓国内において、サムスン電子に次ぐ第二位の半導体メーカーです。主力製品はDRAMとNAND型フラッシュメモリですが、メモリ以外にも多数の半導体製造を行っています。

企業の特色

設立当初の社名は「ハイニックス」でしたが、二〇〇一年に経営が破綻し、結果的には政府系金融機関からの資金援助を受けて、債権銀行団の管理下に入っています。

その後、経営は再建されることになり、一応の落ち着きを見せるまでに回復したため、引受先企業を探していた債権銀行団は、二〇一一年に保有するハイニックス株を、韓国の通信会社大手であるSKテレコムに売却しました。翌年の二〇一二年、「SKハイニックス」に社名を変更し、新しくスタートしています。

同社は現在、韓国国内における利川市、清州市の事業所をはじめ、中国の無錫市、重慶市に四か所の生産法人を置いています。また、アメリカ、イギリス、ドイツ、シンガポール、香港、インド、日本、台湾、中国などの十か国において、販売法人を運営しています。さらに、イタリア、アメリカ、台湾、ベラルーシなどにおいて、四つの研究開発法人を運営しているなど、**世界展開を行っているグローバル企業**です。

同社は、経営破綻に至る以前から約三〇年間の長期間にわたって蓄積してきた、半導体の生産や運営に関するノウハウをベースに、今後も持続的な研究・開発およびび技術によって、さらなるコスト競争力を確保していくとしています。

そのうえで同社は、熾烈な戦いが繰り広げられているグローバルマーケットにおいて、世界の半導体市場をリードするための努力を続けていくとしています。

メモリ事業の競争力を強化

SKハイニックスは、モバイルやコンピュータなど、IT機器に欠かせないDRAMやNAND型フラッシュメモリなどのメモリ半導体を中心に、**CIS**（CMOSイメージセンサ）のような非メモリ半導体などを生産する会社です。

スマートフォンやタブレット端末のない世界が考えられないように、今後も新たなIT機器が登場してくると予測される中、新しいデジタル製品の登場やインターネット環境の拡大が半導体のさらなる領域拡張につながると考え、市場をリードする技術を通じて収益性中心の経営と質的な成長を続けて行くとしています。

IT機器のスマート化およびモバイル化は、さらに高度化した半導体の特性を求めることになり、同社としても、これに対応するための技術力を確固たるものにすると同時に、高付加価値のプレミアム製品市場においても製品競争力をさらに高めていく姿勢を強めています。

さらに、次世代メモリ技術に対する準備を通じて、新たな市場をリードしていくことを目指しています。

SKハイニックスの主な製品群

主な製品ラインアップ	
	DRAM
	NAND型フラッシュメモリ
	CMOSイメージセンサ
	MCP(Multi-Chip Package)
	SSD

▼DDRメモリ

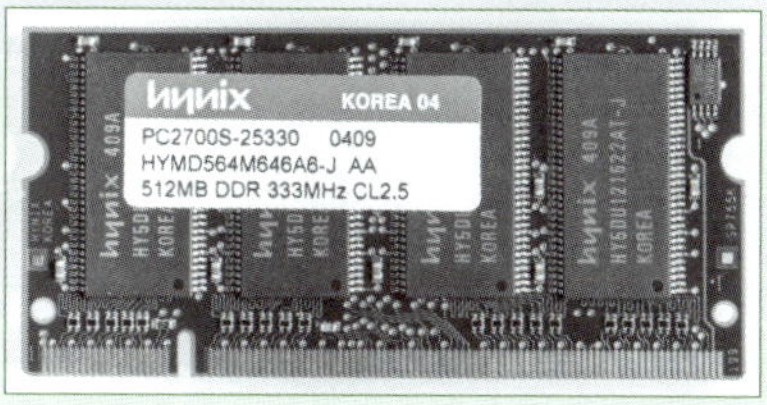

Photo by Raimond Spekking

5 マイクロンテクノロジー

メモリ・ストレージ用の各種半導体メモリを製造・販売しているマイクロンテクノロジーは、二〇一三年にエルピーダメモリを合併・統合しています。

企業の特色

マイクロンテクノロジーは、一九七八年に、デニス・ウィルソン／ダグ・ピットマン／ジョー・パーキンソン／ウォード・パーキンソン四名によって、米国アイダホ州ボイシ市で創業されています。本社は、現在も創業の地にあります。

当初は、半導体設計のコンサルティング会社としてスタートしましたが、現在はDRAMやフラッシュメモリなど、コンピュータ用の各種半導体メモリを製造・販売しています。

最近の半導体メーカーには珍しく、**垂直統合型のデバイスメーカー**といわれており、二〇二〇年の世界ランキングで第五位の市場シェアを誇っています。

また、NECと日立のDRAM部門が合併して設立され、その後台湾メーカーと協業しながらも経営破綻した**エルピーダメモリを買収**したことでも知られています。

この買収により、メインフレームをはじめ、ワークステーションやパソコンなどの汎用DRAMのほかに、モバイル用のDRAMも同社の製品群にラインアップされています。

加えて、インテルと共同設立したIMフラッシュ・テクノロジーズでは、フラッシュメモリの製造を行っていると伝えられています。その新企業では、二〇一五年に新型の半導体メモリとして3D XPointを発表しています。

メモリを中心に多彩な製品

同社では、DRAMを中心に、様々なストレージ製品を送り出しています。

メイン製品であるDRAMは、高帯域幅、低消費電力、高密度、超低レイテンシ、高速など、ユーザーの求めに応じた設計で、常に最適なソリューションを提供するとしています。

また、そのDRAMのモジュールに関しても、製造を最初から最後まで行っており、高品位の製品提供を実現していることを誇っています。

また、NANDフラッシュについても、設計・製造だけをしているのではなく、特長、機能、性能の基準を高く設定し、より高度なエンジニアリング技術で設計上の課題を解決するよう努力していることをアピールしています。これは、マネージドNANDでも同様で、複雑なECCやデータ管理の課題を克服することで、同社のfully managedタイプのNANDデバイスはすべて、技術移行や統合を容易にすると同時に、システムの性能と信頼性を向上させるとしています。

マイクロンテクノロジーの主な製品群

主な製品ラインアップ	
	DRAM
	DRAMモジュール
	NAND型フラッシュメモリ
	NOR型フラッシュメモリ
	3D XPoint
	グラフィックスメモリ
	マネージドNAND
	マルチチップパッケージ

▼ソリッドステートストレージ

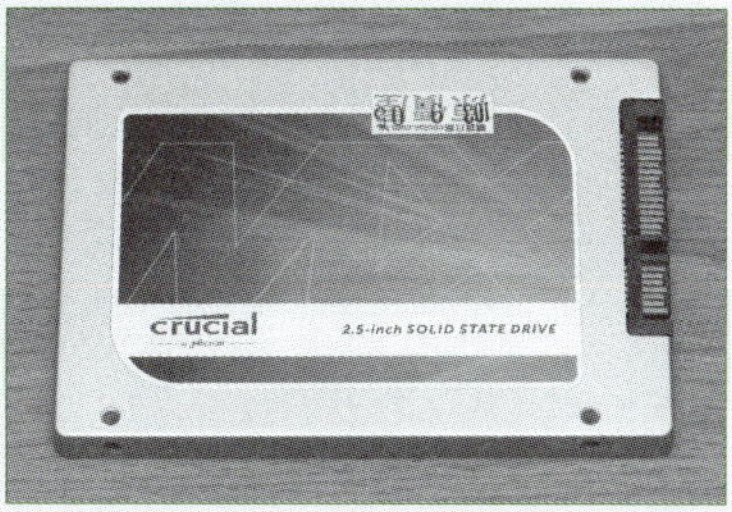

Photo by MiNe

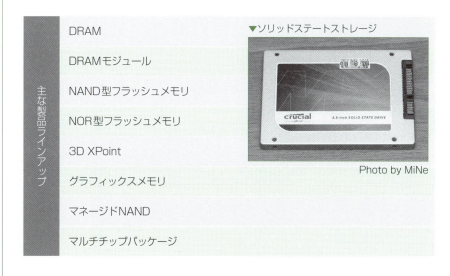

6 クアルコム

CDMA方式を実用化したことで知られるクアルコムは、ファブレスメーカーで、半導体製品に関しては大手ファウンドリであるGLOBALFOUNDRIES、TSMCなどへ委託しています。

企業の特色

クアルコムは一九八五年に設立された企業で、CDMA携帯電話用チップにおいて、マーケットシェアのほとんどを占めていたことで有名です。CDMA以外にもcdmaOneシリーズや1xEV−DO、LTE携帯電話などのチップ提供も行っています。その他にも組み込み用リアルタイムオペレーティングシステム（RTOS）や携帯電話向けのアプリケーションプラットフォームといったソフトの開発にも取り組んだ実績があります。

CDMA技術は、元々軍事用技術として利用されていたものでしたが、クアルコム社が**携帯電話の技術に応用**し、実際のサービスに発展させています。その結果が、3G回線で採用されていたCDMA技術のベースになっているといわれています。

一般的には、CDMA二〇〇〇 1xやW−CDMA、TD−SCDMAといったCDMA方式の技術ライセンスを持つことで知られていましたが、技術ライセンスによる売上は企業全体の三割程度で、残りのうち六割は半導体の売上が占めているのが実態といった企業です。

5G対応の新チップを導入

次世代通信規格5G標準規格に対応するチップ開発を推進してきたクアルコムでは、5G対応の新チップとして、二〇二〇年末に「Snapdragon（スナップドラゴン）888」を導入し、次世代モバイルの発展を後押ししています。

さらに、二〇二一年には5Gスマートフォン向けの新プロセッサ「Snapdragon 778G 5G」を発表しています。

3つのISP(Image Signal Processor)によって、広角、超広角、望遠のカメラで、同時に三二メガピクセルの撮影が可能で、4K HDR10+の動画撮影もサポートしている製品です。また、第六世代のAIエンジンとして「Hexagon 770」を搭載しており、Snapdragon 768Gと比べて処理性能が二倍に向上しているとしています。搭載されたAIが、バックグラウンドのノイズを抑えることで、通話品質が向上するということです。

5Gは、既存のスマートフォンだけではなく、無人航空機(ドローン)、ヘッドマウントディスプレイといった新サービスも含めた幅広い分野での利用が想定されている技術です。そのためには、高帯域と低遅延サービスをサポートしていく新しいインタフェースが必要になります。

クアルコムでは、主として既存の**OFDM**(**直交周波数分割多重方式**)をベースとしたインタフェースファミリを提案しています。高帯域に向けてマルチユーザーをサポートする他、低帯域やIoT向けとして、「non-orthogonal Resource Spread Multiple Access (RSMA)」などのサポートも追加する予定と考えられます。

クアルコムの主な製品群

主な製品ラインアップ	Snapdragon™プロセッサ
	Snapdragon™チップセット
	IoTデバイス向けチップセット
	IoT機器向けLPWA モデムソリューション
	Wi-Fi／Bluetoothチップ
	Wi-Fi 6ソリューション

▼プロセッサ

7 ブロードコム

ブロードコムは、無線およびブロードバンド通信向けの半導体製品などを製造販売する企業で、二〇一六年からアバゴ・テクノロジーの傘下に入ると同時に、社名を「ブロードコム」に変更しています。

企業の特色

ブロードコムは、登記上の本拠をシンガポールとするとともに、米国カリフォルニア州サンノゼに実際の本拠を構える半導体の**ファブレス企業**です。

米国の大学UCLAの教授だったヘンリ・サミュエリとその教え子ヘンリ・ニコラスによって、一九九一年に創業されています。創業当時は、カリフォルニア州ロサンゼルスに本社を置いていましたが、一九九五年に現在の場所に本社を移転しています。

二〇一六年二月、ヒューレット・パッカード、アジレント・テクノロジーの半導体部門を起源とするAvago Technologies（アバゴ・テクノロジー）による買収が完了するのに伴い、社名を「ブロードコム」（Broadcom Ltd.）に変更しています。

その後、同年一一月には、通信機器製造のブロケードコミュニケーションズ システムズの買収を発表し、二〇一八年にはソフトウェア開発企業のCAテクノロジーズを買収して子会社化しています。

さらに、二〇一九年には、ウイルス対策ソフト大手のシマンテックの法人向け事業を買収しましたが、半年もしないうちにサイバーセキュリティ事業をアクセンチュアに売却しています。

また、任天堂とも戦略的提携をした実績があり、ゲーム機の**Wiiに無線LAN技術を提供**しています。

AMDの協力企業としても活動していた際には、チップセット分野での技術提携の実績もあり、そのチップセットの量産も行っていました。

ネットワーク製品全般をカバー

同社の製品は、コンピュータネットワークおよび通信ネットワーク全般をカバーしています。

代表的な製品としては、企業／都市向け高速ネットワーク、SOHOネットワーク向け製品、イーサネット向けと無線LANの送受信ICとマイクロプロセッサ、ケーブルモデム、DSL、サーバ、ホームネットワーク機器などがあります。

特殊な分野としては、**高速暗号コプロセッサ**が知られています。暗号・復号化をプロセッサ以外で行うことで、主プロセッサの負荷を低減させるチップとして知られ、電子商取引やPGPあるいはGPGを使ったセキュアな通信を行うことに貢献しています。

また、同社のNICは、主要ベンダーのワークステーションやサーバ製品に採用されており、マザーボード上にイーサネットNICが組み込まれている場合でも、ブロードコムの名が明記されているといいます。

スイッチ用ハードウェアは、同社のもう一つの柱で、いくつかのベンダーから製品が提供されています。

ブロードコムの主な製品群

主な製品ラインアップ
企業／都市向け高速ネットワーク
SOHOネットワーク向け製品
イーサネット向けマイクロプロセッサ
無線LAN用送受信IC
ケーブルモデム
DSL
サーバ
ホームネットワーク機器

▼BUFFALO社の無線LAN

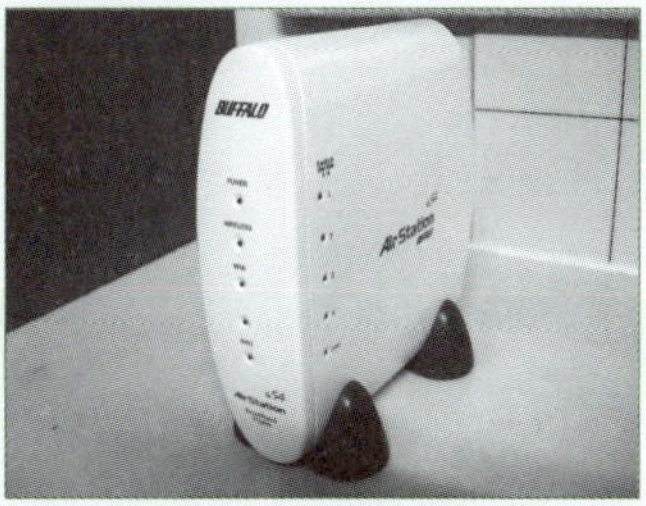

Photo by Shootthedevgru

8 テキサス・インスツルメンツ

産業用、車載用、パーソナル・エレクトロニクス、通信機器、エンタープライズ・システムなど、幅広い市場で、アナログ半導体と組込み半導体の設計、製造、テスト、販売を行っています。

企業の特色

世界二五ヵ国以上に製造・販売拠点を持つグローバルな半導体メーカーで、一九三〇年に社名が示すように米国テキサス州で設立されています。

デジタル情報家電やワイヤレス機器、ブロードバンド機器市場などで欠かすことができない、デジタル信号処理を行う**アナログIC**と**DSP**（デジタル・シグナル・プロセッサ）を主力製品としており、デジタル機器があふれる現代社会で、表面には出てこないものの、ビジネスユースからホームユースまで、私たちの暮らしを支える製品を数多く提供しています。

身近なところでは、プロジェクタやリアプロジェクションテレビ用の映像素子である**DMD**（Digital Micromirror Device）を開発したり、**DLP**（Digital Light Processing）プロジェクタの提供を行っているだけではなく、CMOSイメージセンサやCCDイメージセンサ、RFIDシステム、セキュリティチップなど、幅広いソリューション展開を実現してきました。

世界三〇か国以上に製造設計や販売拠点を設けており、日本市場に向けた製品の製造・供給を行っている日本テキサス・インスツルメンツは、一九六八年に設立されています。

低処理電力を実現した最新のDSP

二〇〇九年一一月には、当時三・七Wの低消費電力を実現した**六コアCPUを搭載したDSP**「TMS320C6472」の販売をスタートするなど、新製品の開

用語解説

＊**DSP（Digital Signal Processor）**　デジタル信号処理に特化したマイクロプロセッサのことで、リアルタイムコンピューティングなどに利用されている。特定の演算処理の高速化が可能で、音声や画像処理が必要とされる製品に利用されている。

発および販売にも力を注いできました。

　同製品は、低消費電力で高速処理という性能的な特徴を持っていたため、高いパフォーマンスが要求される産業機器、計測機器、通信機器、医療用画像診断装置、高品質映像機器をはじめ、ブレードサーバなどで幅広く利用されることになりました。

　また、五〇〇MHz、六二五MHz、七〇〇MHzで動作する六コアを備え、三GHz相当の性能を備えるどのマルチコアDSPよりも消費電力が低いということと、最も処理性能が優れた製品であることから、広く応用されました。

　さらに、リアルタイムでのコントロールを可能にするマイクロコントローラユニットなど、時代の最先端をいく様々な製品開発により、産業界だけではなく私たちの社会生活にも大きな福音をもたらしてくれました。

　現在でも、成長が期待される医療やエネルギー、セキュリティなどの分野に合わせたソリューションを展開し、ビジネスの将来像を予測した製品と技術の開発に力を注いでいます。

テキサス・インスツルメンツの主な製品群

主な製品ラインアップ
DSP
OMAP(DSP複合プロセッサ)
ビデオ機器用DSP複合プロセッサ
デジタル・マイクロミラー・デバイス
低消費電力RISCマイクロプロセッサ
TTL汎用ロジックIC
オペアンプ
ミニコンピュータ
サーマルプリンタ
ICテスタ

▼EPROM

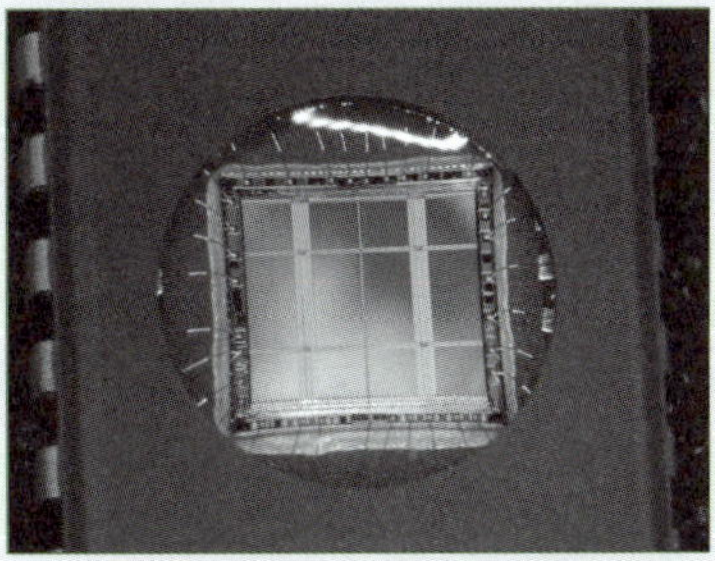

Photo by yellowcloud

用語解説

＊**DMDとDLP**　いずれもテキサス・インスツルメンツが開発した技術。DMDは、MEMSデバイスとして、多数の微小鏡面(マイクロミラー)を平面に配列した表示素子の1つ。
＊**RFIDシステム**　ID情報が埋め込まれたタグを利用して、様々な人や物の識別が管理できるRFID(Radio Frequency IDentification)を駆使したシステム。

9 メディアテック

CD－ROMドライブ用のチップセットからスタートし、DVDやデジタルテレビ向けの様々なチップセットのほか、モバイルSoCなども手がけている台湾のファブレスメーカーです。

企業の特色

設立は一九九七年のことで、ファブレスメーカーとしてのスタートした台湾企業です。CD－ROMドライブ用のチップセットを皮切りに、その後CDに加えてDVD関連ややデジタルテレビ向けの各種チップセットを製造したことで知られるようになりました。

また、スマートフォンやタブレットPC、フィーチャー・フォン向けの**モバイルSoC**などを手がけていることでも知られています。

経営的には、積極的なM&Aを展開していることでも知られており、過去にはデジタルカメラ向けの画像処理LSIを手がけていた米NuCore Technology社を買収したことでもニュースになりました。

その後、米アナログ・デバイセズ社からは、携帯電話用チップセットとベースバンドチップの製品ラインを買収するなどでも名をはせています。

近年になると、新興国向けのミッドレンジスマートフォン向けモバイルSoCの分野で急速にシェア拡大を行っています。

日本国内にあっては、買収したNuCore Technology社の日本法人事務所を引き継ぐ形で日本法人の「メディアテックジャパン株式会社」を設立しています。

従来はエントリーモデルを中心に展開してきましたが、液晶パネル用ドライバICなどの企業を買収することで、**ミッドレンジ&ハイエンド分野**へとフィールドを戦略的に広げています。この動きは、市場の成長が加速しつつあるIoT分野への進出にも現れています。

IoT分野に参入

同社は、半導体メーカーとして、MCUなどのシンプルアプリケーションプラットフォームやリッチアプリケーションプラットフォーム、そしてサプライチェーンの中のネットワーキングを提供できるようなスループットといった、コネクティビティをクラウドやデバイスに対して提供していくとしています。

そのうえで、IoT分野について、様々なサービスが出現する中、コネクティビティのあるプラットフォームを利用することの重要性を示唆しています。

様々なアプリが存在し、細分化された市場となっているIoT分野ですが、同社はコンシューマ領域での強みを生かし、ウェアラブル、スマートホーム、コネクテッドカーなどへの参入を進めており、そこには日本市場も視野に入っていると説明しています。

ただし、モバイル市場における同社のグローバルシェアは約三〇%にも及ぶため、今後は、モバイルプロセッサのポートフォリオ拡大や、リアルタイムオートフォーカスに特化したマルチセンサー「Imagiq」の展開で、引き続きモバイル事業に注力していくとしています。

メディアテックの主な製品群

主な製品ラインアップ	Edge-AI機能を備えたIoT製品
	スマートホーム向け製品
	ウェアラブル製品
	インテリジェントGNSS製品
	5G チップファミリー
	モバイル用SoC　MediaTek Helio ファミリー
	タブレット

▼メディアテック製スマホの広告

Photo by gilipollastv

10 NVIDIA

コンピュータのグラフィックス処理や演算処理の高速化を目的としたGPU(グラフィックス・プロセッシング・ユニット)開発を得意とし、販売している米国の半導体メーカーです。

企業の特色

NVIDIAは、一九九三年に設立された会社で、米国カリフォルニア州サンタクララを拠点とした半導体メーカー。CG処理や演算処理を高速化するためのGPUを開発・販売していることで知られています。

半導体の中でも、**GPU**を汎用計算用に拡張したGPGPUの設計に特化しており、GPU市場では業界最大手の一つですが、一般向けとしてはパソコンに搭載されるGeForceシリーズやワークステーションに搭載されるプロフェッショナル向けのQuadroなどのGPUで認知されています。

二〇〇〇年代後半に行ったCUDAの発表以降は、それまでのGPU開発から脱却し、コアビジネスとしては、スーパーコンピュータ向けの演算専用プロセッサであるTeslaのほか、携帯電話やスマートフォン、タブレットPC向けのSoC(システム・オン・チップ)として、Tegraの開発販売に移行しています。

製品は、PCゲームデベロッパからの評価が高く、GeForceシリーズに最適化されたゲームは数多くあります。また、同社自体も**ゲーム機市場への積極な対応**を行っており、絶大な支持を得ていると考えられます。

さらに、コンソールに関しては、XboxやプレイステーションのGPU開発も手がけています。

近年は、GPUディープラーニングはコンピューティングの新時代を開く近代AIの起爆剤となり、世界を認知および理解できるコンピュータ、ロボット、自動運転車の中枢にGPUが利用されるようになっています。

多彩なGPU製品

　GeForceシリーズは、コンシューマ向けで、DirectXに最適化され、3Dゲームなどに適しています。GPUのチップ開発・製造は同社が行い、グラフィックボードはOEM生産を行っています。

　Quadroシリーズは、OpenGL最適化されており、3DCG作成やCADなどに適しています。しかし、性能的にはGeForceなどと変わらないものの、ゲーム機には向かないといわれています。3DCGやCADの分野では、計算精度および確かな動作性能が求められるため、同社が認定した企業に限ってグラフィックボードの製造が許されています。また製造会社が限定されることで、同社のサポートがきめ細かく行われていることも特徴になっています。

　Taslaシリーズは、グラフィックボードから映像出力機能を除いたもので、GPUコンピューティングのために開発された製品です。同社において、すべての製品の動作確認を行っているため、高い計算精度が求められるCAEや金融などの分野で利用されています。

NVIDIAの主な製品群

主な製品ラインアップ	GeForce
	NVIDIA RTX / Quadro
	Titan RTX
	GeForce グラフィックス カード
	ゲーミング ノート PC
	G-SYNC モニター
	Jetson
	DRIVE AGX
	Clara AGX

▼SHIELD

Photo by Maurizio Pesce

11 キオクシア

主にNAND型フラッシュメモリを製造する半導体メーカーで、「記憶で世界を面白くする」というミッションのもと、世界市場のトップランキングに顔を出す数少ない日本企業です。

企業の特色

キオクシアは、二〇一九年一〇月に、「東芝メモリ」から社名を変更しています。社名の「キオクシア」は、日本語の「記憶」と、ギリシャ語で「価値」を意味する「axia（アクシア）」を組み合わせたものといわれています。

NAND型フラッシュメモリを製造する半導体メーカーとして、**国内半導体メーカーのトップ**に立ち、世界的にもトップテンの仲間入りをしている企業です。

同社は、「記憶で世界を面白くする」というミッションのもと、今と未来をつなぐ新しい価値を創造し、世界を変えていく存在を目指して行くとしています。そこには、データとして記録される情報だけではなく、情報が生まれた瞬間の体験や感情、考え方までを「記憶」として捉え、新しい価値を創造し、世界とそこに住む人々の暮らしをより豊かなものに変えていこうという想いが込められているといいます。

同社には、NAND型フラッシュメモリや三次元フラッシュメモリなどの開発で、業界をリードしてきた歴史と、「記録する」技術を社会に提供し続けてきたという自負があるとしています。実際に、社会生活に必要な、電子機器や情報インフラの基盤であるフラッシュメモリやSSDを世界中に提供する企業であることは確かです。

また、今後予想される「メモリ新時代」に対応し、同社では最先端の技術を用いて、新しい価値を創出し、イノベーションを起こすとしています。

多彩なメモリ製品

「東芝」の時代から、工学博士の舛岡富士雄氏を中心にフラッシュメモリの開発を進め、一九八〇年に**NOR型フラッシュメモリ**、一九八六年には**NAND型フラッシュメモリ**を発明しています。

しかし当時、DRAMに代表されるように、外国企業への技術流出が大きな問題として浮上していました。その反省から、NAND型フラッシュメモリ開発では、当時のサンディスクと共同して、日本国内での製造に徹していました。

その秘密主義と集中投資の効果も手伝って、二〇〇六年から二〇〇八年までは世界シェア二位を確保するまでに成長を遂げています。

近年では、他社へのフラッシュメモリ供給に限らず、自社ブランドのUSBフラッシュメモリ「TransMemory」シリーズや、SDメモリカード「EXCERIA」シリーズ、SSD「EXCERIA」シリーズをグローバル展開しています。

キオクシアの主な製品群

主な製品ラインアップ	エンタープライズSSD
	データセンターSSD
	クライアントSSD
	BiCS FLASH
	コントローラ搭載フラッシュメモリ
	SLC NAND
	KumoScaleソフトウエア
	SDメモリカード
	microSDメモリカード
	USBフラッシュメモリ

▼SSD

12 ソニーセミコンダクタソリューションズ

イメージセンサを中心に、マイクロディスプレイ、各種LSI、半導体レーザーなどを含む、「デバイスソリューション事業」を展開しています。

企業の特色

二〇一六年に、ソニーの半導体事業を分社化して誕生しており、二〇二〇年以降、**CMOSイメージセンサ**の分野で世界シェア五〇%超える最大手として知られるなど、世界的に認知された日本を代表する半導体メーカーです。

製品の開発から生産、販売までのすべてを同一のグループ内で行う、いわば**日本型の「垂直統合型」半導体メーカー**です。

研究開発や商品企画、設計は、ソニーセミコンダクタソリューションズが担当しますが、プロセス開発と生産は「ソニーセミコンダクタマニュファクチャリング」が、商品設計は「ソニーＬＳＩデザイン」がそれぞれ担当しています。

この三社を中核とし、距離画像センサを開発するベルギーの「Sony Depthsensing Solutions」をはじめ、ＬＴＥ通信モデムチップを開発するイスラエルの「ソニーセミコンダクタイスラエル」、クラウドコンピューティング向けソフトウェアの開発を行うスペインの「ミドクラ」、イベント駆動型センサの開発を行うスイスの「Sony Advanced Visual Sensing AG」など、子会社として国外にも拠点を持っています。

近年は、スマートフォンのブームに呼応して、スマホ向けＣＭＯＳイメージセンサを主力としており、二〇二〇年現在、日本の半導体売上ランキングでは半導体メモリをメイン事業とする「キオクシア」に次いで二位につけていますが、世界ランキングでは二〇一九年の

用語解説

＊**ISO 14443規格**　非接触ICカードの国際規格。同規格は符号化や変調方式などの違いから、Type A、B、Cの3つに分類される。Type Aは世界で最も普及している方式で、Mifareがその代表格。Type Bはモトローラが開発した方式で、カードへのCPU搭載が必須となっている点が特徴。Type CはソニーがKaihatsu

九位から一六位に後退しています。

ICカードを代表するFeliCa

ソニーの事業分野は多岐にわたっていますが、最も有名で代表的なのが、Suicaなどに採用されている非接触型のICカードの「FeliCa」でしょう。

FeliCaは、**ISO 14443規格***に準拠した通常のICカードと同様にキャッシュカードやIDカードなどに利用できる技術ですが、特に高速処理が求められる自動改札機やビルの入館ゲート、コンビニのレジなどのアプリケーション向けに特化したコマンド体系になっている点が特徴です。

一枚のカードで複数のサービスに利用できますが、個々のサービスごとにアクセス用の共通鍵を使って相互認証を行うのではなく、複数のアクセス鍵から「縮退鍵」と呼ばれる暗号化された鍵を合成し、この縮退鍵を用いて、一度に最大一六のサービスを相互認証することができます。しかも、縮退された鍵から元の鍵は生成できないため、セキュリティレベルを落とすことなく処理速度の高速化を実現することができます。

ソニーセミコンダクタソリューションズの主な製品群

主な製品ラインアップ	
	イメージセンサ
	LSI
	GNSS受信LSI
	SPRESENSE™
	レーザーダイオード
	OLEDマイクロディスプレイ
	液晶マイクロディスプレイ
	通信モジュール
	GVIF(Gigabit Video Interface)

▼CMOSセンサ

13

ルネサス エレクトロニクス

三菱電機および日立製作所から分社化していた「ルネサステクノロジ」と、NECから分社化していた「NECエレクトロニクス」の経営統合によって設立された、国内有数の半導体メーカーです。

企業の特色

ルネサスエレクトロニクスは、ルネサステクノロジとNECエレクトロニクスが経営統合することによって、二〇一〇年四月に設立されています。

母体となった「ルネサステクノロジ」自体も、三菱電機と日立製作所の半導体部門が分社化して設立された半導体メーカーです。また一方のNECエレクトロニクスも、NECの半導体部門が分社化されて設立された半導体メーカーという歴史があります。

社名の「Renesas」は、あらゆるシステムに組み込まれることで世の中の先進化を実現していく真の半導体のメーカーとして、「Renaissance Semiconductor for Advanced Solutions」を標榜して名付けられたものであるといいます。そこに込められた意味としては、「**日本から世界に向けた半導体産業復興**」があると考えられています。

同社が得意とするオートモーティブ分野では、「信頼性の高い車載制御、安全で安心な自動運転、環境にやさしい電気自動車」の実現を目指すとしています。

その自動車向け事業では、パートナーやお客様への開かれた開発環境とともに、電力消費にかかわる革新的なパフォーマンス、世界的に信頼されている車載製品の品質、そしてFuSa/Security関連の技術を通じて、特に車両設備のエンドポイントに向けて、**車載向けマイコンのナンバー1 サプライヤ**として、革新的で総合的なエンドツーエンドソリューションを提供しています。

自動車産業での新展開

具体的な最先端の車載エレクトロニクス技術開発としては、モータ駆動システムや、車載情報システム、高度運転支援システムADAS（Advanced Driving Assistance System）、セーフティコントロールシステムのほか、クラウドにアクセスするような新分野のシステムに関しても研究開発を行うといいます。

この戦略によって、半導体メーカーと自動車メーカーがともに直接手を携えるようになり、その強固な協力体制の確立による、**新エネルギー自動車産業**が誕生するという見方もあります。それが実現されれば、より安全で環境に配慮したインテリジェントな自動車開発をリードしていくことができると考えられます。

さらに、同社がフォーカスする分野として、「機能安全」「セキュリティ」「センシング」「ローパワー」「コネクティビティ」という五つのコア技術を強化するとしており、不足している部分については、スピーディかつ戦略的に、大胆な方策をとっていくことが求められているという考えを明らかにしています。

ルネサス エレクトロニクスの主な製品群

主な製品ラインアップ	◆マイクロコンピュータ	◆車載用デバイス
	RA Arm Cortex®-Mマイコン	車載専用MCU(RH850)
	RZ 64/32ビット Armベースハイエンド MPU	車載専用MCU(RL78)
	RE Cortex® -M 超低消費電力SOTBマイコン	自動車用SoC(R-Car)
	RL78 低消費電力8/16ビットマイコン	車載用パワーマネジメント
	RX 32-bit 高電力効率/パフォーマンスマイコン	車載用パワーデバイス
	Renesas Synergy™ プラットフォーム	バッテリマネジメントIC
		車載用クロック&タイミング
		ビデオ&ディスプレイIC
		センサ

14 ローム

様々な機能を、ユーザーの要望に応じてLSI上に集積するカスタムLSIを主力とし、日本のカスタムLSI市場を席巻するほどの企業で、国内集積回路のトップシェアを誇っています。

企業の特色

「われわれは、つねに品質を第一とする。いかなる困難があろうとも、良い商品を国の内外へ永続かつ大量に供給し、文化の進歩向上に貢献することを目的とする」を企業目的とし、そこに込められた「品質第一」をモットーに、一九五四年の創業以来、業界水準より一ケタ高い保証率を追求し、徹底した品質管理と信頼度管理を行っている、日本有数の企業です。

創業は一九五八年で、当初は小さな電子部品メーカーでした。その後、一九六七年にトランジスタやダイオード、一九六九年にはICなどの半導体分野へ進出しています。

その二年後の一九七一年には、日系企業として初めてアメリカ・シリコンバレーへも進出を果たして、ICの開発拠点を開設しています。この当時の同社の企業規模を考え合わせれば、かなり非常識といわれたそうです。

このころから、「ロームはいつの時代も、チャレンジャー」として、若さと夢と情熱にあふれた社員の力で、業界の常識を変えてきたといいます。

同社が強みとしているのは、**高い技術力とニーズへの技術対応力**です。デバイスから最終製品まで自社開発することで多岐にわたるソリューションを可能にし、近年では小型化や省エネ、バイオ関連にも力を注いでいます。

結果は、常に「世界初」や「業界初」の技術開発や製品化に表れています。

様々な世界初、業界初を実現

ロームの沿革を見ると、二一世紀になっても、「世界初」や「業界初」、またそれに準ずる表現として「世界最小」や「業界最小」などが表記されています。

例えば、近年でも、「世界初となる国際無線通信規格Wi-SUN FANの認証を取得」や、「世界初、1700V SiC MOS内蔵AC/DCコンバータICを開発」、「業界初、高ノイズ耐量コンパレータ・BA8290xYxxx-Cシリーズを開発」、「業界初、単独でシステム保護が可能な半導体ヒューズ・BV2Hx045EFU-Cを開発」、などです。

中でも、二〇一〇年に世界で初めてSiC-DMOSの量産化に成功したことは画期的な出来事です。

SiCパワーデバイスは、従来の半導体に比べてはるかに効率よく電力を変換でき、変換時に発生する熱も少ないため、劇的な省エネ化や冷却機構を含めた機器の大幅な小型化が可能といわれたものの、ケイ素(Si)と炭素(C)の化合物で結晶を作るのに、高温度が必要なうえ、固くて加工が極めて困難とされていました。

それをロームの研究者たちの情熱で解決し、現在の私たちの社会生活や様々な産業に生かされるようになっています。

ロームの主な製品群

主な製品ラインアップ	
	DRAM
	EEPROM
	FeRAM
	MOSFET
	バイポーラトランジスタ
	ダイオード
	SiCパワーデバイス
	LEDディスプレイ
	半導体レーザー
	光センサ
	無線通信モジュール

▼トランジスタ

15

東芝デバイス&ストレージ

東芝の連結子会社で、東芝グループの中でメモリ事業を除く、HDDをはじめとするストレージ、LSIなどのデバイス事業を行う中核事業会社です。

企業の特色

東芝デバイス&ストレージは、二〇一七年七月に、東芝の社内カンパニーであった「ストレージ&デバイスソリューション社」が分割されて発足した会社で、事業分社化の中で、デジタルプロダクツや電子デバイス領域を担当することになります。

社内の事業は二つに大別されており、ストレージ部門では、「エンタープライズ向け」「クライアント向け」「コンシューマ向け」の三つがあります。

「**エンタープライズ向け**」のHDDは、二四時間三六五日の連続稼働のストレージシステムやサーバ向けに、品質と信頼性を特徴とする製品を提供します。

「**クライアント向け**」のHDDは、監視カメラシステムやNAS等各種用途に対応した製品で、各種アプリケーションに適した容量ラインアップを展開しています。

一方、「コンシューマ向け」のストレージとしては、ユーザーのアイデアを最高のパフォーマンスと信頼性で実現する製品を提供し、デザイナーや旅行ブロガーなど、大容量データを扱う様々なユーザーに利用されているとしています。

SiCがメインのセミコン部門

セミコンダクター部門では、次世代パワーエレクトロニクスに向けたSiC半導体ソリューションを中心に展開しています。

「**SiCパワーデバイス**」に使用される、シリコンカーバイド（SｉC）はシリコン（Sｉ）に比べて、絶縁破壊電界強度、飽和電子速度、熱伝導度などが高い半導体材料です。そのため、半導体デバイスに適用した場合、シリコンデバイスと比較して高耐圧特性や高速スイッチング、低オン抵抗特性の実現が可能になり、電力損失の大幅低減が達成されるほか、機器の小型化に貢献できることから、次世代の低損失デバイスとして期待されています。

中でも、「SiC MOSFET」は、高速スイッチング低オン抵抗特性という性能を誇っており、高出力・高効率産業電源、太陽光インバータ、UPSの低損失化に最適な新材料SｉCを使用したMOSFETとして期待されています。

また、「SｉCショットキーバリアダイオード」は、650V耐圧、定格電流2A～10Aの製品をラインアップしています。

さらに、「SｉC MOSFETモジュール」は、高速スイッチング性に優れており、電鉄用インバータや、コンバータ、太陽光インバータ等の産業向け電力変換装置の低損失化、小型化に最適とされています。

東芝デバイス＆ストレージの主な製品群

主な製品ラインアップ	SiCパワーデバイス	マイクロコントローラ
	光半導体	ダイオード
	MOSFET	車載用デバイス
	インテリジェントパワーIC	画像認識プロセッサ Visconti™
	IGBT/IEGT	汎用ロジックIC
	モータドライバ	無線通信用IC
	パワーマネージメントIC	高周波デバイス
	バイポーラートランジスタ	インターフェースブリッジ
	リニアIC	リニアイメージセンサ

16 TSMC

全世界のファウンドリチップ製造量の半分を超える生産能力を誇る、世界最大の半導体製造ファウンドリです。顧客には、製造ラインを持たないファブレス企業が多く、その数は数百社に上るとされています。

企業の特色

TSMCは、一九八七年に設立され、台湾新竹サイエンスパークに本拠を置いています。

半導体業界では、ファブレス企業を中心に、製品の製造を受託する、「**専業ファウンドリビジネスモデル**」の先駆者で第一人者として世界的に知られた存在です。

正式社名は、「Taiwan Semiconductor Manufacturing Company, Ltd.」で、中国語では「臺灣積體電路製造股份有限公司」と表記されます。

同社は、ファウンドリ企業として、TSMCブランドでの設計、製造、販売をいっさい行わないと明言しています。そのことが、顧客であるファブレス企業との市場競争を排除することにつながるため、取引先からの信頼を勝ち取る結果を招いています。

実力も世界最高で、**世界最大の半導体ファウンドリ**として、二〇一九年には四九九社の取引先を対象に、二七二種の技術を用いた一万七六一個の製品を製造したことを明らかにしています。

幅広いグローバル客層を持つ同社が製造する半導体は、コンピュータ、通信、消費者、産業、標準半導体市場にわたり、モバイルデバイス、高性能コンピューティング、車載エレクトロニクス、IoTなど、多種多様のアプリケーションで利用されています。この多様性が、需要の変動を緩和することで、高い設備稼働率と利益率を保つことができているといいます。

二〇一九年のTSMC全体のウエハ製造能力は、子会社を合わせて、年間一二〇〇万枚（一二インチ換算）

を誇っています。

充実した生産拠点と技術

TSMCは、台湾国内に、一二インチギガファブ三拠点、八インチ工場四拠点、六インチ工場一拠点を構えています。その他に完全子会社に一二インチ工場一拠点、米国に八インチ工場二拠点があります。

一方、技術もTSMCの中核となる重要な要素の一つになっています。同社は、半導体製造業界の専業ICファンドリ分野において、最も幅広い技術とサービスを保持しているとされます。その基礎となる、**プロセス技術オプションとサービスを一元化**し、プラットフォーム・アプローチ戦略を実現しています。

さらに、パートナー企業とも協業し、これらの技術をサポートするすべてのサービスが、専業ICファンドリ分野で最良の方法となるよう常に取り組んでいるとしています。結果、プロセス実証された業界最大のIP／ライブラリポートフォリオ、およびIC業界で最先端のデザインエコシステムを提供できるようになっています。

TSMCの主な製品群

主な製品ラインアップ	■生産・開発拠点
	◆本社工場
	Fab 2、3、5、12A、12B、Advanced Backend Fab 1（新竹・新竹サイエンスパーク）
	Fab 6、14、18、Advanced Backend Fab 2（台南・台南サイエンスパーク）
	Fab 15（台中・中部サイエンスパーク）
	Advanced Backend Fab 3（桃園）
	◆TSMC中国
	Fab 10（上海）
	Fab 16（南京）
	◆WaferTech社
	Fab 11（アメリカワシントン・キャマス）
	◆Philips SemiconductorおよびシンガポールのEDB Investments（SSMC）との共同ベンチャー企業

17 アプライドマテリアルズ／ASML

半導体の高性能化や技術革新に伴って半導体製造装置の技術革新も必要不可欠です。ここでは、世界市場でトップのアプライドマテリアルズと、二位のASMLを紹介します。

アプライドマテリアルズ

アプライドマテリアルズは、半導体製造装置全般におけるソリューションを提供する世界的なリーダーとされています。

その製品は、世界中のほぼすべての半導体チップや先進ディスプレイの製造に使用されているといわれるほどで、半導体製造装置市場で一度だけ二位に後退したことはあるものの、長くトップの座についている企業です。

原子レベルの材料制御を、産業規模で実現する専門知識を持つといわれ、**ユーザーの可能性を現実に変える支援を惜しまない**としています。

同社は、最も広範で包括的な製品ラインアップを揃え、マテリアルとデバイスの新しい形での創出と成膜、成型と除去、加工、解析、および接続をする技術を提供するとしています。また、幅広いプロセス技術と計測の技術を持ち、半導体とパッケージングの研究開発施設を備えた唯一無二の企業であることを誇りにしているといいます。

さらに、最新鋭のデジタルインフラに投資をして、センサ、計測、データサイエンス、マシンラーニング、シミュレーションを統合することで、製品の開発サイクルを短縮し、新技術の研究から製造までの移行を加速していることも特徴でしょう。それにより、ユーザーである半導体メーカーやファウンドリ企業の、量産におけるコスト、アウトプット、歩留まりを最適化するとしています。

ASML

ASMLは、**リソグラフィ分野における世界最大手**の企業で、半導体業界におけるイノベーションリーダーと目されています。

同社は、半導体メーカーが量産ラインのリソグラフィプロセスで、シリコン基板上にパターンを形成する際に必要な「ハードウエア」や「ソフトウエア」「サービス」のすべてを提供するとしています。

リソグラフィは、半導体製品を量産する工程において、微細なパターンを形成する重要な基幹プロセスで、光を使ってシリコン表面に微細なパターンを描画する技術です。

リソグラフィ装置は、基本的に投影システムととらえることができます。描画されるパターンの設計図を刻んだ「マスク」を通して光がシリコンウエハの感光性表面に投射される仕組みです。パターンが一つ描画されると、装置内でウエハが少し動き、ウエハ上の次の場所に同様にパターンが描画されていくもので、極めて高度な微細技術が必要になります。

アプライドマテリアルズ／ASMLの主な製品群

主な製品ラインアップ	◆アプライド	◆ASML
	ALD	EUVリソグラフィ
	CMP	DUVリソグラフィ
	CVD	評価計測＆検査
	ECD	
	エピタキシー	
	エッチング	
	イオン注入	
	計測 & 検査	
	フォトマスク	
	PVD	
	高速熱処理	

▼LED素材のリン光物質

by Jacobs School of Engineering

18

東京エレクトロン

半導体製造装置およびフラットパネルディスプレイ製造装置を開発・製造・販売している国内企業です。この分野でのシェアは国内首位で、世界的には第四位の位置にあります。

企業の特色

一九六三年に創立してから約半世紀が経過する東京エレクトロンは、変化の大きい半導体業界の中で、技術革新を繰り返しながら、時代とともに成長を続けています。

同社は、半導体製造装置を開発・製造・販売するメーカーとして、世界各国の半導体デバイスメーカーに製品を提供しています。

世界中に出荷する装置台数は、年間約四〇〇〇台、累計台数は約七万六〇〇〇台となり、業界最大の規模を誇っています。

主な出荷先としては、日本国内以外に、アメリカ、ヨーロッパ、アジア、中東をはじめとした世界各国となっています。

現在、地球環境負荷の小さい方法で、製造コストを抑えた製造装置の開発が求められています。すでに世界中で販売されている装置台数が非常に多いことを踏まえると、市場に出た出荷済み装置に対して、改造による地球環境負荷低減への対応を進めることも重要であると同社は考えているといいます。

また、同社はこれまでに、**プラズマエッチング中の異物粒子挙動制御技術**を開発し、半導体の不良品の発生率を大幅に下げることに成功しています。この技術を新規販売装置だけではなく、出荷済み装置にも適用することで、不良品数の削減に寄与させようとしています。この対応によって、不良品製造に要する資源やエネルギー消費の大幅な削減を可能としています。

半導体製造装置

東京エレクトロンの半導体製造装置として、「コータ／デベロッパ」があります。半導体を製造する際の、フォトリソグラフィープロセスにおいて、感光剤の塗布と現像を行う装置です。

サーマルプロセスシステム（熱処理成膜装置）は、トランジスタの絶縁膜を精製するための製造装置で、半導体製造において、トランジスタの性能向上を図るために、短時間で高温での熱処理に対応した装置です。

また、製造装置として、エッチング装置のほか、半導体製造過程において、チリ、ほこりなどの不純物を洗浄するための「**サーフェス プレパレーション装置**」もラインアップされています。

一方、フラットパネルディスプレイ製造装置としては、「FPDコータ／デベロッパ」や「エッチング／アッシング装置」を提供しているほか、テストシステムとして、三〇〇mmウェハに対応した次世代ウェハ一括テストプラットフォームや、全自動ウェハプローバプラットフォームもラインアップしています。

東京エレクトロンの主な製品群

主な製品ラインアップ	コータ／デベロッパ
	エッチングシステム
	サーフェスプレパレーション
	成膜装置
	テストシステム
	ウェーハボンディング
	SiCエピタキシャル
	ガスクラスターイオンビーム
	熱処理成膜装置

▼東京エレクトロンのコータ／デベロッパ

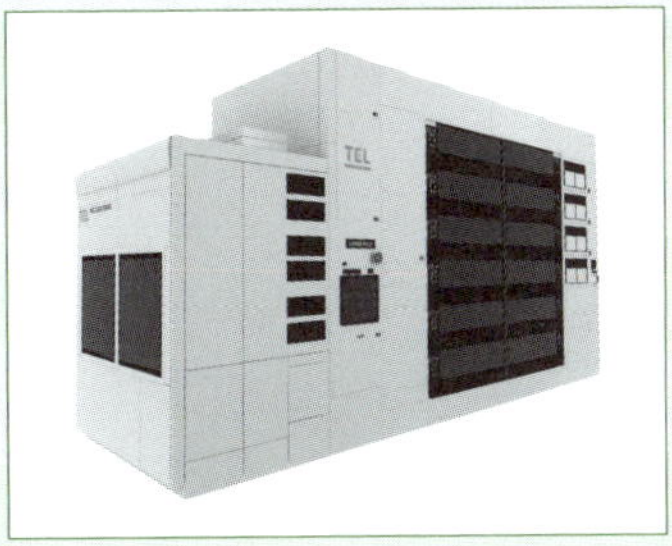

19 SCREENセミコンダクターソリューションズ

長年にわたって培った、エッチング、フォトリソグラフィ、画像処理を技術コアとして、半導体洗浄プロセスにおいて世界ナンバー1の市場シェアを誇っている日本企業です。

企業の特色

SCREENセミコンダクターソリューションズは、写真画像の印刷に不可欠な「写真製版用ガラススクリーン」の国産化を実現した「大日本スクリーン製造」を母体とした会社です。

創立は、二〇〇六年で、半導体製造装置事業を主たる事業としています。

大日本スクリーンのDNAを受け継ぎ、長年にわたって培ってきた「**エッチング**」や「**フォトリソグラフィ**」「**画像処理**」の技術をコアとして、特に**半導体洗浄プロセス関連の装置**において世界ナンバー1の市場シェアを獲得し続けています。

同社は、社の方針として、「POWER of SOLUTION」を掲げ、「技術開発への希求」「内外との幅広いコラボレーション」「グローバルなサービスサポート体制」、そして「革新的生産性」の力をもって、支持されるユーザーに対して最適なソリューション提供を行っていくとしています。

また、新しい形の「OPERATIONAL EXCELLENCE」を追求するために、二〇一九年には革新的な自動化を導入した新工場「S3（エス・キューブ）」を竣工し、この動きに呼応させて、まったく新しい「ものづくり」を展開していこうとしています。

技術に磨きをかけた製品群

SCREENセミコンダクターソリューションズが市場に提供する製品として、最も知られているのは「**ウ**

エハ洗浄装置」ということになるでしょう。

それ以外にも、最先端デバイス市場に対応する高機能・高生産性を実現する三〇〇ｍｍフラッグシップモデルから、ＩｏＴデバイス市場向けとして、二〇〇ｍｍ以下の様々なサイズ・形状の基板に対応できる「Ｆｒｏｎｔｉｅｒシリーズ」、また新たな製品ポートフォリオ拡張とともに、幅広い装置をラインアップしています。

同社では、それらのラインアップによって、常にユーザーに寄り添い、新たなソリューションを創生して、拡大し続ける市場に着実に対応していくとしています。その基本となっているのは、「強いものづくり」であり、「革新的なものづくり」のマインドです。

時代背景においても、技術の進化においても、変化の激しい時代にこそ、同社のものづくりに徹底的にこだわり、未来を先取りしようという姿勢が、さらに独自のコア技術に磨きをかけていくことになると思われます。

結果として、同社が目指している「未来社会の実現に貢献」が達成に結びつくことになります。

SCREENセミコンダクターソリューションズの主な製品群

主な製品ラインアップ
枚葉式洗浄装置
バッチ式洗浄装置
スピンスクラバー
コータ／デベロッパ
熱処理装置
後工程用露光装置
計測装置
検査装置

▼SCREENホールディングス本社

by Jo-01

20

ディスコ

世界に誇る、日本のシリコンウエハ切断装置製造企業です。「ダイシングソー」が売上全体の六割を占め、その精密さと加工技術は世界から賞賛されています。

企業の特色

ディスコは、一九三七年に工業用砥石メーカーの「第一製砥所」として広島県呉市で創業しています。

創業から二〇年後の一九五六年には、万年筆のペン先を切り割る薄いレジノイド砥石を開発したことで脚光を浴びています。その一〇年後の一九六八年には、ダイヤモンドを練り込んだ「超極薄切断砥石・ミクロンカット」を発表しています。しかし、その当時の切断機器では、超極薄の砥石の性能を引き出すことができず、破断が相次いだといいます。

そこで、高性能な砥石の特性を余すところなく引き出すために、切断装置の自社開発に乗り出し、現在に至っています。

同社はその後も、ハイテク業界の、「切る」「削る」「磨く」の問題解決に執着し、やり遂げる力のある集団ととらえられています。それが、ユーザーから認知されており、優れた解決力を提案できることが、ビジネスにつながる同社の企業としての強みになっています。

年商の約六割を占めるのが、半導体製造装置で、**「切る」ダイシングソー**、**「削る」グラインダ**、**「磨く」ポリッシャ**といった製品と技術で、デジタル技術の進化に貢献しています。

「切る」「削る」「磨く」製品

ディスコの製品は、「精密加工装置」と「精密加工ツール」に大別できます。

精密加工装置では、半導体に使用されるシリコンウエハなどのチップ分割を行う切断装置「ダイシングソー」をはじめ、半導体や電子部品製造において従来は砥石を使用したブレードダイシングが主流でしたが、近年加工素材の多様化に伴い新たな加工方法として登場した「**レーザソー**」、シリコンウエハや化合物半導体など様々な素材の薄化研削を行う装置「グラインダ」、グラインディングにより発生する微細なウエハ裏面の加工歪みを研磨することで除去し、ウエハの抗折強度を向上させる「ポリッシャ」、ポリッシャと同様の目的で使用される、プラズマを使用したウエハ研磨装置「ドライエッチャ」があります。

また、精密加工ツールとしては、ダイシングソーに装着し、シリコンウエハをはじめ、様々な被加工物の切断・溝入れなど切断加工を行うツール「ダイシングブレード」、グラインダに装着し、シリコンウエハや化合物半導体ウエハなどを薄く平坦にする研削加工を行うツール「グラインディングホイール」、ポリッシャに装着し、裏面研削後の微細な研削痕を除去する(ストレスリリーフ)、研磨加工を行うツール「ドライポリッシングホイール」があります。

ディスコの主な製品群

主な製品ラインアップ	◆精密加工装置	◆精密加工ツール
	ダイシングソー	ダイシングブレード
	レーザソー	グラインディングホイール
	グラインダー	ドライポリッシングホイール
	ポリッシャー	
	ドライエッチャ	

▼ダイシングソー

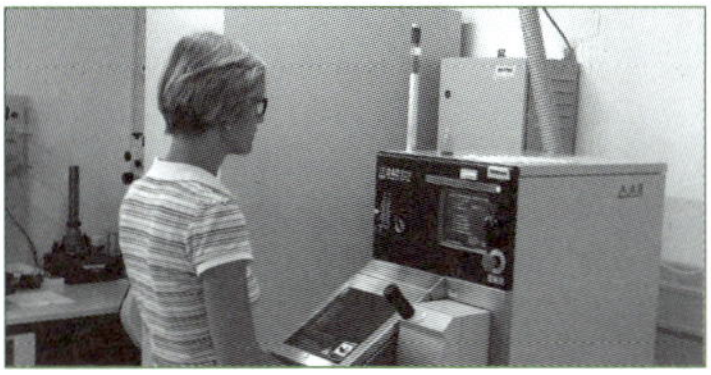

by ETH Zurich

21

日本の材料メーカー

半導体素材は、地道な基礎研究によって生まれます。日本はその分野では先進的で、半導体素材の分野でも強みを持っており、ビジネスにつなげることで、世界からも注目されています。

世界シェアを席巻する日本の半導体素材

二〇一九年の、韓国への輸出規制問題によって、半導体を製造するための素材が、軍事転用可能な戦略物質であることを知ることになったと思います。

詳しく見ると、取り扱いがとても繊細なものが多く、単純に商用だけではなく安全保障上の国策としても重要な産業であることが明らかになりました。

この問題には、半導体を製造する材料・素材の多くが、日本の特定企業によって世界シェアを席巻しているということが原因と考えられています。

特に、半導体の土台となる「シリコンウエハ」では、信越化学工業とSUMCOの国内二社だけでも、世界シェアの約六割を占めており、日本への依存度の高さがわかります。

さらに、フッ化水素、フッ化ポリイミド、レジストなどの半導体素材は、他国の製品では品質が不十分で、高品質の半導体を製造するためには、日本製でなくてはならないと考えられています。

半導体素材は複数あり、次世代の半導体製造のための新しい素材開発が続けられています。その中でも、最近注目されているのは、**窒化ガリウム（GaN）**を使用した電子製品が人気になっています。

注目される半導体素材

代表的な半導体素材である「シリコンウエハ」は、ケイ素（Si）の単結晶の塊（シリコンインゴット）を薄く輪切りにしたもので、そのウエハの上に回路パターンの層を形成し積み重ねていくため、ウエハの性能が文字どおり半導体性能の基盤となります。微小なゴミや汚染がない高清浄度、表面の厚さのバラつきがない高平坦度で、日本製が求められます。

「**フォトレジスト**」は、シリコンウエハをエッチング加工するのに必要な化学薬剤です。光を当てることで性質が変化する薬品で、ウエハ表面に回路を焼き付けるために使われます。光を当てた部分と当てなかった部分で性質が異なることで回路の焼き付けができます。そのため、正確に素早く回路を焼き付けるためには、高感度で、しかも均一に薄い膜が形成できる材料が求められることになります。また、不純物の混入は品質低下につながるため、高純度であることも要求されます。フォトレジストでは、日本メーカーが世界シェアの約九割を占めており、ＪＳＲや東京応化工業、信越化学工業などが上位を占めています。シリコンウエハをエッチング加工するのに必要な「**エッチングガス**」も、日本メーカーが世界シェアの約七割を占め、大陽日酸、昭和電工などが上位を占めています。

日本の材料メーカーの主な製品群

主な製品ラインアップ	
	◆半導体材料
	次世代半導体素素材・窒化ガリウム
	シリコンウエハ
	フォトレジスト
	エッチングガス
	フォトマスク
	フッ化水素
	フッ化ポリイミド

▼エッチング済みのシリコンウエハ

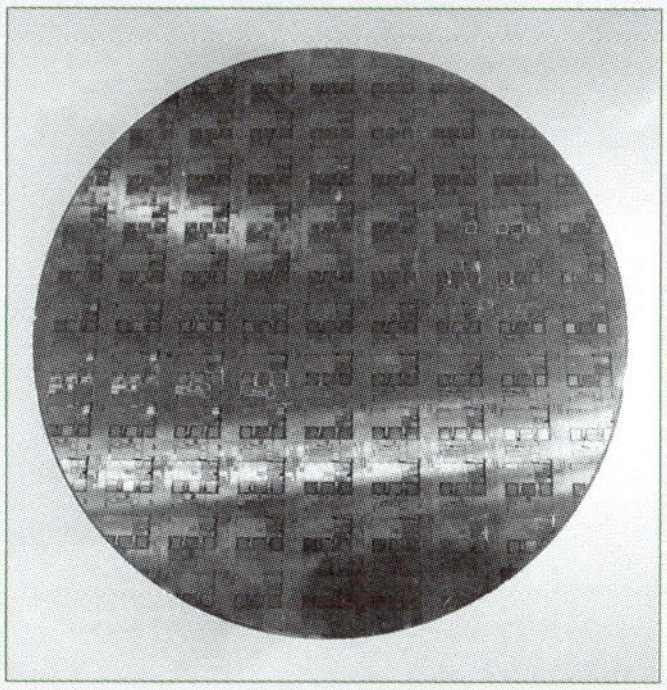

Photo by Peellden

column

半導体製造装置産業

いかに画期的な開発が行われ、先進的な技術が誕生しても、それを実際に製造に結びつけられなければ、絵に描いた餅のままです。必然的に、そこには技術を製造に結びつける装置の存在が必要になります。半導体の場合、それが半導体製造装置です。

実をいうと、この半導体製造装置産業は、半導体産業の関連産業として独立しており、一説には数千社にも及ぶ一大企業群を形成するにいたっています。

その規模としては、半導体市場の規模に対して、約15%程度と推察されており、仮に半導体産業が30兆円とすると、約5兆円あまりの巨大な規模の市場が形成されていることになります。

また、製造装置と関連するプロセス材料はさらに裾野が広く、半導体の規模に対しても装置産業をしのぐ、約7兆円あまりのきわめて大きな規模の市場が築き上げられています。

この製造装置産業とプロセス材料業界では、半導体の苦戦に反して、日本企業が世界中で大活躍しています。それぞれのカテゴリごとで見ても、世界的なトップシェアを誇る企業が数多く存在し、世界中の半導体の大半を日本企業の装置や材料が生産していると言っても決して過言ではない状況が続いています。

特に、製造装置はトップの米国と2位の日本で、世界の80%以上のシェアを占めていることから、この2か国で全世界の半導体生産がコントロールされてしまうという見方もあります。また、今後見込まれているさらなる微細化も、製造装置が開発されないことには実現できないことになり、半導体産業における装置産業の影響力が一段と強まっていくと考えられています。

この傾向はプロセス材料の分野でも同様で、特に日本の材料業界全体の売上は、国内半導体全体の売上に匹敵すると見られています。しかも、研究や開発において海外企業に大きく水をあけていることから、半導体材料の扱い方次第で日本の半導体産業が世界を再び席巻することができるようになるのも夢ではないかも知れません。

第4章

半導体製造の技術を知る

巨大な設備投資に加え、先進的で革新的な技術を必要とするといわれる半導体の製造には、物理的にも化学的にも最先端のテクノロジーが投入されています。特に微細加工に関する技術の進展はめざましく、常に小型化と高機能化が求められる半導体製造の基盤を支えています。

1 半導体がないと何も動かない

現代の社会生活と半導体は切っても切れない関係になっています。身の回りだけではなく、ほとんどの家電製品や情報機器、通信機器は、もはや半導体なしには機能しないといっても過言ではありません。

電子機器は半導体が制御している

私たちの生活を取り巻く電子機器として、最も身近な存在がパソコンやスマートフォンに代表されるIT機器でしょう。そのパソコンは、半導体の進化とともに演算速度が高速化し、大容量化に対応するだけではなく、ローコスト化やコンパクト化までも達成しています。

人類初の月着陸をしたアポロ一一号の打ち上げに使われていた管制室のコンピュータが、現在のノートPC程度であり、アポロ宇宙船に搭載されていたコンピュータにいたっては、現在の携帯電話よりも劣ると聞くと、その進化のほどが理解できるはずです。

しかも、進化のスピードは著しく、IT機器や産業機器だけではなく、一般商品にまで搭載され、今では家電製品に使用されるコントローラのほとんどが何らかの形で半導体を搭載しているといわれるほどです。

小型化は、スマートフォンやタブレットに代表される、様々なモバイル通信端末で実証済みです。特に、スマートフォンは、二〇二〇年には全世界で約一三億台の出荷数を誇るアイテムで、今や社会生活に欠かすことのできないインフラになっています。

これらの製品に搭載されている**ICチップやマイクロコントローラ、フラッシュメモリ、SRAM***などは、すべて半導体技術をベースとして成り立っています。

自動車や産業機器も半導体のかたまり

エアコンや炊飯器、冷蔵庫など、家電製品をコント

用語解説

＊**SRAM**　Static Random Access Memoryの略で、電力の供給によってデータ記憶が行われる揮発性メモリの一種。記憶保持状態で消費電力を抑えられるメモリであることから、モバイル機器などで利用されている。

ロールしているマイコン*だけではなく、最近、蛍光灯などの照明機器の代替製品としてLEDが注目を集めています。特に、白色LEDの登場は、数十年のうちにすべての蛍光灯がLEDに代わることを予感させます。

これまでLEDライトは、その特性である光の直進性を特徴としていましたが、近年は拡散技術の向上で、平面的な照明や水銀灯の代替品としても評価されるまでになりました。

一方、自動車産業では機能制御から走行制御、安全制御にいたるまで、半導体が多用されています。それは「まるで半導体のかたまり」といわれるほどで、電子機器の多用がバッテリへの負担増になり、電圧の変更を余儀なくされている場合があるほどです。

また、産業機器や医用機器、航空機器など、幅広い分野にまで半導体の活躍の場が拡大されているように、半導体がなければ何も動かないとまでいわれています。

半導体は今後も、大容量化、高速化、超小型化、多層化、低消費電力化などの課題を解決しながら、さらなる高機能製品を生み出す力になると考えられます。

半導体を利用した製品

用語解説

＊**マイコン**　マイクロコントローラの略で、電子機器を制御するために最適化されたコンピュータシステムのこと。システムを1つの集積回路に組み込むことが可能で、近年では家電製品にも採用されている。

2 半導体の基本構造①

半導体は、その組成や周囲の電場環境、温度などによって抵抗率を変化させ、電気伝導率を大きく変えることができる特殊な性質を持っています。

電気抵抗率で決定される半導体

私たちの身の回りにある様々な物質は、図のように電気抵抗率の大きさによって、「**導体**」「**半導体***」「**絶縁体**」に分けることができます。

つまり、鉄や銅線のように電気をよく通すのが「導体」で、逆に電気を通さないガラスやゴムのようなものが「絶縁体」と呼ばれます。

「半導体」は、その中間の性質を持っているだけではなく、周囲の電場*や温度によって、電気の通る量である「伝導率」を、コントロールしたり変化させたりできるという特徴を持っています。

このような特徴を持つことで、電流の流れやその量を、変化させたり制御したりすることができる半導体デバイスは、IT機器や産業機器、家電製品にいたるまで、ありとあらゆる分野の電子機器で幅広い活躍を続けています。

材料としては、ゲルマニウムやシリコンが代表格で、ほかにはスズやセレンなども使われています。

半導体はその組成状態によって、不純物をほとんど含んでいないものを「真正半導体」と呼び、ほかにもシリコンなどの単一元素で作られた「元素半導体」や複数の元素の化合物で作られる「化合物半導体」、金属の酸化物を原材料とした「酸化物半導体」などがあります。

N型とP型に分かれる半導体

電子部品で利用される半導体の場合、純粋なシリコンやゲルマニウムなどの半導体では電気抵抗率が大き

用語解説

*＊***半導体**　半導体は、元となった英語 "semiconductor" の訳で、接頭語で「半分」という意味を持つ "semi-" と「伝導体」の意味を持つ"conductor" から成り立っている。

*＊***電場**　電界とも呼ばれており、電荷が存在することによって、空間上に発生する電位勾配のことをいう。

いため、ドーパントと呼ばれる添加剤が混ぜられています。これは、不純物を含んだ半導体にすることで、電気の通る量をコントロールし、用途に合わせて最適な特性を実現するトランジスタや集積回路を製造できるようになるためです。

半導体には、その構造によって、「**N型半導体(negative semiconductor)**」と「**P型半導体(positive semiconductor)**」があります。

N型半導体は、負(negative)の電荷を持つ自由電子がキャリア*として移動することで電流が生じるため、Negativeの頭文字をとって**N型**と呼ばれます。この自由電子によって、伝導性を向上させているのが特徴です。この自由電子を提供する基となる不純物をドナーと呼びます。

また、P型半導体は、正(positive)の電荷を持つ正孔(ホール)がキャリアの多数を占めることから、Positiveの頭文字をとって**P型**と呼ばれます。この正孔を安定させるために近くの電子を引き寄せていくことで、伝導性を高めているのが特徴です。電子を受け入れる正孔を作る要因が、アクセプタと呼ばれています。

抵抗率による、導体・半導体・絶縁体

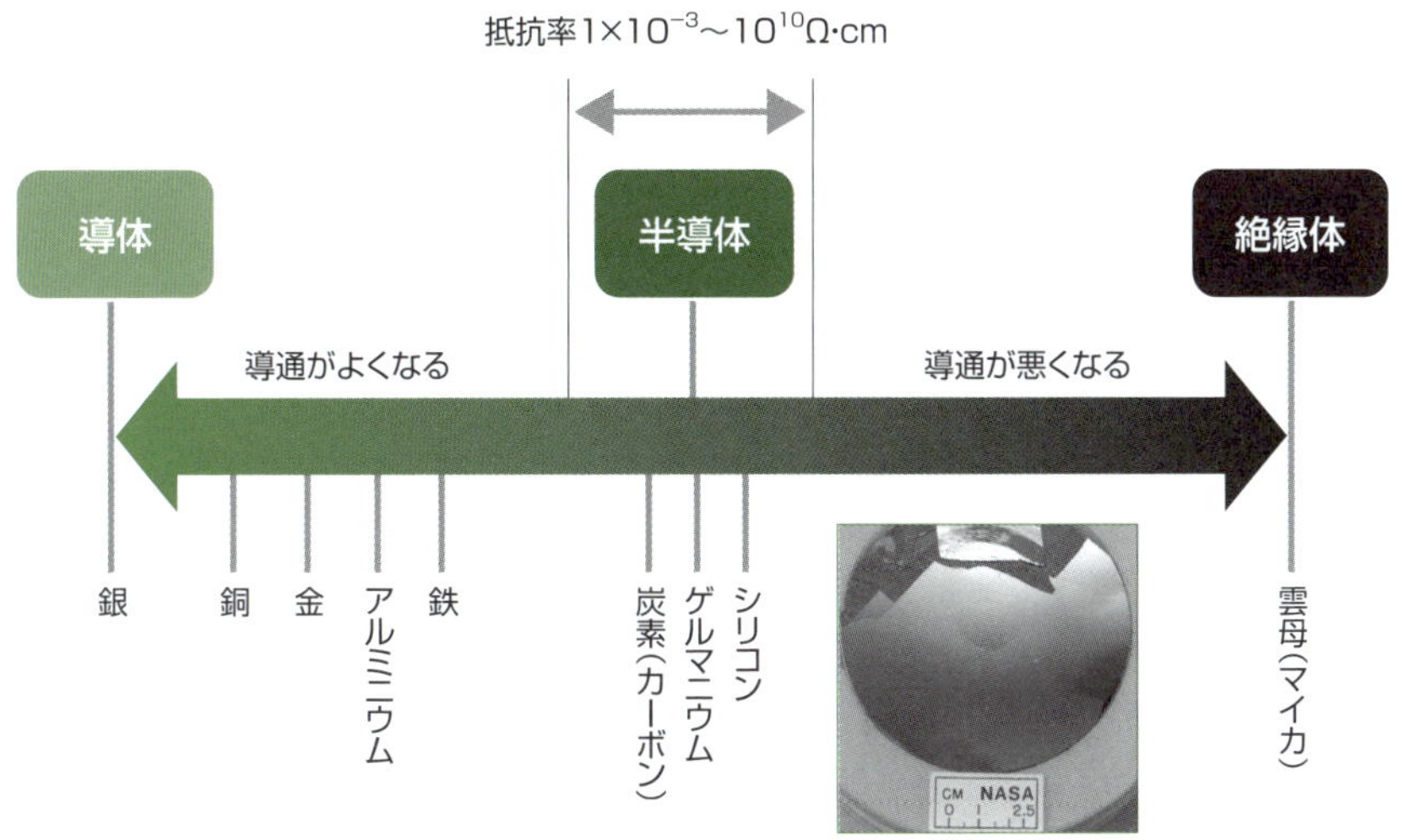

▲シリコン

用語解説

***キャリア**　半導体内の電荷移動を担う自由電子と正孔を総称した呼び名。これらのキャリアは電圧を加えられることで、電流を発生させる。

3

半導体の基本構造②

ウエハ製造工程は、ウエハ基板工程、エピタキシャルウエハ工程、SOIウエハ工程に分けられます。また、半導体の生産工程は、ウエハ処理工程と組立工程の二工程で構成されます。

四工程からなるウエハ製造

シリコンウエハ製造は、**シリコンの単結晶成長**、**ウエハ切断**、**鏡面研磨**、**洗浄**の四工程で構成されます。

まず、シリカ(SiO_2)を高純度化・単結晶化したシリコンにし、機械研磨や化学研磨、鏡面研磨が行われ、ウエハの処理工程へ進みます。

最後の鏡面研磨は、ウエハ表面の最終加工段階で、デバイス回路パターンの転写精度を向上させることが目的です。

機械的および化学的に研磨するため、メカノケミカルポリッシングと呼ばれ、表面の平滑化を実現します。

ウエハの製造の際の薄膜結晶成長技術の一つとして、**エピタキシャル成長技術を利用したもの**があります。これは、下地基板の結晶面に揃えて配列する方式で、MOS(Metal Oxide Semiconductor)LSIや発光ダイオード、受光素子などの材料として利用されています。

また、CMOSLSIの高速性・低消費電力化を向上する**SOI**(Silicon On Insulator)**ウエハ製造技術**があります。この技術は、酸化したウエハを重ね合わせてから研磨する方法で、〇・三〜一μmといったきわめて薄い膜を形成できます。

従来のウエハ技術と比べて、デバイスの微細化・高信頼化が容易なだけではなく、三次元構成による高集積化も実現できます。

ウエハ処理工程と組立工程

ウエハ処理工程では、導電層や絶縁層のパターンを

用語解説

＊**イオン注入**　イオン物質を固体に注入する加工方式のこと。固体の特性を変化させることが可能で、半導体の製造で利用されている。

＊**アニール**　結晶の中の乱れや応力を減らすために、一定時間高温に保つ工程。熱を加えることで、結晶をより安定な状態に近づける効果がある。

組み合わせ、回路形成が行われます。基板工程では、回路を構成するトランジスタや抵抗、電気容量などが、製造するLSIに応じて作成されていきます。

工程としては、**素子分離領域形成工程**、**ウエハ形成工程**、**トランジスタ形成工程**、**ビット線形成工程**、**キャパシタ形成工程**の各ブロックに分かれており、洗浄、酸化、CVD(Chemical Vapor Deposition：化学蒸着)、フォトリソグラフィ、ドライエッチング、イオン注入*、アニール*、スパッタリング、CMP*の要素プロセスが工程に応じて選択されます。

組立工程では、ウエハ処理工程を経たウエハから個々のチップを切り離し、最終的な形状に仕上げます。

工程としては、ウエハの薄さを調整する**バックグラインディング工程**、チップを個々に分離する**ダイシング工程**、チップをリードフレーム*と接続していく**ダイボンディング工程・ワイヤボンディング工程**があります。

バックグライディング工程とダイシング工程では、パッケージに合わせて、チップの大きさ・厚さを調整していきます。

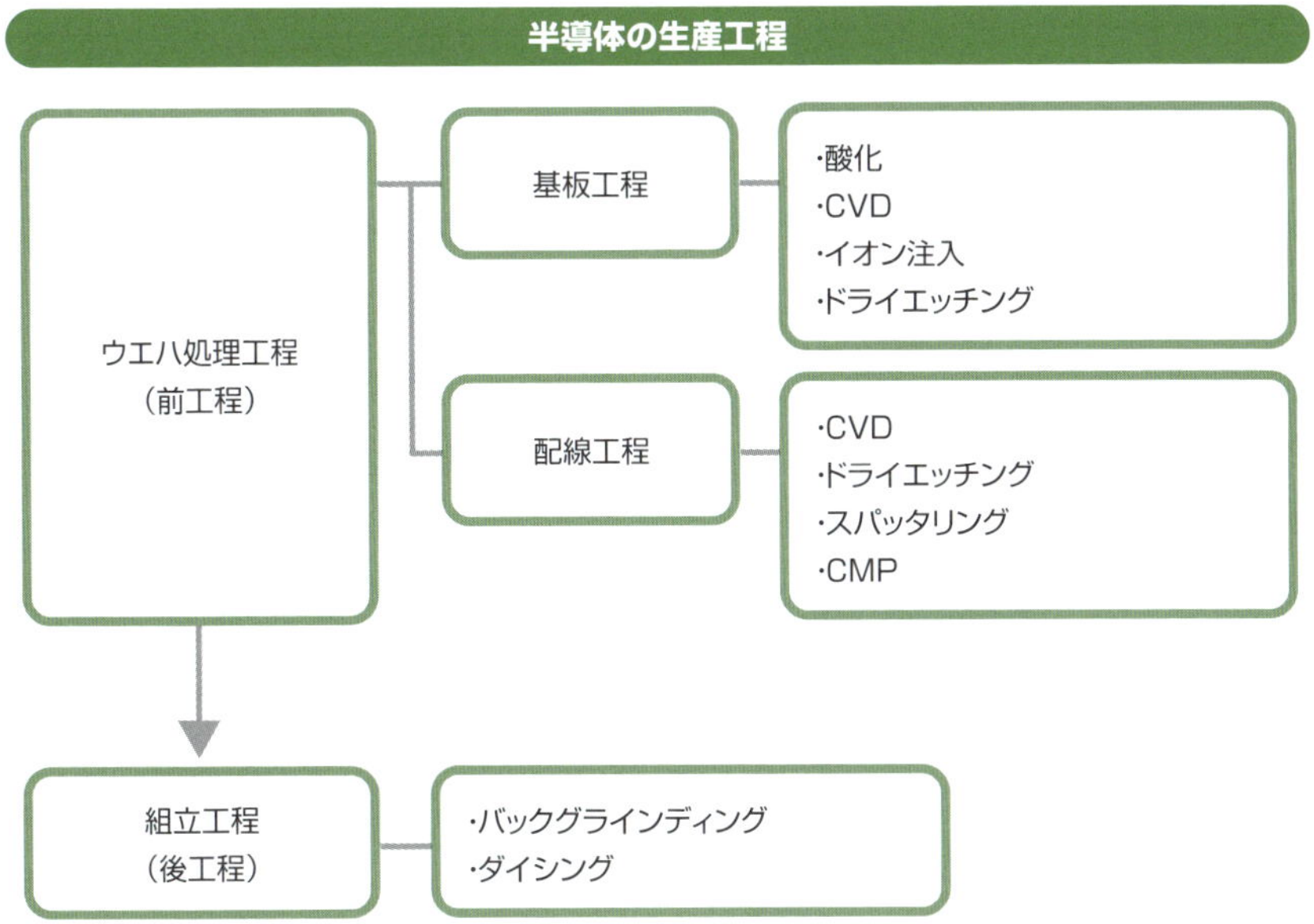

用語解説

＊**CMP**　Chemical Mechanical Polishingの略で、化学機械研磨の意味。ウエハ表面の平坦化仕上げや回路形成時の配線製造工程などで利用されている研磨技術である。

＊**リードフレーム**　ICやLSIなどの半導体パッケージで利用されているもので、半導体チップを支薄田足し・外部醇線との接続を可能にする部品鏑や鉄の合金といった電気伝導度、熱伝導蔓、耐食性などに優れた金属素材の薄板が使用されている。

半導体の種類と分類

トランジスタは動作原理からMOS型とバイポーラ型に分類することができます。また、半導体を利用したデバイスには様々な種類があり、ダイオードや太陽電池が有名です。

バイポーラ型とMOS型

バイポーラ型トランジスタは、三端子の半導体素子で、それぞれの端子はエミッタ・ベース・コレクタ*の機能を持っています。電流増幅やスイッチング機能が主な役割で、入手が容易であるため、航空宇宙や防衛、民生機器など、様々な分野で利用されています。

バイポーラ型は、構造によって、**NPNトランジスタ**と**PNPトランジスタ**の二種類に分類できます。

MOS*型トランジスタは、モバイル端末をはじめとする情報通信機器のほか、パソコンのICやLSIとして広く利用されています。

電圧制御によって動作するため、MOSFETとも呼ばれており、バイポーラ型と比較して、集積化が容易という特徴を持っています。

バイポーラ型と同様に三つの端子を持っていますが、それぞれがソース、ゲート、ドレイン*の機能を持っている点が異なっています。

MOS型の場合、ゲート直下にあるソースとドレインの間に、キャリアが誘起されてできるチャネル領域*があることも特徴です。バイポーラ型と同様にN型とP型があり、**NMOS**や**PMOS**と表記されます。

また、NMOSとPMOSを組み合わせた**CMOS**と呼ばれるタイプもあります。

ダイオード

P型とN型の半導体が接合された**ダイオード**は、一定方向にのみ電流が流れる性質を利用して、電気の整

用語解説

* **エミッタ、ベース、コレクタ**　トランジスタの3つの端子を機能ごとに分けた名称。エミッタは電子や正孔を放出する電極、放出されたそれらを制御するベースと、回収するコレクタがある。
* **MOS**　MOS型のMOSは、Metal Oxide Semiconductorの略。その名のとおり、金属酸化膜を利用した半導体。

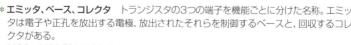

流作用を持たせるようにしています。様々な種類があり、電子回路で利用される**定電圧ダイオード**や**可変容量ダイオード**が一般的なものとして挙げられます。

現在では応用製品も数多く、豆電球のように発光する**発光ダイオード（LED）**や光通信システムの送信用で利用される**レーザーダイオード**、画像センサとして注目を浴びる**フォトダイオード**などがあります。

特にLEDは二〇〇一年に青色発光する、いわゆる青色発光ダイオードが開発されて以来、光の三原色光源が実現できるようになりました。

LEDはその応用範囲も広く、昼間でも明るく照らす必要性があるサッカー競技場の巨大スクリーンや信号機など、利用の幅が広がっています。

フォトダイオードは光を検出して電気エネルギーに変換できる半導体です。半導体素材はシリコンが多く利用されていますが、ゲルマニウムやガリウムヒ素、インジウム、リンを用いた製品もあります。身近な製品としては、テレビのリモコンが挙げられます。

また、フォトダイオードが持つ光起電力効果を応用した半導体デバイスの一つに太陽電池があります。

バイポーラ型とMOS型トランジスタの基本構造

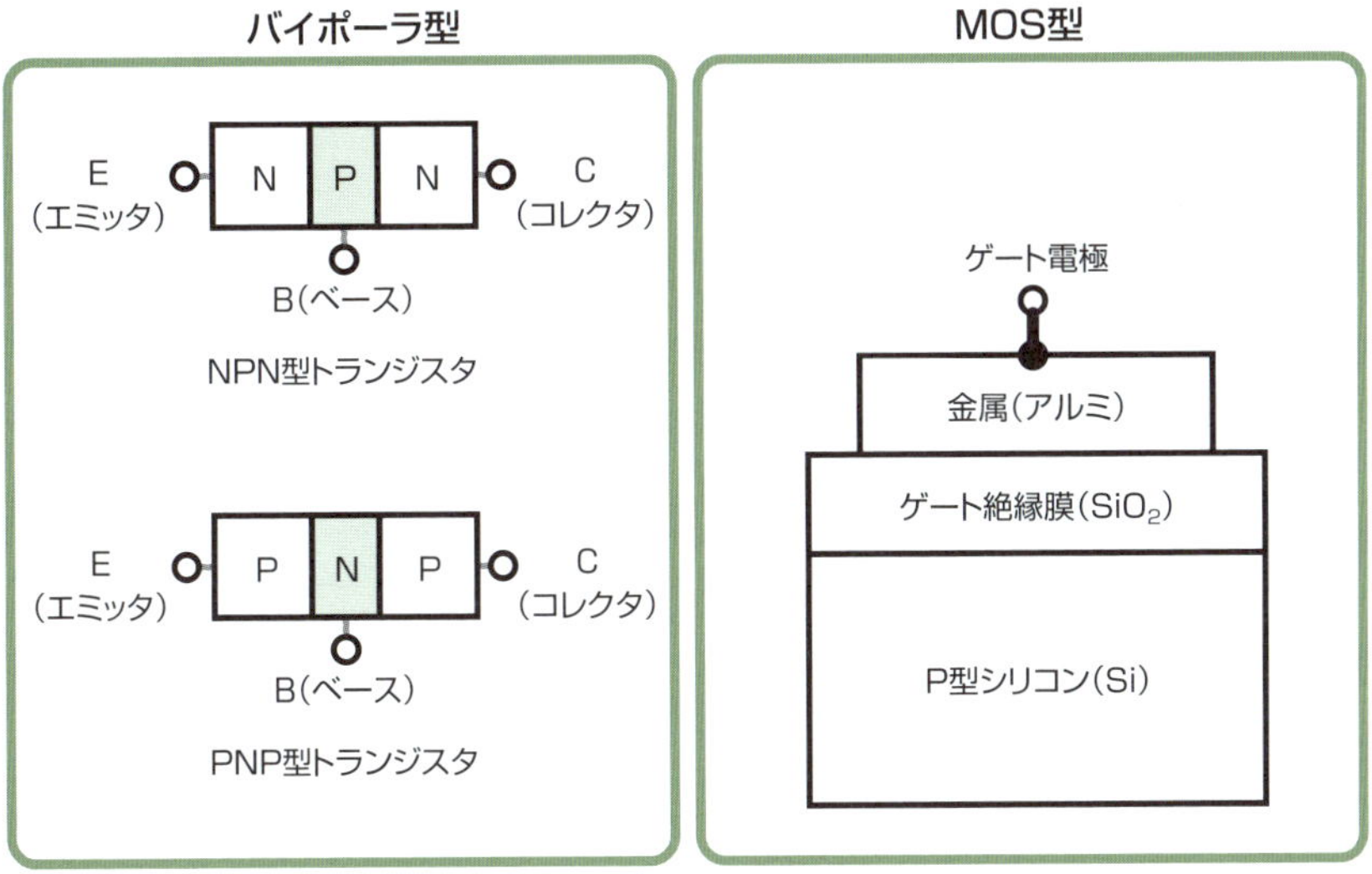

用語解説

＊**ソース、ゲート、ドレイン**　MOS型トランジスタで、ソースはキャリア供給源の電極、ゲートはドレインとソース間の電流を制御する電極、ドレインはキャリアをトランジスタから外部に排出する電極のこと。

＊**チャネル領域**　MOS型トランジスタで、ゲートの直下にあり、ソースとドレイン間を電流が流れる部分。

5 集積回路からシステムLSIへ

特定の複雑な機能を果たすために、多数の半導体素子を一つにまとめた集積回路が使われてきました。近年では、マイクロコントローラなどを搭載したシステムLSIが広く使われています。

電子機器システムを一つに統合

システムLSIは、CPUやメモリ、そのほかの電子機器に必要な周辺回路などを一チップに集積した半導体素子です。**SoC(System on a Chip)**とも呼ばれており、電気製品の低消費電力化やコスト削減など、集積化による大きな効果を出しています。

一チップ化によって、部品点数の削減、小型化、信頼性向上、多機能化などが期待できるため、民生機器分野の大量生産品で広く使用されています。また、情報家電*などの複雑なシステムを統合するために、独自のシステムLSIを開発している例も多く見られます。

特に、人と人とのインタフェースを必要とする電子機器では、数多くのシステムLSIが使用されています。

例えば、液晶画面を表示するためには液晶表示システムLSIが搭載されており、携帯通信機器のディスプレイなどに採用されています。

また、最適な充電制御を行うため、個々の充電式バッテリーにシステムLSIを搭載し、管理するといった方法もあります。しかし、RFタグ*のように専用装置でしかインタフェースできない製品もあり、今後も新しい用途が期待されています。

マクロで形成されるシステムLSI

電子機器をまとめるシステムLSIは、規模の大きな半導体素子になるため、回路の機能によってブロック化*する手法が取られています。

ブロックを組み合わせるだけで、回路設計の大部分

用語解説

＊**情報家電**　携帯電話やデジタルカメラのようなデジタル家電に対し、ネットワーク機能を持った情報機器を特に情報家電と呼ぶ。信号処理はいずれもデジタル処理。

＊**RFタグ**　非接触ICチップを使い、記憶媒体とアンテナを埋め込んだプレート状のタグ。衣類や電化製品などの商品に取り付けて使用する。

を済ませることができるため、設計時の期間短縮と費用低減につながります。このブロック化されたものは**「マクロ」**と呼ばれており、設計の自由度によって、**「ソフトマクロ」「ファームマクロ」「ハードマクロ」**に分けることができます。

ソフトマクロはＲＴＬ(Register Transfer Level)やＨＤＬ(Hardware Description Language)で記述されており、設計自由度の高さが特徴です。

一方、フロアプランやレイアウトは利用者側で設計しなければならないため、時間と手間がかかり、性能も予測しにくいことが問題になっています。

ファームマクロはＲＴＬやネットリスト*で記述されており、フロアプランまで設計が行われています。機能の変更はしにくいものの、中間的な自由度を持っていることが特徴です。

ハードマクロはＲＴＬやネットリスト、レイアウトデータなど、使用できる形式の種類は豊富ですが、自由度が少ないという性質を持っています。しかし、レイアウトとタイミング設計までが完了しているため、利用者は配置を考えるだけで済みます。

システムLSIのイメージ

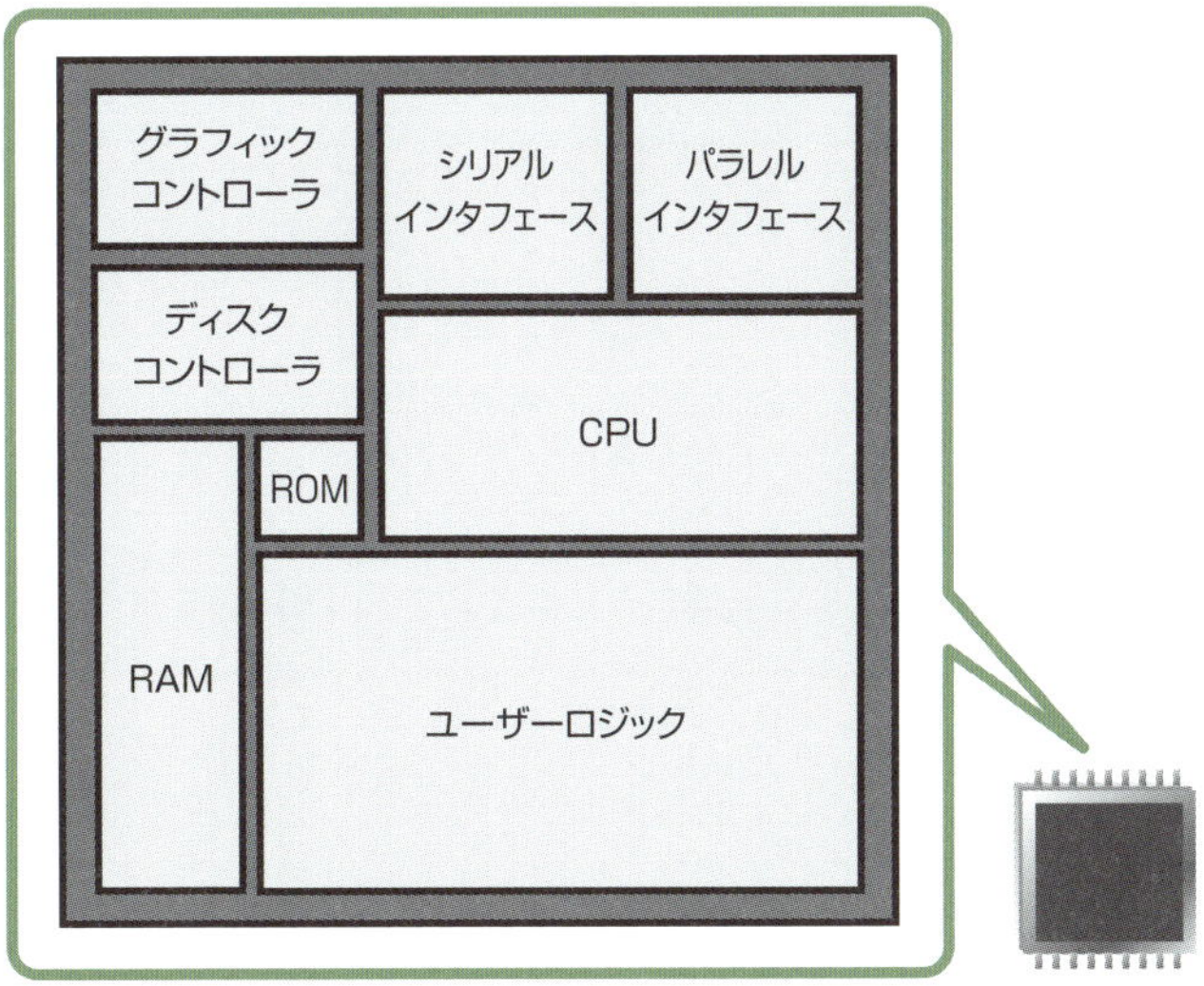

用語解説

***ブロック化**　回路を機能ごとに集めて、1つの集合体にしておくこと。

***ネットリスト**　ネットデータとも呼ばれ、電子回路の端子間で行われる接続情報のデータを意味する。プリント基板の配線設計などに利用されており、効率的な電子回路データのやり取りを実現する。

6 プロセッサのアーキテクチャ

マイクロプロセッサのアーキテクチャ設計手法としては、CISCとRISCの二つが代表的です。コンピュータの中枢部を構成する、二つの設計手法の長所を見ていきます。

CISCプロセッサの特徴

マイクロプロセッサは、一九七一年にインテルによって開発が成功し、現在ではメインフレームやパソコンの頭脳部分として発展を遂げています。

マイクロプロセッサの機能が向上したことによって、データ転送が頻繁に行われるメモリを管理するICやキャッシュメモリとともに、一チップ化されることが一般的です。処理するデータ長、バス幅も広くなり、一二八ビットの製品も登場しているマイクロプロセッサは、CISCとRISCの二タイプで、用途に応じて使い分けられています。

CISC(シスク)は、可変長の複雑な命令セットや多種多様なアドレッシング機能*を持つ**マイクロプログラム方式**のアーキテクチャで、Complex Instruction Set Computer の頭文字をとった方式です。現在の高性能CPUでは、80x86互換プロセッサのみがCISCを使用していますが、古くはミニコンピュータやメインフレームに採用されていました。

柔軟な実行ユニットが実現できる構造を持っていることが大きな特徴で、ソフトウエア側で指定する命令を減らすことが可能です。また、内部のマイクロアーキテクチャを増強させられることも特徴です。

豊富なアドレッシング機能を備えていることから、命令の直交性がよいとされており、レジスターレジスタ間演算*やレジスターメモリ演算、メモリーメモリ演算を行うことができます。

内部CPUを万能チューリングマシンとして、外部

用語解説

***アドレッシング機能**　どのデータに対して操作を行う命令なのかを指定する機能。また、その命令が、レジスタに対してかメモリに対してかの、直接指定か間接指定かなども指定できる。

***レジスターレジスタ間演算**　レジスタ同士の間で行われる演算のこと。

CPUをシミュレートできるため、パソコンなどの汎用機で利用されています。

RISCプロセッサの特徴

RISC（リスク）とは、Reduced Instruction Set Computerの略で、命令の種類を減らし、回路を単純化して演算速度の向上を図った設計手法です。

CISCに対する手法として考案されており、**パイプライン方式***を用いることで、処理能力を向上させ、高速処理を実現しています。

RISCでは、CISCのプログラムを解析し、使用されていない部分を省いて、簡単なものに絞ることで高速化が実現されています。

レジスターレジスタ間演算のみに対応しますが、メモリ・アクセスのレイテンシ*が悪影響を与えるのを避けることも可能です。

これらの特性から、ワークステーション用のCPUやスーパーコンピュータ、マイコンなどで幅広く利用されています。

CISCとRISC

			CISC	RISC
命令	種類	機能	複雑で高度な機能を実現	単機能の基本命令に限定
		アドレッシングモード	複雑で多様	少ない
		メモリアクセス	命令が豊富	ロード／ストア命令に限定
	フォーマット	命令長	バリエーションあり	32ビット固定が大半
		種類	複雑で多種	シンプル
	実行速度		数クロック	1クロック
	実行回路		・しばしばマイクロROMが使われる ・非パイプライン処理か、単純なパイプライン処理	・ハードワイヤドロジックを使用 ・パイプラインの最適化、スーパーパイプラインやスーパースケーラ技術の導入で命令実行を高速化
汎用レジスタ			8本程度	32本タイプが大半

用語解説

***パイプライン方式**　複数の命令を重ね合わせて処理する方式のことで、パイプラインのように、命令を次々に入力すると結果が出力される。汎用コンピュータやマイクロプロセッサなどで、利用されている。

***レイテンシ**　メモリに対してアクセス要求をしてから、その結果が返送されるまでの時間のこと。

7 オーダーメードな半導体ASIC

ユーザーの要求に応じて回路形成を変更することが可能なオーダーメードの半導体がASICです。ユーザーが求める様々な回路形成に対応しており、多種多様な集積回路を実現します。

オーダーメード半導体ASICの特徴

ASIC*は、特定の用途向けに複数の回路を一つにまとめた集積回路のことで、デジタル回路のみの構成が一般的ですが、アナログ回路を有する場合もあります。

ASICは、単機能ICと高性能演算用ICを除く、ほとんどの半導体製品を含んでいるため、使用用途が幅広く、家庭用、産業用、事務用など、様々な電気製品で利用されています。

通信分野では、高速処理が要求されるネットワーク通信機器で利用されることが多く、ファイヤウォールや負荷分散(SLB／NLB)装置*、パケット処理装置などの分野で活躍しています。画像処理を行うLSIにも利用されており、デジタルカメラやデジタルビデオカメラなどに採用されている画像補正や画像圧縮の処理に専用ASICを開発しているメーカーがあるほどです。ブルーレイレコーダなどの各種レコーダ専用のMPEGエンコーダやデコーダに対応する製品もあります。

また、CPUやマイクロコントローラなどに代表される、プロセッサにも多く利用されています。PCIバスブリッジなどの汎用標準バス制御*にも利用されており、複雑化する情報機器分野において、今後も活躍が期待されている半導体です。

四つの種類に分類されるASIC

ASICは製造の手順によって四つの種類に分類できますが、半導体製造を行う企業でも得意分野が異なることが特徴です。

用語解説

＊**ASIC**　ASICは、Application Specific Integrated Circuitの略で、カスタムチップやカスタムICと呼ばれることもある。

＊**負荷分散(SLB／NLB)装置**　Webサーバやキャッシュサーバなどの負荷を分散する装置。過剰な負荷によってサーバがダウンすることやレスポンスが遅れるといった問題を防ぐことができる。

ゲートアレイ（gate array）は、基本となるゲート回路を一面に敷き詰めた「下地」をあらかじめ製造しておく方法で、配線層をユーザー要求に応じて作っていきます。配線層の製造工程だけでよいため、大量生産が可能で、製造コストの削減が実現できます。

セルベース（cell base）は、ゲートアレイとは異なり、設計済みの機能ブロックが配置されています。個別ロジック回路と配線層を作り込む手法で、集積度および性能をゲートアレイより高くすることが可能です。

そこで、ゲートアレイとセルベースを組み合わせた**エンベデッドアレイ（embedded array）**があります。設計済みの機能ブロックをゲートアレイ下地の一部に埋め込むことを特徴にしています。

また、**ストラクチャードASIC**という方法もあります。ゲートアレイの下地に加えＳＲＡＭやクロック用ＰＬＬ＊、入出力インタフェースなどの汎用機能ブロックが組み込まれているため、最小限の個別設計に対応し、開発時間の短縮を実現します。製造メーカーで専用配線層を使ってクロック分配回路などを形成するため、ユーザーの設計負担を減らすことが可能です。

ASICの種類

製造方法	ゲートアレイ	セルベース	エンベデッドアレイ
開発期間	小	大	小～中
開発コスト	小	大	中
搭載機能	中	大	中～大
生産数量	中	大	中～大

▲デジタルカメラにはASICが使われている

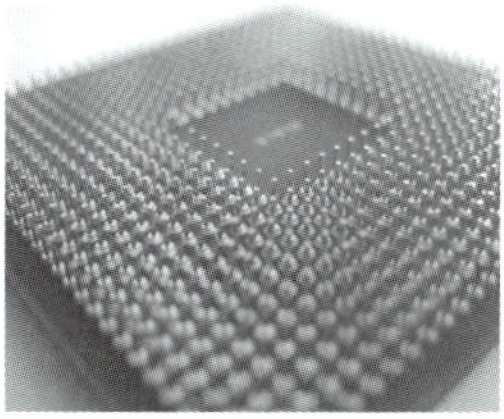

▲プロセッサにはASICが使われている

▲ネットワーク通信機器

用語解説

＊**PCIバスブリッジなどの汎用標準バス制御**　PCIバスブリッジをはじめとする標準的なバスで制御できるということ。

＊**クロック用PLL**　入力信号や基準周波数と出力信号との周波数を一致させる、クロック用の電子回路。入力信号と出力信号との位相差検出や回路のループ制御などによって、正確に同期した周波数信号を発信できる。

8 メモリの変遷

半導体を利用した製品の一つにメモリがあります。身近なところでは、パソコンで利用されるDRAM*やスマートフォンのデータ格納用に使われるフラッシュメモリが挙げられます。

揮発性メモリとして利用されるDRAM

半導体を利用した揮発性メモリとしては、**DRAM**が有名です。コンピュータの主記憶装置やデジタルテレビ、デジタルカメラなどの記憶装置に使用される電子部品の一種で、情報処理過程の一時的な記憶を行うために利用されています。現在では、記憶セル*がDRAMセルの構造で、インタフェースが**SRAM**と同じになっている疑似SRAMが一般的で、現在のPCではDDR2 SDRAMとDDR3 SDRAMの二種類が広く利用されています。

従来使用されていた**DDRSDRAM**の外部同期クロックを二倍に高めることに成功したのが**DDR2 SDRAM**で、SDR SDRAM*と比べて四倍のデータ転送速度を可能にしています。

動作周波数は四〇〇MHz、五三三MHz、六六七MHz、八〇〇MHz、一〇六七MHzの五種類が用意されており、パッケージ容量は一二八Mビットから二Gビットまであります。

また、DDRでの同期クロックを四倍に高め、SDR SDRAMに比べて、八倍のデータ転送速度を実現するDDR3 SDRAMもあります。動作周波数は八〇〇MHz、一〇六六MHz、一三三三MHz、一六〇〇MHzで、単体での半導体パッケージの容量も五一二Mビットや一Gビット、二Gビットとなっています。

現在主流となっているのは、八ビットのプリフェッチ機能*を持ち、DDR3の二倍の転送速度を実現したDDR4 SDRAMになっています。

用語解説

* **DRAM**　DRAMは、Dynamic Random Access Memoryの頭文字を取ったもので、半導体を使った書き込みと読み出しができるメモリの一種。2-3節参照。
* **記憶セル**　データを記憶保持する半導体回路のこと。2進法のデータとして扱うことで、様々な情報を記憶できるようになっている。

データ保管できるフラッシュメモリ

DRAMとは違って、書き換えが可能で、機器の電源を切ってもデータが消えない不揮発性の半導体メモリが**フラッシュメモリ**です。一九八四年に開発されたもので、マイコン応用機器や携帯電話、デジタルカメラなどで利用されています。その構造によって、NAND型やNOR型などに分類されます。

NAND型は、特にデータストレージ用に適しており、携帯電話やデジタルカメラなどの記憶媒体として普及しています。近年、低価格化や高集積化を実現し、小型のハードディスクと競合する動きもあります。

需要の七割以上がメモリカードといわれており、一チップ当たり三二GB以上の容量を持つ製品も発売されています。

また、**NOR型**はマイコン応用機器のシステムメモリに適しており、従来から使用されていたROMの置き換えとして利用されています。しかも、ファームウェアの更新が、製品の筐体を開けずに行えるため、組込みシステムなどの分野でも活躍しています。

RAMとROMの機能を兼ね備えたフラッシュメモリ

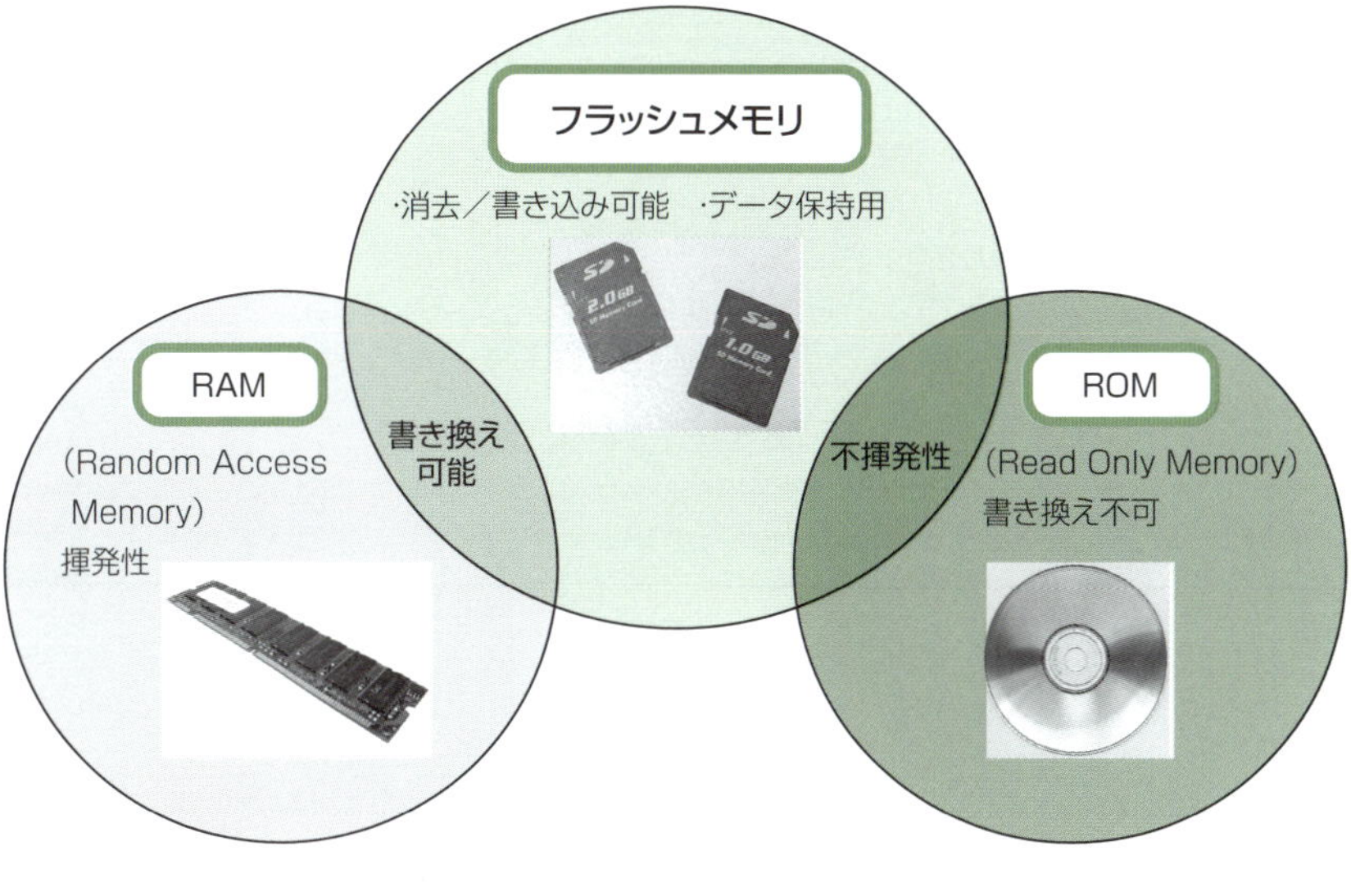

用語解説
＊**SDR SDRAM**　DDR SDRAMに対して従来のSDRAMを指す。
＊**プリフェッチ機能**　CPUがデータを必要とする前にメモリから先読みして取り出す機能。

9

デジタル信号に特化したDSP

音声や画像、動画などのデータはアナログ信号であるため、ADコンバータ*を利用してデジタル信号に変換するのが一般的です。このデジタル信号に特化した半導体素子として、DSPがあります。

電子機器性能を向上させたDSP

一般的なマイクロプロセッサやオペレーティングシステム(OS)でも、デジタル信号を処理できますが、消費電力が大きいため携帯電話やPDAなどの携帯通信端末では使用しにくいという難点があります。

DSP*は、信号をデジタル化して処理することに特化することで、より安価で低消費電力、高性能なものを提案できます。一九七〇年代後半から開発が進んだ半導体デバイスで、八〇年にトランジスタも開発したベル研究所が試作品を完成させましたが、具体的な製品化にはじめて成功したのは、日本のNECであるといわれています。

しかし、現在の世界市場を席巻しているのはテキサス・インスツルメンツ(TI)で、日本のDSP技術の発展が望まれています。DSPは、少量生産のFPGA*や大量生産のシステムLSIなどに細分化されており、デジタル家電を中心に利用されています。

また、特定の演算処理を高速に行うことを目的に作られていることもあり、音声や画像、動画処理などが必要とされる携帯電話やデジタルカメラ、デジタルビデオカメラ、電子楽器といった製品に利用されることが多くなっています。

アナログ回路を利用した信号処理ほど多機能ではありませんが、データの圧縮や伸張処理などのデータ加工で大きく貢献しています。また、メモリ容量の削減や保存されたデータのリアルタイム処理につながっており、オーディオプレイヤの品質向上も実現しています。

用語解説

＊ADコンバータ　アナログ信号をデジタル信号に変換する電子回路のこと。

＊DSP　DSPはDigital Signal Processorの略語で、デジタル信号処理に特化したマイクロプロセッサのこと。

そのほかにも特殊用途として、レーダーの信号処理や無線通信回線の変調および復調などにも利用されています。

演算処理を優先した設計

ＤＳＰは、マイクロプロセッサなどと比較して、演算性能を優先したことが設計上の最大の特徴となっています。

デジタル信号処理では計算機能を多用するため、算術演算用ハードウエアの高速乗算器やメモリが内蔵されています。内部構成は**データ空間**と**プログラム空間**に分かれており、二系統のバスを持っています。

データ空間では、高速乗算器を並列させることによって、演算性能を高めることができます。プログラム空間では、ハードウエアで操作ループを制御しており、処理の時間短縮を実現しています。

また、ＣＰＵとしての機能も併せ持っているため、プログラムの判断や実行も可能です。プログラムを変更するだけで、様々な音声圧縮フォーマットへの対応を実現します。

DSP によるデジタル信号処理システムのイメージ

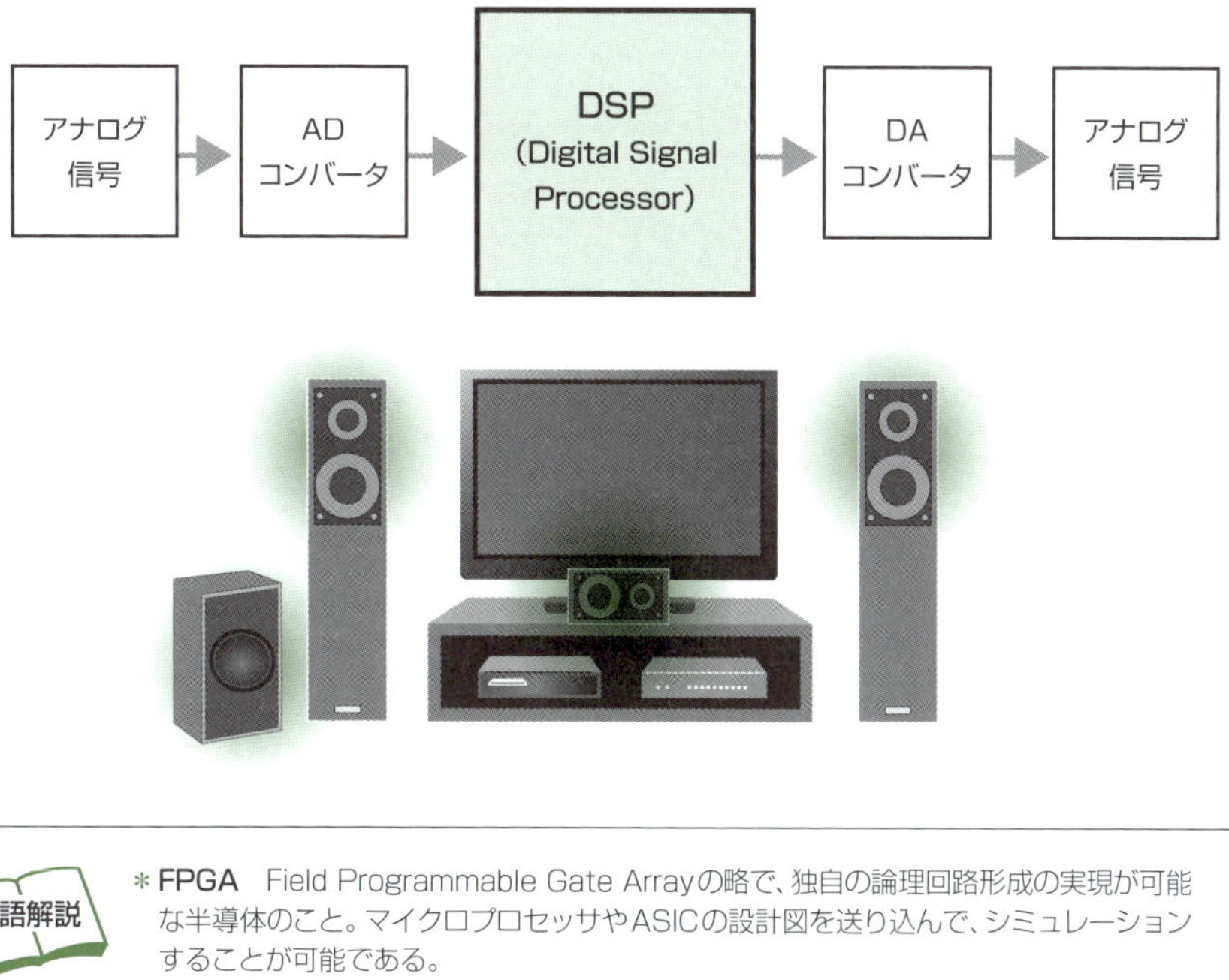

用語解説

＊ **FPGA**　Field Programmable Gate Arrayの略で、独自の論理回路形成の実現が可能な半導体のこと。マイクロプロセッサやASICの設計図を送り込んで、シミュレーションすることが可能である。

第4章 半導体製造の技術を知る

10

CCDとCMOS

スマートフォンやデジタルカメラには映像用半導体が搭載されており、光を電気信号に変換する方法によって、CCDイメージセンサとCMOSイメージセンサの二種類に分かれています。

CCDイメージセンサ

映像半導体は、**フォトダイオード**を利用して、光信号を赤と緑と青の電気信号に変換する半導体素子です。

コピー機のスキャナ部分で利用されるラインセンサ、携帯電話やデジタルカメラのカメラモジュールで活躍するエリアセンサに配置されており、レンズを通して光画像として読み取っています。

イメージセンサは、集光するためのマイクロレンズ、カラー化するために必要な赤と緑と青の光の三原色カラーフィルタ、受光素子であるフォトダイオード、発生した電気量を出力する回路によって構成されており、フォトダイオードとアンプの構成によって、CCDとCMOSの二種類に分けることができます。

CCDイメージセンサの場合は、光を電荷に変換するフォトダイオードとそれを転送するCCD電極を一画素として、画素数分が配置されています。画像を構成している全受光素子の電荷は、順番に垂直方向へ移動させたあと、水平転送させて外部に出力する「信号転送方式」が利用されています。フォトダイオードで変換された電荷の正確な反映が可能なため、画質の一定化が図れます。そのため、デジタルカメラなどの撮像素子として広く利用されていました。数百万を超える膨大な画素数になっても、電荷を取り出すアンプが一つで済むのが大きな特徴です。

CMOSイメージセンサ

CMOSイメージセンサは、フォトダイオードとアンプのセットが一画素となります。それぞれのアンプには五つ以下のトランジスタが内蔵されており、画素ごとに電気信号化することが可能で、読み出し時に発生する電気ノイズを最小限に抑える特徴があります。

ただし、画質は各画素のアンプ特性に左右されるため、個々のアンプ回路の性能差によって生じるノイズは、画質低下を招く要因となります。そこで、ノイズを取り除くノイズキャンセラの搭載が必要です。

アンプやノイズキャンセラなどによって、フォトダイオードが小さくなるため、十分な受光量を確保できない状況では、暗い画像になる可能性もあります。

しかし、CCDイメージセンサと比較して、消費電力が少なく、スミアやブルーミング*が発生しないという長所があり、出荷個数では大幅に水をあけていると報告されています。

また、トランジスタ構造を持つCMOSは、システムLSIの機能ブロックとして組み込むことも考えられており、画質の問題が解消されれば、CCDより高い需要が見込めるといわれています。

フォトダイオードで受光するイメージ

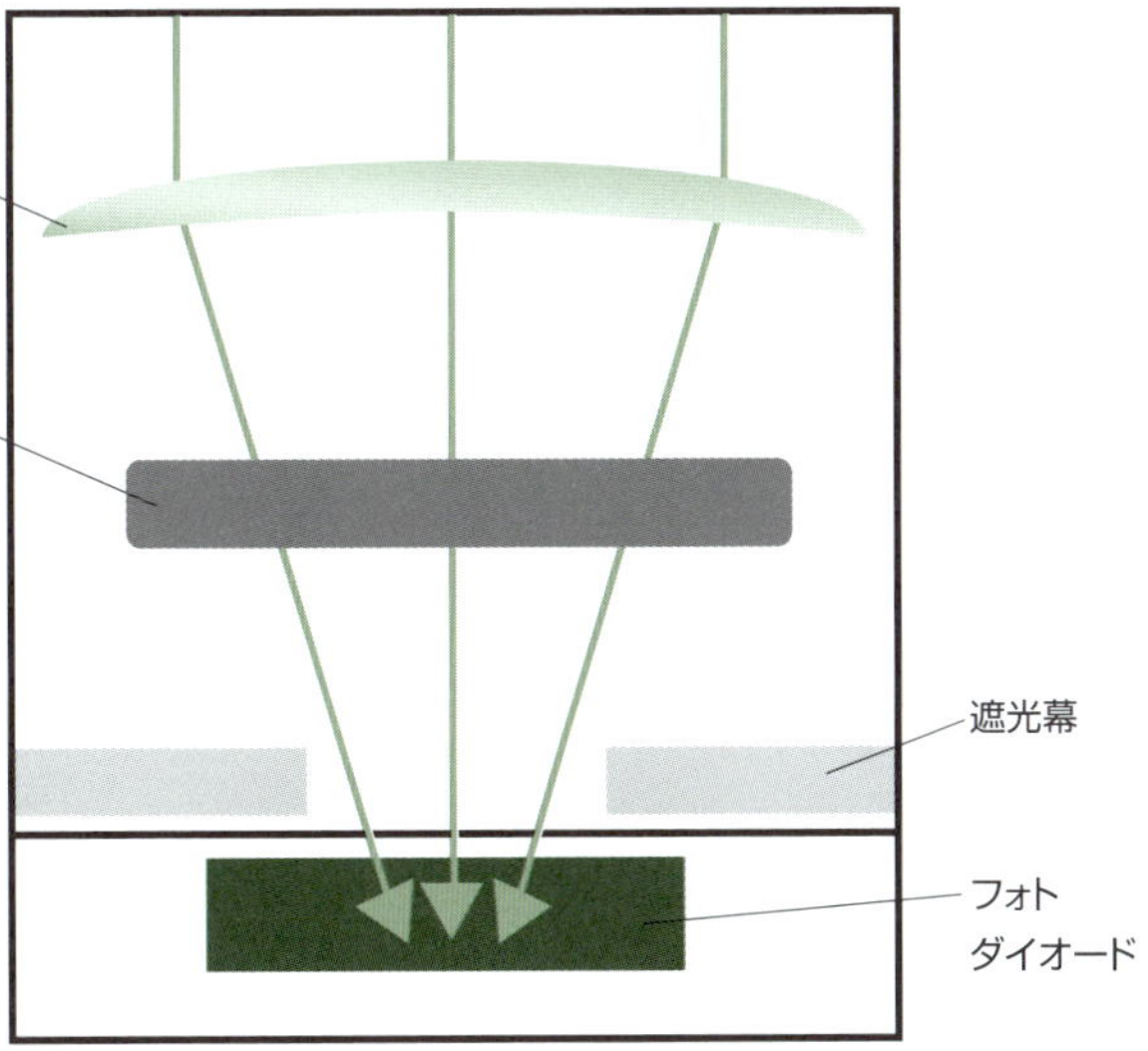

▼ CMOS

Photo by
SparkFun Electronics

用語解説

*スミアとブルーミング　いずれもCCDの露光量が多いときに影響が出るため混同されやすいが、原因は異なる。スミアは光がフォトダイオード以外にまぎれ込むことで起こるが、ブルーミングは短い時間で多量の光を受けたときに発生する。

11 化合物半導体とパワー半導体

単一元素で作られ、弱電を制御する半導体とは違い、複数の元素を組み合わせた「化合物半導体」や、電源などの電力を制御する「パワー半導体」にも注目が集まっています。

複数の元素による化合物半導体

化合物半導体は、材料として二つ以上の元素を組み合わせた半導体で、イオン結合の組み合わせの中で、静電引力が弱く半導体になるものが選ばれています。構成としては、ガリウムやインジウム、アルミニウムなどの周期律表3B族と、ヒ素やリンの5B族の化合物から生成されたＧａＡｓ、ＧａＰ、ＩｎＰが代表例として挙げられます。

また、2B族のカドミウムや亜鉛と、6B族のセレンやテルルを組み合わせたＺｎＳｅ、ＣｄＴｅなどの組み合わせもあり、それぞれ異なる用途で効果を発揮すると期待されています。また、三つの元素を組み合わせたＩｎＧａＮやＡｌＧａＡｓもあります。

化合物半導体の大きな特徴は、電子移動速度が**シリコンよりも五倍近くのスピード**になるため、電子回路の高速動作を実現できることです。さらに、シリコン単体では実現できない光を発したり、受けたりすることができることから、発光ダイオードやフォトダイオード、レーザーダイオードなどに利用されています。

高周波を得られることも特徴の一つで、マイクロ波デバイスなどでも活躍しています。磁気特性を持たせることもできるため、ホール素子やＭＲ素子などの磁気センサへの応用もあります。

一方、熱伝導率がシリコンに比べて悪いため、大量の熱が発生する場合には、放熱効果で不利になります。しかし、本体には耐熱性があるため、高温度下での利用に問題はありません。

電力制御をするパワー半導体

パワー半導体は、高電圧・高電流を扱えることから、電源（電力）の制御・供給を行う半導体で、小さな電力から大きな電力まで幅広く対応できます。

パワー半導体の主な種類として、スイッチングを行うパワートランジスタやサイリスタ、スイッチングを行わないダイオードがあります。

パワー半導体には、**直流での電気を交流に変換**、**交流を直流に変換**、**交流の周期を変更**、**直流の電圧を変換**の四つの機能があります。

この機能によって電力を制御し、供給するもので、家電のインバーター製品や、太陽光や風力発電の電力を効率利用する装置、ハイブリッド車のモータ制御、ＬＥＤなどの照明に使用されています。

さらに、現在主流のシリコン素材より電気を通しやすく、電力損失が発生しにくい新素材として、ＳｉＣ（炭化ケイ素）とＧａＮ（窒化ガリウム）が**次世代パワー半導体**として有力視されています。

化合物半導体を構成する元素

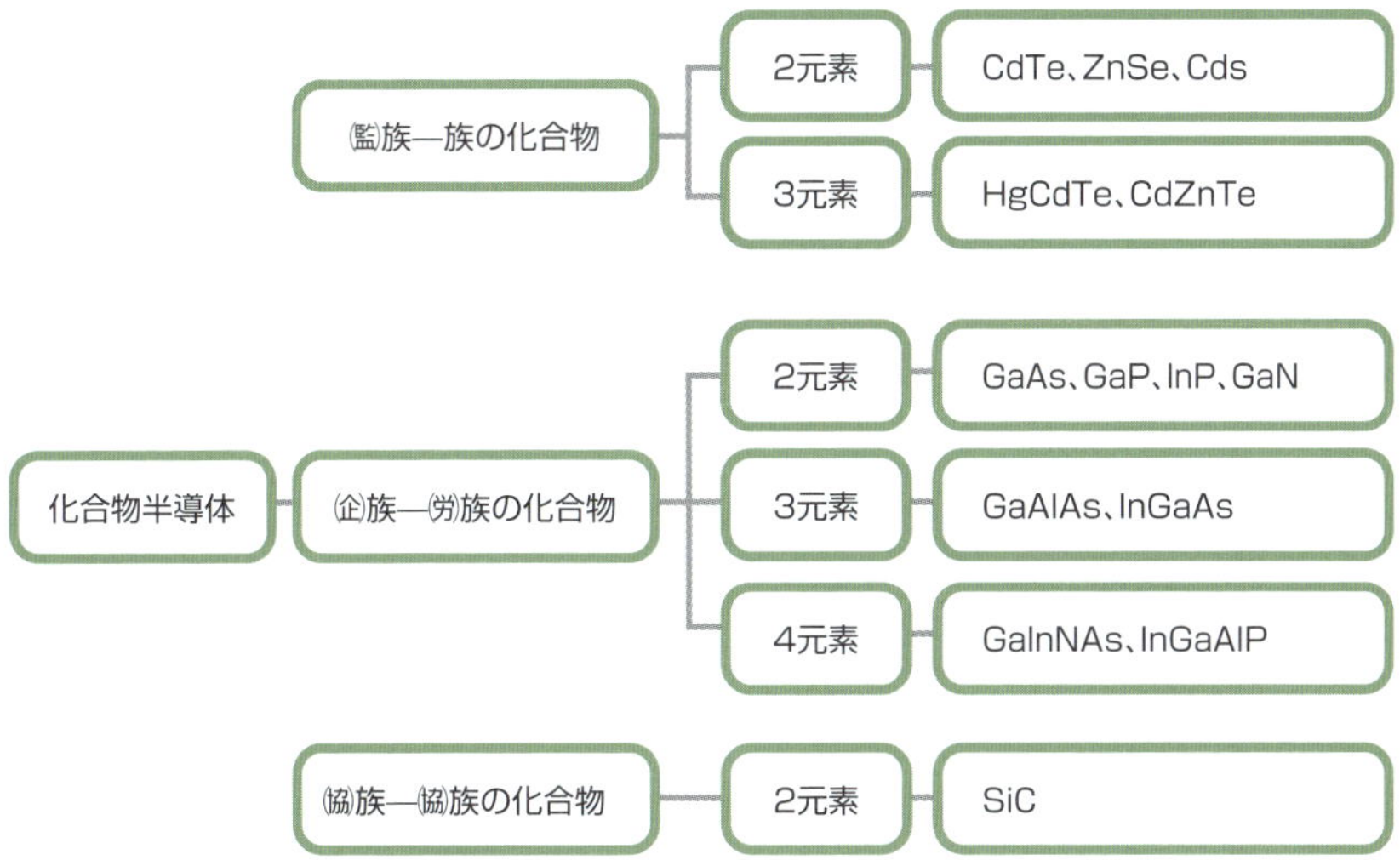

12 アナログ技術の重要性

メモリやIC、LSIなど、デジタル信号を処理する半導体だけではなく、アナログ信号に対応する半導体もあります。ここでは、リニアICとミックスドシグナルICを紹介します。

リニアIC

アナログICの一つである**リニアIC**は、音や光、熱などのアナログ信号を処理する集積回路で、汎用的な機能を持つ**スタンダードリニアIC**と**特定用途向けアナログIC**があります。

スタンダードリニアICには、アンプやコンパレータ*、AD/DAコンバータ、インタフェイス、電圧レギュレータなどの機能があります。特に、AD/DAコンバータはアナログとデジタルの変換を行うもので、アナログICを構成する上で重要な部分です。また、アンプの種類も豊富で、センサから入力された信号を増幅させるオペレーションアンプが代表的です。そのほかにも、製品部品を駆動させるパワーアンプやドライバアンプ、通信機器で利用される高周波アンプなどがあります。

一方、特定用途向けアナログICの特徴は、アプリケーションを限定することが可能で、要求に応じた様々な機能を実現できることです。

音声のやり取りを行う携帯通信機器をはじめ、自動車や航空機器、産業機器向けのロボット、医療機器などで利用されており、デジタル化が進む現在でも重要な技術です。

ミックスドシグナルIC

ミックスドシグナルICは、電子機器の小型化や製造コストの削減などを実現するために、**アナログIC**と**デジタルIC**の混載を可能にしています。

用語解説

*コンパレータ　回路素子の一種で、2つの入力端子と1つの出力端子を持っている。それぞれの入力端子に電圧を与えてその大きさを比較し、結果に応じて異なる値を出力するように働く。

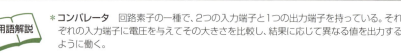

アナログ・デジタル混載LSIとも呼ばれており、スタンダードリニアICに分類されるアンプやAD／DAコンバータなどのアナログ回路と、CPUやメモリなどのデジタル回路を併せ持つことが可能で、シンプルかつ高性能な半導体を実現します。

画像センサやマイクなどによって入力されたアナログ信号をデジタル信号に変換する際、すべての工程を一つのチップに統合できるため、音声や映像関連では必要不可欠になっています。

スマートフォンでは、様々なアクセサリレギュレータや高周波レギュレータ*だけではなく、省電力化を実現するために、各ブロックの電源制御も行うためのミックスドシグナルICが搭載されています。

ミックスドシグナルICは、アナログ部分とデジタル部分を分けて設計し、最終的に統合する方法が採られています。そのため、統合後にミックスドシミュレーションを行い、アナログ回路とデジタル回路に不具合がないか確認を取る必要があり、統合するためにプロセスを最適化することやアナログ回路にノイズ影響がないように設計することが求められます。

ミックスドシグナルICの適用分野

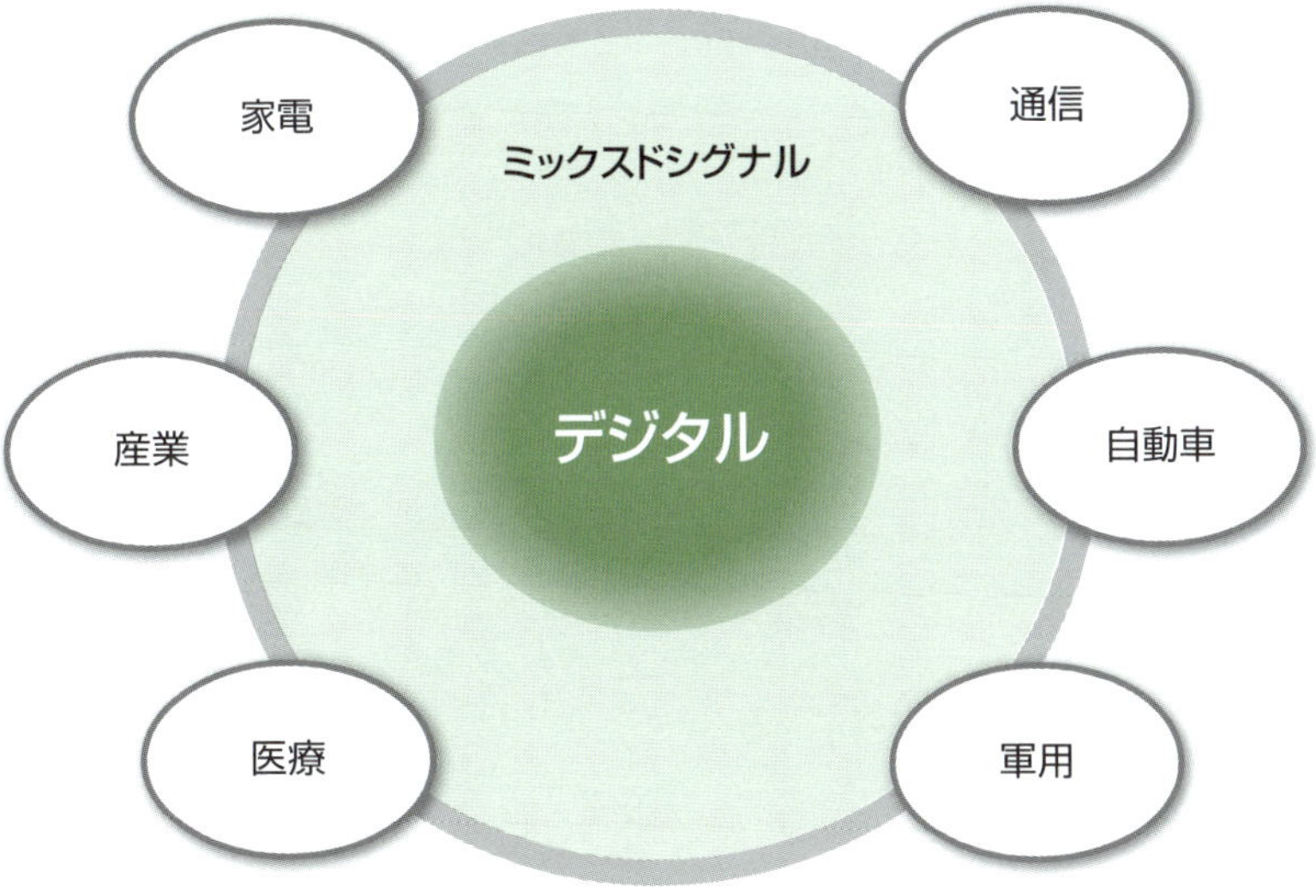

用語解説

＊**アクセサリレギュレータや高周波レギュレータ**　レギュレータは、出力される電圧や電流、周波数を常に一定に保つように制御する回路のこと。電力負荷などによってリニアレギュレータとスイッチングレギュレータの2種類がある。

13

半導体製造プロセス

半導体の製造工程は、前工程と後工程に区分されます。前工程はシリコンウエハ上に半導体の回路を作るまでの工程を指し、後工程はウエハ上の半導体デバイスに行うプローブテスト以降の工程を指します。

回路形成と配線を行う前工程

半導体工場の設備投資としては、**前工程**の約八割に対して、**後工程**は約二割という比率になっています。

ウエハを加工する前工程のプロセスには、三〜四〇〇工程があるといわれており、前工程全体を**ＦＥＯＬとＢＥＯＬ**＊に大別できます。使われる装置や材料は多種多彩で、ＦＥＯＬでは縦型熱処理炉や前洗浄装置などが使われ、ＢＥＯＬでは金属配線を成膜するＣＶＤ装置や表面を平坦化して多層化における歩留まりを向上させるＣＭＰなどがあります。ＭＰＵ＊やＭＣＵ＊のように、ロジックと呼ばれる半導体デバイスは配線層数が多いため、ＢＥＯＬ工程の割合が高くなります。

一方、メモリのように配線層数は少ないものの、特殊な構造のトランジスタやコンデンサを形成する必要があるものは、ＦＥＯＬ工程の割合が高くなります。

前工程の半導体製造装置には、数十枚のウエハを一度に処理できる「**バッチ式**」と一枚ずつ処理する「**枚葉式**」があります。ウエハ一枚当たりのコストパフォーマンスやスループット＊は、大量処理が可能なバッチ式が優れていますが、最近の傾向である少量多品種生産に対しては枚葉式の対応性の高さが評価されています。

現在、注目されている多層配線プロセスで使用されるＣＶＤやＣＭＰなどの装置が、いずれも枚葉式装置であることから、枚葉式の比率が増大しています。

コスト競争力が問われる後工程

後工程には、前工程で完成したウエハを一つずつの

用語解説

＊**FEOLとBEOL**　前工程の中で、シリコン基板上に回路を作り込む工程を「FEOL(Front End of Line)」、配線を行う工程を「BEOL(Back End of Line)」と呼ぶ。

＊**MPU**　Micro Processing Unitの略。マイクロプロセッサと呼ばれ、コンピュータ内で基本的な演算処理を行う半導体。パソコンのCPUやビデオカード、メモリなどに採用されている。

ICに切り分ける**ダイシング**、ICチップをリードフレームにのせる**マウント作業**(ダイボンディング)、そして電極を接続する**ボンディング工程**があります。さらに、モールド*などでチップを封入し、最終検査を経て出荷されるといったプロセスを踏みます。

また、組立工程や製品製造の歩留まりに大きな影響を与える**検査工程**、**パッケージ技術**など、大切な役割を担う工程もあり、コスト競争力が問われます。

特に、テストをより簡単にするため、設計段階からその準備をするケースが増えています。テスト工程には、サンプル評価と量産テストがあり、量産テストにはチップを選別する前工程のウエハテストと、パッケージ実装後の後工程テストがあります。このテスト工数の増加とテスト装置の価格の両面から、検査工程への投資効果が収益を左右するともいわれています。

このように、高集積化と高機能化によってテストのための時間が多大になっており、それにつれてテストコストの高騰が製品コストに跳ね返るようになるため、業界としても大きな問題としてとらえています。

半導体の製造工程

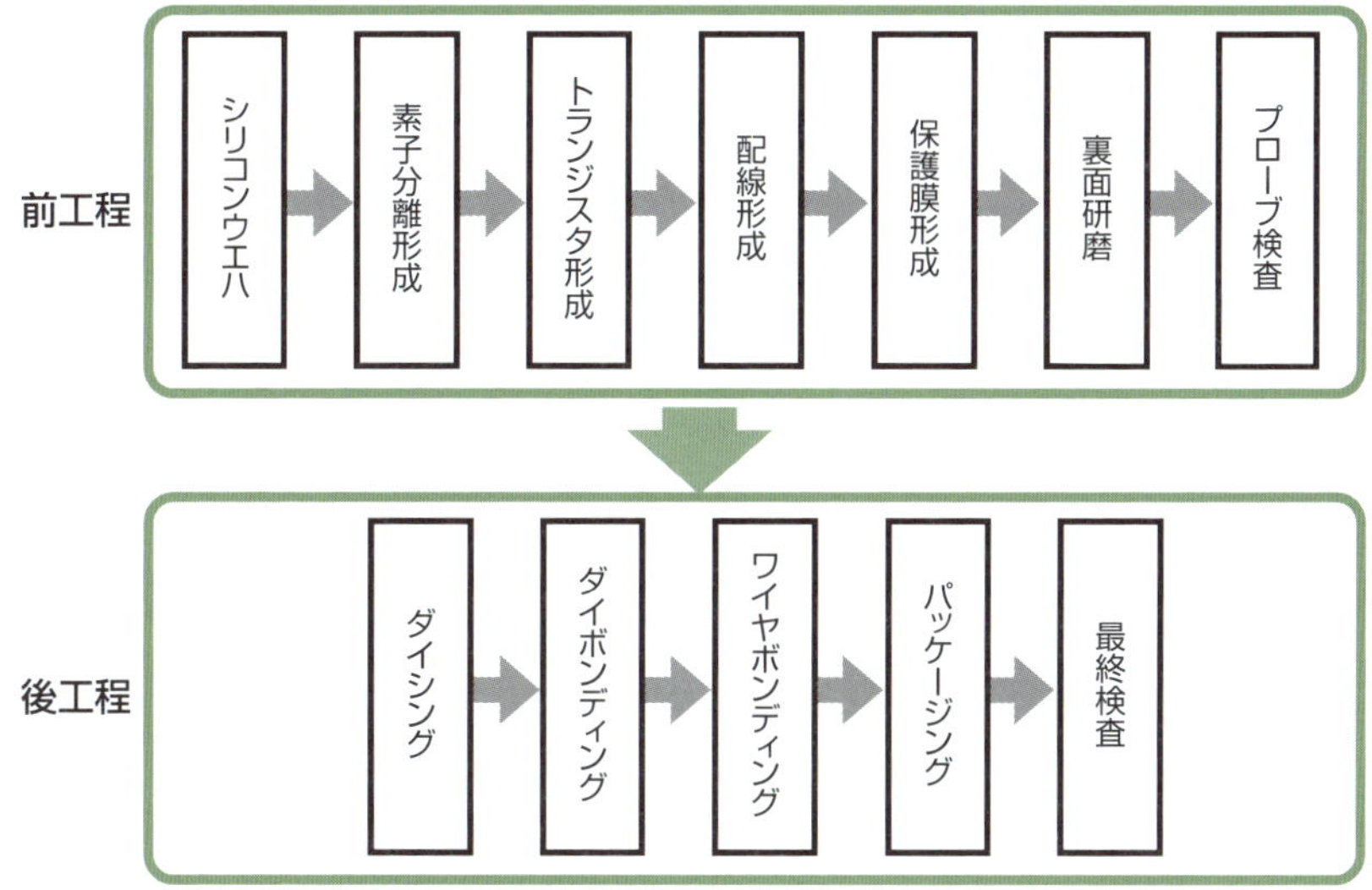

用語解説

*MCU　Micro Control Unitの略で、マイクロコントローラのこと。5-12節参照。

*スループット　コンピュータやネットワークが持つ単位時間当たりの処理能力のこと。パフォーマンスの評価基準として見られることが多く、処理できる命令の数や通信回線の実効転送量などを意味する。

*モールド　成形物の型のこと。型の素材には金属やプラスチック、木材、石膏などがある。

14 薄膜を形成する成膜技術

ウエハの表面に薄膜を形成する技術は、半導体を製造する上で重要な役割を担っています。ここでは、代表的な成膜技術であるスパッタリングとCVDについて取り上げます。

スパッタリング技術

スパッタリングは、高い真空が保たれた密封容器の中にウエハを入れ、物理的に薄膜を形成させる方法です。具体的には、高電圧をかけてイオン化させたアルゴンや窒素などの不活性ガスのプラズマを、金属に衝突させることによって、そのときに飛び出してくる原子をウエハに付着させます。

スパッタリング効率を向上させるための技術開発も進歩しており、最近では電極の裏側に磁石を設置する**マグネトロンスパッタリング方式**が多用されています。

利用するイオンが持つエネルギーは一ＫｅＶ程度と小さく、ランダムな入射でウエハに薄膜を形成させるため、深い溝を持つ構造の内部まで効果的にスパッタリングするためには、原子の方向性を制御する装置を使用するケースもあります。

電球のタングステン電極やアルミニウムの金属配線膜の形成など、平坦な表面に薄膜を形成する際に広く利用される技術で、銅配線工程のバリア層やシード層での薄膜形成も実現します。

装置メーカーとしては、世界一位の米国アプライドマテリアルズをはじめ、オランダのＡＳＭＬ、日本の東京エレクトロンなどが参入しています。

CVD技術

スパッタリングとは異なり、化学反応を利用してウエハ上に薄膜を形成させるのがＣＶＤ*と呼ばれる成膜技術です。成膜手法によって、「**常圧CVD**」「**減圧C**

用語解説

＊**CVD**　Chemical Vapor Depositionの略で、化学的反応を用いた薄膜技術のこと。スパッタリングは、対照的にPVD（Physical Vapor Deposition）とも呼ばれる。

VD」「プラズマCVD」などに分類されており、材料となるガスを化学反応させて、雪が積もるように薄膜を形成させます。

膜の形成は、反応させる容器内にウエハを入れ、原料のガスを充填して、熱やプラズマなどのエネルギーを与えるといった方法が採られます。

このときに使用する原料ガスや反応の度合いを変化させることによって、用途に応じた膜を形成させることができます。

従来の成膜には、熱CVDと呼ばれる「常圧CVD」や「減圧CVD」が広く利用されていましたが、現在では二〇〇〜四〇〇度の温度で短時間に成膜できる「プラズマCVD」が主力となっています。

また、熱処理を利用して酸化皮膜を表面に付着させるCVD技術もあります。その技術は、シリコンウエハを酸素や水蒸気などのガスが含まれている高温炉に投入し、加熱しながらシリコンの酸化反応を促進させる方法で、五〇〇〜一〇〇〇度の高温を利用します。数分間の工程で均一性と薄膜化を実現できることから、良質な絶縁膜を生成するために利用されています。

素材による半導体の分類

素材による分類	主な素材(元素)
元素半導体(単体元素)	シリコン／ゲルマニウム／セレン／カーボン(炭素)
化合物半導体	ガリウム·ヒ素／ガリウム·リン／ニッケル·アンチモン／インジウム·アンチモン／インジウム·ヒ素
セラミックス半導体	ファインセラミックス
硫化物半導体	硫化カドミウム／硫化鉛／硫化カドミウム·セレン　など
酸化物半導体	酸化亜鉛／酸化鉛／酸化銅／サーミスタ
テルル化合物半導体	テルル化カドミウム／テルル化スズ鉛　など
有機化合物半導体	アントラセン　など

▶炭素

▶スパッタリング

15 微細化を支える露光技術

半導体の回路パターンをウエハ上に焼き付けていく露光作業では、フォトリソグラフィ技術が利用されています。半導体の微細化に対応できる新しいリソグラフィ技術と合わせて紹介します。

フォトリソグラフィ技術

半導体の微細な回路形成を実現する技術が**フォトリソグラフィ**です。加工には、印刷などで利用される写真製版の技術を応用することで、複雑な半導体の回路パターンをウエハ上に転写していきます。このフォトリソグラフィは、さらに細かい工程に分けられており、「**感光剤およびレジスト**＊**塗付**」「**露光**」「**現像**」「エッチング」「**レジスト除去**」の手順で作業が行われます。

「感光剤およびレジスト塗付」では、感光性を持つ樹脂をウエハの表面に塗布し、写真のフィルムに相当する膜をウエハ上に作ります。写真フィルムのように、この樹脂にも**ネガ型**と**ポジ型**があります。光が照射された部分が残るタイプが「ネガ型」で、逆になくなってしまうタイプが「ポジ型」になります。

「露光」は使用される半導体回路のフォトマスクを利用して、パターンを焼き付けていきます。現在では、縮小投影型露光装置であるステッパを採用することで、投影レンズの縮小率に反比例した転写精度を実現しています。

「現像」は、写真と同様に、露光したレジストを薬液で溶かしていきます。現像によって残ったレジスト部分を**レジストマスク**と呼びます。

このレジストマスクを利用して、露出部分の「エッチング」が行われます。加工処理によって回路形成を行っていき、最後にこのレジストを取り去る「レジスト除去」の工程があり、フォトレジストを燃やして灰化する処理方法が採られます。

用語解説

＊**レジスト**　半導体の製造工程でイオン注入やエッチングなどの処理を行うときに利用される。被処理物表面の一部を保護する膜のことで、所望する部分のみを加工することを可能にする。

微細化を推進するリソグラフィ技術

半導体のゲートの長さが、六五nm、四五nm、三二nmと、微細になっていくに従って、対応した様々なリソグラフィ技術の開発が進んでいます。

その一つが、投影レンズとウエハの間を、水などの高い屈折率を持つ液体で満たすことによって高解像度を実現する、**液浸(イマージョン)リソグラフィ**という露光技術です。水は一・四四という高い屈折率を持っているため、従来の技術よりも高い解像度を実現できると期待されています。

屈折率一・六四の液浸露光用液体を利用すれば、三二nmの線幅にまで対応できるといわれています。

さらに、次世代の露光技術として注目されている**ナノインプリント**＊は、プレス技術とエッチング技術を融合することで、低コストで量産化を実現します。アメリカを中心に研究が進められており、半導体に比べて加工に対する制限が少ないMEMS製造技術として実用化されています。

露光装置の構成

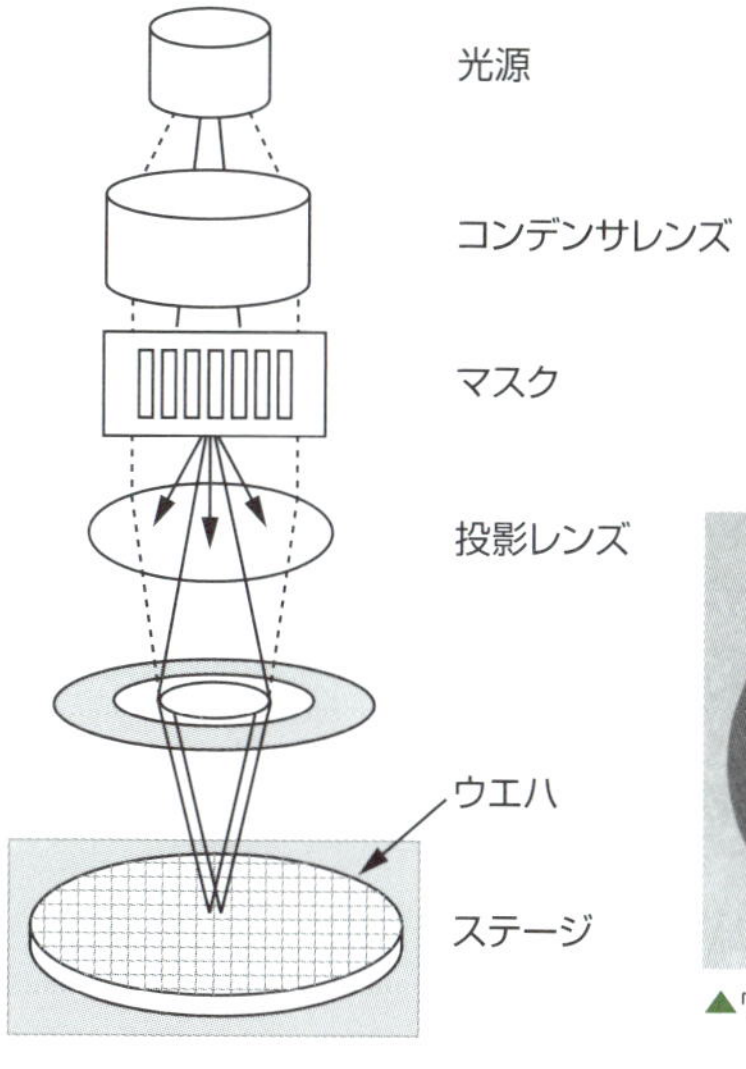

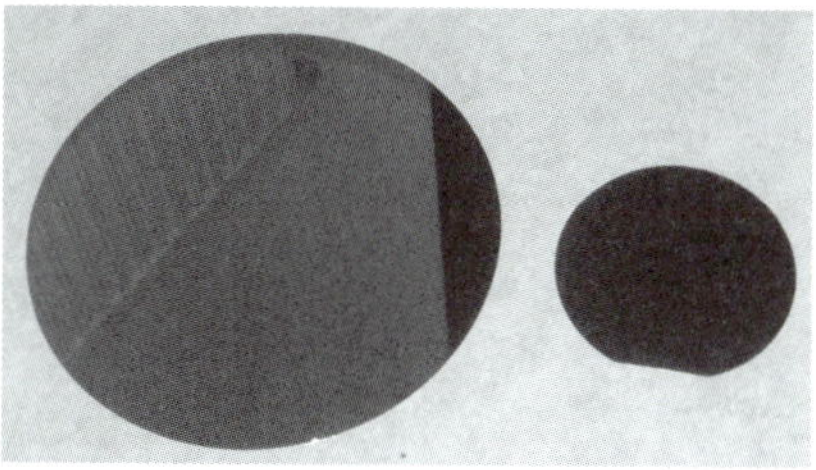
▲ウエハ

用語解説

＊**ナノインプリント**　nm(ナノメートル)オーダーの金型を対象材料に圧着してパターンを転写する方式。リソグラフィ装置に比べ、ローコストが実現できるというメリットがある。

16

エッチング技術

リソグラフィで生成されたパターンに沿って、ウエハの加工を行うのがエッチングです。チップとして不要な部分を除去していく技術で、ウェットエッチングとドライエッチングの二方式があります。

ウェットエッチング

ウェットエッチングは、硫酸や硝酸、リン酸、フッ酸などの薬液を使用した腐食作用によって、形成した薄膜の形状加工を行っていきます。

このエッチング工程には、やり残しを防ぐために薬液を攪拌したり、ゴミが付かないように気泡を発生させたりする装置が必要になります。

この方式は、薬液の価格が安いことと一度に数十枚のウエハを処理できるという生産性の高さがメリットです。また、純粋な化学反応を用いた方法であるため、ウエハに与えるダメージが少ないといったメリットもあります。

しかし、薬液を使った方法であるため、腐食精度が悪いという問題があります。エッチングする深さが深くなるほど、薄膜上のマスク*材の下部にまで腐食が進む可能性が高くなり、精度の高い微細加工が困難です。しかも、あらゆる方向に腐食が進むことでエッチング膜が外側から細くなってしまうため、現在のように微細パターンのエッチングが必要な半導体では利用されていません。この方式は現在、薄膜を全面的に除去する場合や洗浄工程などで活躍しています。

ドライエッチング

ウェットエッチングに代わり、現在の主流となっている方式が**ドライエッチング**です。

エッチング工程の九割以上で利用されているように、微細加工に最も適した方式といわれています。後工程

用語解説

***マスク**　エッチングの際、薄膜の上に載せ、薄膜がパターンとおりにできるようにする材料。樹脂や金属などの材質が使用されている。

で洗浄を必要としない点や、レジストとの選択性が高いこともメリットとして挙げられます。

代表例としては、**反応性イオンエッチング（RIE：Reactive Ion Etching）**や**反応性ガスエッチング**があります。

代表的な反応性イオンエッチングでは、プラズマ放電を行う電極テーブルが設置された真空容器内にウエハを入れ、ウエハの薄膜材料に合わせたエッチングガスを注入します。その上で、電極に高周波電圧を与えてガスをプラズマ化します。プラズマ化されたガスは、プラスの電極に置かれているウエハに衝突していきます。

ガスは垂直方向に加速されて衝突するため、薄膜上のマスクの形状と同じに薄膜のエッチングが行われ、微細加工が実現します。

しかし、ドライエッチングではそのメカニズム上、結晶欠陥や汚染などのダメージ、絶縁破壊、パターンの粗密による速度の相違などが発生しやすいため、このような問題を解決するための様々な工夫が施されています。

2つのエッチング方式

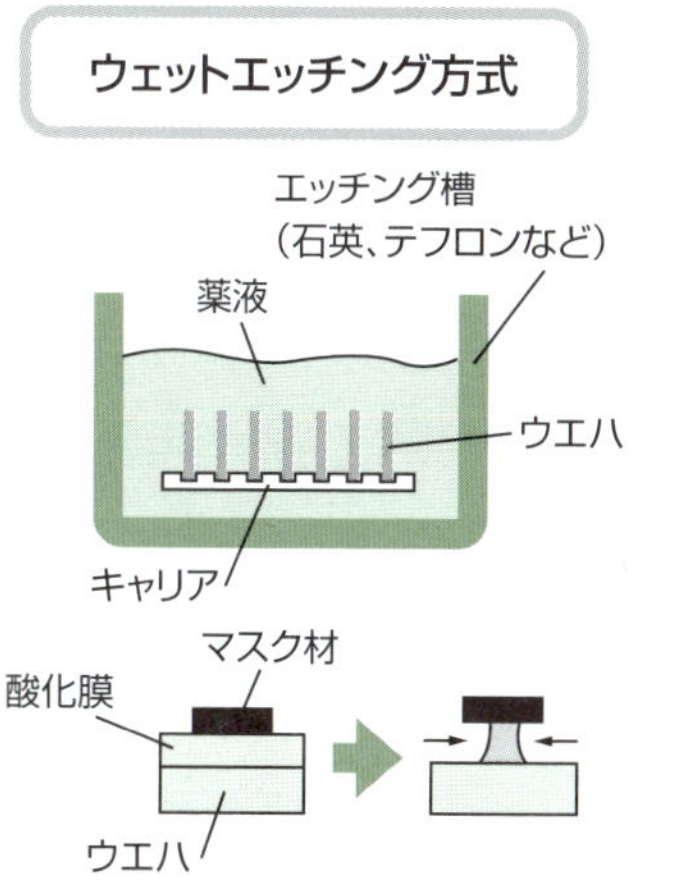

・等方性エッチング（サイドエッチング）
薬液のため、どの方向にも同じように腐食が進む

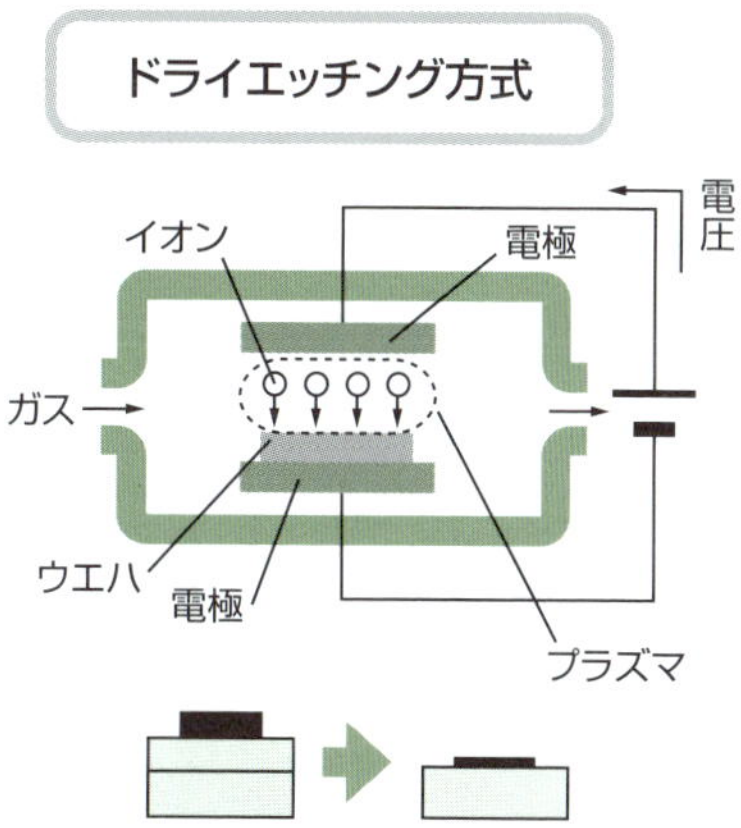

・異方性エッチング
マスク（回路パターン）どおりに腐食が可能

17 不純物を除去する洗浄技術

微細で精密を要求される半導体デバイスの製造では、不純物の粒子や分子を除去するためにウエハの洗浄が行われます。また、製造工程に欠かせない設備としてクリーンルームがあります。

洗浄技術

洗浄工程は、半導体製造工程の三割以上を占めるといわれています。ウエハ表面に付着するゴミを除去する洗浄工程では、**パーティクル**＊と呼ばれるゴミだけではなく、金属や有機物の分子も除去の対象になります。これらの不純物を残したままで作業工程を進めていくと、パターン形状の欠陥やデバイス特性の劣化が発生し、半導体デバイスが本来持つ性能を損なう要因になります。

洗浄方式には、水や薬液を利用する「**ウェット洗浄**」と細部の付着物を除去する「**ドライ洗浄**」などの方法があります。

一般的に使われているのはウェット洗浄で、除去する対象によって薬液を選択します。粒子洗浄では、APMと呼ばれるアンモニアと過酸化水素の混合液、有機物や金属では、SPMと呼ばれる硫酸と過酸化水素の混合液が利用されています。

これらの薬液には水も含まれますが、通常の水道水ではなく「超純水」が利用されます。超純水は水道水などをろ過し、電気的な不純物やイオン、微生物を除去することで生成されるもので、絶縁体であることが特徴です。

ドライ洗浄には機械的な手段が含まれており、超音波や噴流を利用した手法が挙げられます。洗浄装置も用途に応じて使い分けられるように「**バッチ式洗浄装置**」と「**枚葉式洗浄装置**」の二タイプがあります。

バッチ式洗浄装置では、二五〜五〇枚程度のウエハ

用語解説

＊**パーティクル**　微細な粒子状の異物のこと。ウエハに付着していると欠陥の原因になる。

を一度に洗浄できます。一括処理できるため、高い生産性を持っていることが特徴です。しかし、それ以前に洗浄されていたウエハのゴミを拾ってしまう可能性があることがデメリットとなっています。

一方、枚葉式洗浄装置は、ウエハを一枚ずつ洗浄処理していくため、ゴミの再付着を回避できます。バッチ式洗浄と比べて生産性は悪くなりますが、細かく制御できることが特徴です。

クリーンルーム

洗浄工程だけではなく、半導体の製造はゴミやほこりをシャットアウトしたクリーンルームで行われます。

クリーンルームでは、外部よりやや高めの気圧にすることで空気の侵入を防ぐだけではなく、室内の空気を一定のクリーン度に保つため、特殊なフィルタで空気を常にろ過しています。

また、室内の温度や湿度も制御されており、入室する際も専用の作業服に着替えることが求められるだけではなく、入り口のエアシャワーなどでゴミやほこりを除去することが必要になります。

半導体の洗浄工程

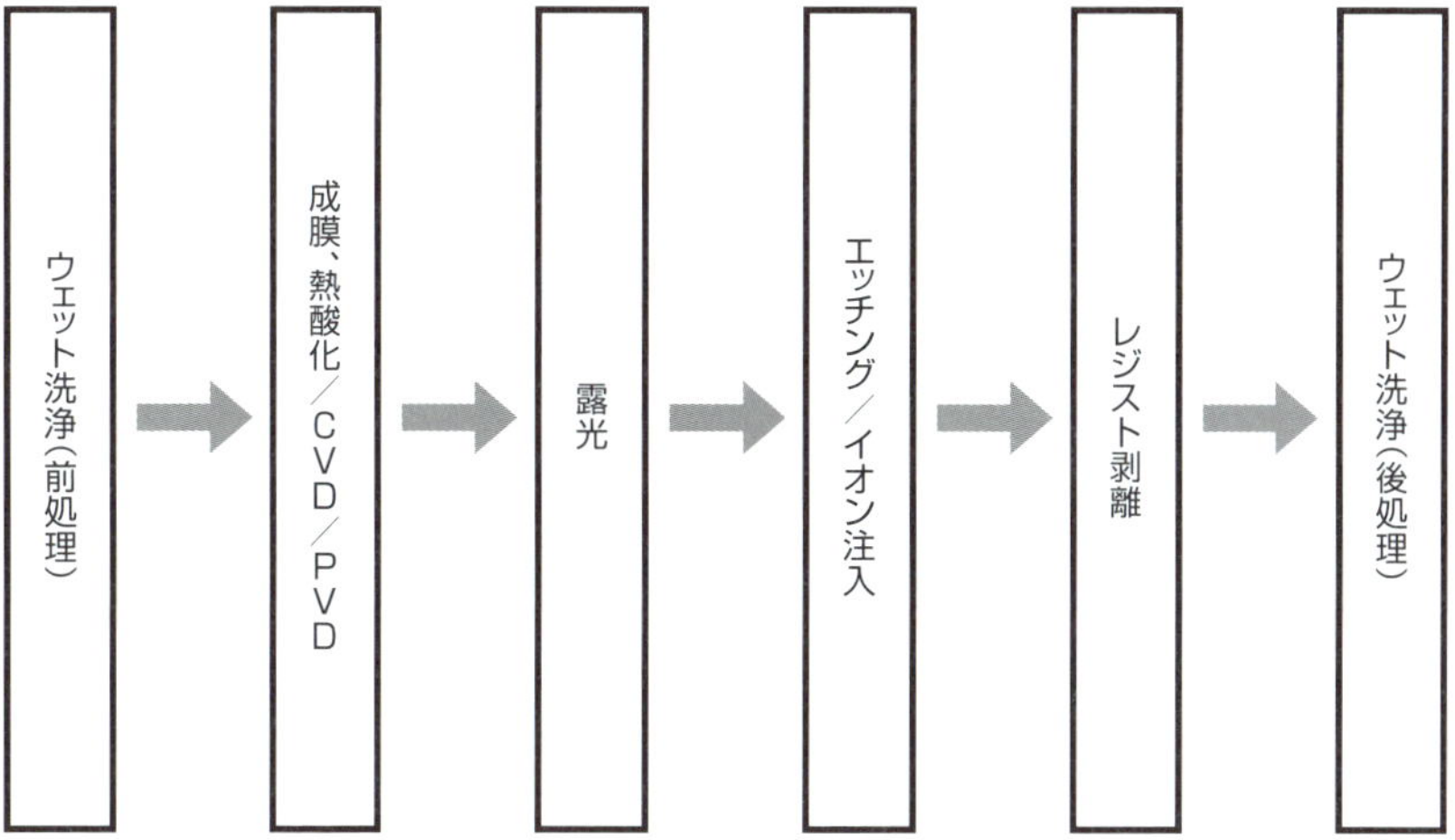

18 ダイシング技術

成膜やリソグラフィ、エッチングなどの工程を経た半導体製造は、ダイシングから後工程、組立工程と呼ばれる段階に入り、半導体を個々のチップに分割する作業を行っていきます。

チップに分離するダイシング

ウエハ上に形成されたチップを、個々のチップに切り出していく作業をダイシング工程と呼びます。

ダイシングは「ウエハ貼り付け」「ダイシング」「UV照射」の三つの細かい工程によって行われますが、ダイシングを始める前に、まずウエハの裏面を削り取る**バックグラインディング(BG)**が行われます。

これは、半導体の回路形成を行う前工程で、ウエハの厚さが約七五〇μmとなるために行う作業です。このとき、形成された回路を保護するためにBGシートを貼り付けて装置にセットします。

このBG工程で、ウエハの厚さを五μm程度にしてから、次の工程に進みます。

「ウエハ貼り付け」工程では、UVテープと呼ばれる粘着テープ上にウエハの裏面を貼り付けて固定します。

「ダイシング」の工程では、ダイヤモンドの粉を埋め込んだ直径五〇mm、厚さ数十μmのブレード(歯)を持つダイシング・ソー(ダイサ)を利用して、個々のチップに分離していきます。研削時には冷却と洗浄のために側面から水を噴射します。

ブレードの通る箇所には、回路やパターンはなく、ダイシングエリアと呼ばれます。このエリアでダイシングが行われるため、ブレードの位置合わせに高い精度が求められており、自動パターン認識装置でコントロールするのが一般的です。

個々に切り離されたチップがブレードの研削力によって飛ばされないように、UVテープの粘着力は強力になっています。しかし、次の工程でチップをピックアップするとき、容易に作業が進むよう「UV照射」が行われます。UV照射によって、UVテープの持つ粘着力を弱めることが可能になります。

現在のダイシング技術

ダイシングの方法としては、**「ハーフカット」「セミフルカット」「フルカット」**と、デュアルダイサが必要な**「ステップカット」「ベベルカット」**があります。

現在では、切断時のダメージを軽減するため、最初にハーフカットを行い、その次にフルカットを行うことが主流となっています。

また、ダイヤモンドブレード以外の方法でウエハを切断する技術もあります。一例として、レーザーダイサやウォータージェットソー、超音波ブレードなどが挙げられます。

特にレーザーダイサは、水や粉じんの発生が少ないため、MEMSやLEDなどの分野で注目されています。高価な機械ですが、市場規模が急拡大しており、東京精密やディスコから製品が販売されています。

5種類のダイシング技術

	ハーフカット	セミフルカット	フルカット	ステップカット	ベベルカット
ダイシング方式	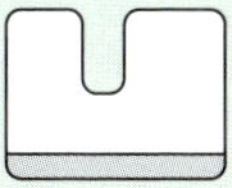	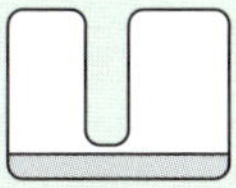	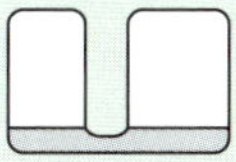	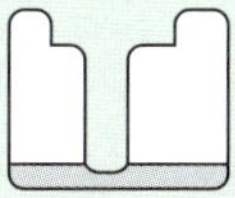	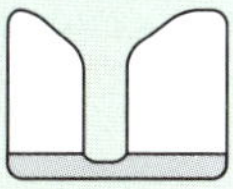
カット速度	100~150mm/s	70~150mm/s	30~50mm/s	100mm/s	100mm/s
ブレード寿命	50~80Kライン	20~50Kライン	10Kライン		
特徴	1.ブレーキング工程が必要 2.－Si屑飛散により歩留まり低下	ウエハ裏面にクラック発生	1.ブレード寿命低下 2.スループット低下 3.ウエハ裏面にクラック発生 4.Si屑の発生は少ない	1.高価なデュアルダイサが必要 2.ウエハ裏面のクラックなし 3.フルカットのスループットアップが可能 4.TEG除去が可能	1.高価なデュアルダイサが必要 2.ウエハ裏面のクラックなし 3.フルカットのスループットアップが可能 4.TEG除去が可能 5.面取りの管理が難しい

19 ボンディング工程

ウエハから、ダイシングによって切り出されたチップは、外部との電気的なやり取りを行えるようにするため、マウントからボンディングという組立工程に移っていきます。

ワイヤボンディング

切り出されたチップ(ダイ)を、リードフレームのマウントアイランドに貼り付ける工程を**マウント**もしくは**ダイボンディング**といいます。

その後、チップ周辺部のボンディングパッドとリード線をつなぎ、電気的なやり取りを行えるようにするのがボンディング工程です。

この接続に細い金線もしくはアルミ線を使用するのが「**ワイヤボンディング**」と呼ばれる方式で、パッド同士を超音波で溶接するのが主流になっています。

接合には温度が必要で、その熱の与え方が異なります。

まず、細い金線の先端を溶かしてボール状にし、それを押しつぶしてボンディングします。これを**ボールボンディング**といいます。このとき金線を使用するのは、三〇〇度程度まで温度を上げても酸化しないためで、条件が広がり、方向性がないことから工程の高速化が可能になります。

リード側の接続に用いられる**ウエッジボンディング**は、チップの電極端子と同じ金属のため、信頼性が確保できるだけではなく、狭ピッチのボンディングも可能にします。

ワイヤレスボンディング

ワイヤを使わずに、リードとボンディングパッドを直接つなぐのが「**ワイヤレスボンディング方式**」で、「**フリップチップボンディング**」と「**TAB＊ボンディング**」と

用語解説

＊**TAB**　Tape Automated Bondingの略で、高分子化合物であるポリイミドをベースとして、銅箔のリード線で接続する方式。インナーリードボンディング(ILB)とアウターリードボンディング(OLB)がある。

＊**多ピン化**　ICやLSIで利用される端子が増えていくこと。

いう方法があります。

　フリップチップボンディングでは、チップの表面にはんだや金で小さなバンプ（こぶ）を作っておき、このバンプとリード線を直接圧着します。すべての接合がチップの下側で行われるため、実装スペースをきわめて小さくできるといった特徴を持っています。

　また、TABボンディングは、TABテープを使用する方法で、チップかTABテープのいずれかにバンプを形作っておき、接着する方法です。接合は超音波接合ですが、ワイヤボンディングと同様に接合部が金属結合になるため、高い接合信頼性が得られるというメリットがあります。

　TABボンディングではフライングリードと呼ばれる裸の導体を用いますが、最近のTAB製造技術では四〇ミクロンピッチを下回る精細な加工ができるようになっています。

　ボンディングの課題としては微細化が挙げられますが、ワイヤレスボンディング方式には微細化や多ピン化*に対して有利な面が評価されています。


ワイヤボンディングとワイヤレスボンディング

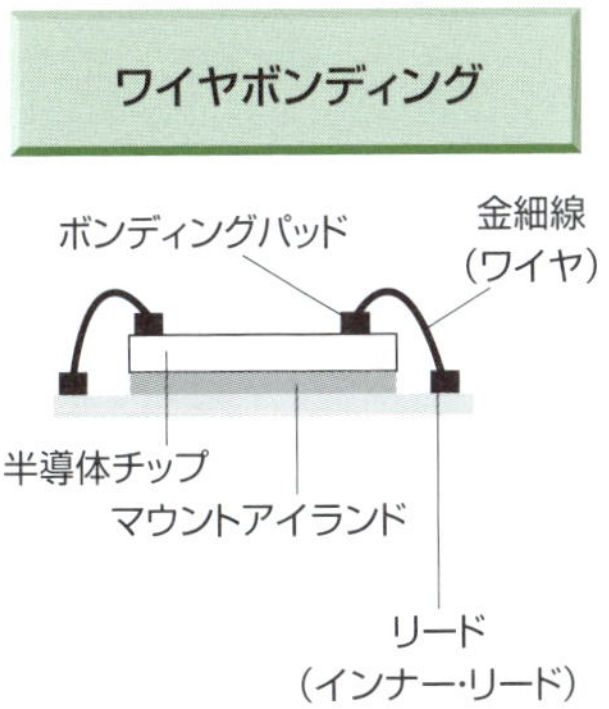

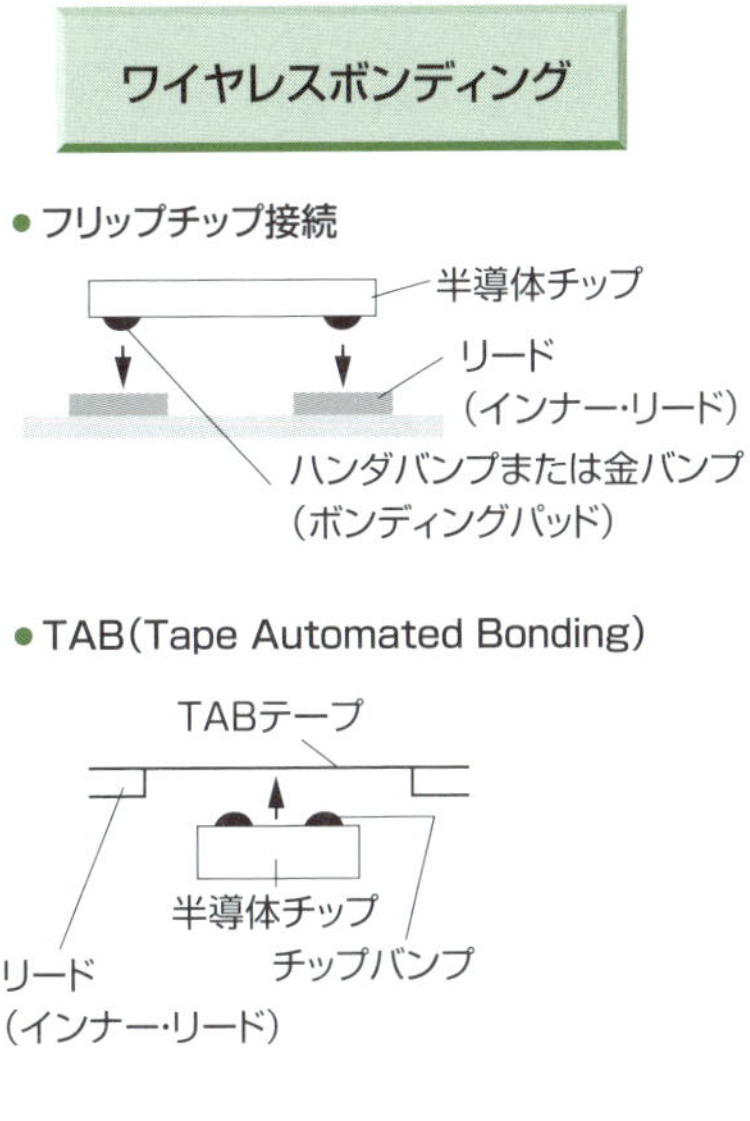

20

パッケージ技術

できたてのベアチップ*を、ほこりや水分、圧力など、物理的、化学的な衝撃から守る目的でパッケージング（封止）は施されます。最近では、複数のICを搭載する三次元パッケージも実用化されています。

パッケージング素材の変遷

パッケージングには様々なタイプがあり、集積化が高まるとともにそのタイプを変えてきました。

パッケージングする素材も、チップをリードフレームごと金型にセットして固める「**トランスファーモールド法**」で使用されていた**エポキシ樹脂***が当初は主流を占めていましたが、エポキシ樹脂は安価で扱いやすい反面、水分に対して不安が残るといわれていました。

これに代わって、高い機密性を持ち、水分の侵入を完全に防げる素材として登場したのが、**セラミックパッケージ**です。これも放熱性に劣るという理由から、現在の主流である**プラスチック**へと変わっていきます。

この変遷には、インテルがMPUのパッケージングを全面的にセラミックからプラスチックに切り替えたことが大きく作用しているといわれています。

また、当初ピン挿入タイプが主流を占めていた半導体パッケージですが、次第に表面実装型に移行しました。中でもパッケージの全側面から接続リードが飛び出していたタイプから、下面全体からピンが出ている**エリアタイプ**へと、その主流が変遷を遂げています。

表面実装型のBGAと超小型のCSP

現在のパッケージングで主流となっているのは、端子の配置改革によって実装がすぐにできるといわれる**BGA***と、最終製品の超小型化を実現するパッケージングとして注目される**CSP***です。

用語解説

*ベアチップ　パッケージに実装されていない、シリコンウエハから切り出されたばかりの半導体チップのこと。

*エポキシ樹脂　寸法安定性や耐水性、耐薬品性、電気絶縁性において高い性質を持つ樹脂のこと。その性質を利用して、電子回路の基板やICパッケージの封入剤だけではなく、接着剤や塗料などにも利用されている。

BGAは、一九九〇年代にまったく新しい接続構造として紹介され、一躍主流になったパッケージ方式です。従来のように、リード線や端子を使わずに、パッケージ下面のパッドに小さなボール状のはんだを取り付けたため、端子間隔が飛躍的に広がり、簡単に実装できる方式になっています。

下面にはPGAのピンのようにはんだのボールが規則正しく格子状に配置されており、ピッチ間隔も広くとれることから、はんだのショートを回避できます。また、サブストレート*にTABを使用したTBGAは、ピン数が数百という規模の場合に利用されています。

一方のCSPは、ベアチップとほとんど同じくらいのサイズでパッケージングしたものを指します。

スマートフォンやデジタルカメラをはじめ、超小型化が求められる製品に広く利用される方式で、プリント基板上での大幅なスペース削減を実現しています。

さらに、一つのパッケージには一つのICしか搭載できなかったものが、このCSPの出現によって複数個の搭載が可能になり、**三次元の立体的なパッケージ**を実現できるようになりました。

BGAとCSP

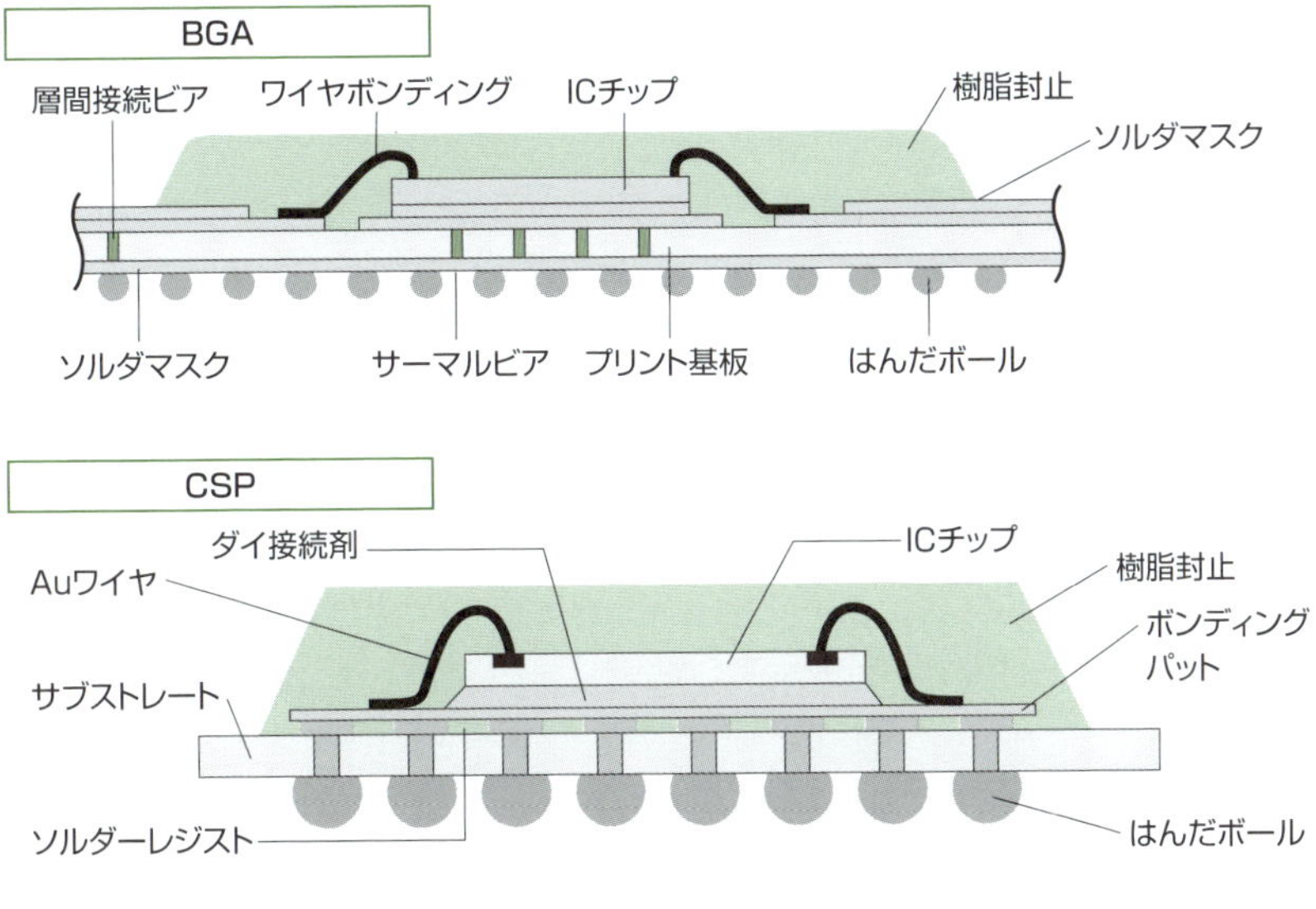

用語解説

＊**BGAとCSP**　BAGは、Ball Grid Arrayの略で、チップの下側全体から端子を出すタイプ。CSPは、Chip Size Packageの略で、ベアチップとほぼ同じサイズに封止したものを指す。

＊**サブストレート**　LSIを作り込む前のシリコンウエハ基板のこと。チップなどの電子部品を実装する前のプリント基板も同じように呼ばれる。

column

知的財産権の戦い

2004年1月30日は、国内の産業界と開発者の両方にとって、衝撃的で画期的な判決が東京地方裁判所で下された日です。

その裁判とは、いわゆる「青色LED訴訟」です。記憶している人も多いでしょうが、元・日亜化学工業の開発部員であった中村修二氏が、青色LEDを発明した技術への対価を求めて起こした訴訟で、当時は訴訟金額の600億円という額や一審で企業側に対して出された200億円にものぼる支払い命令など、その金額の大きさに世間の耳目が集まりました。

しかし、この訴訟は金銭的な問題だけではない、多くの大きな問題を抱えていることに気づくべきです。それは、日本の企業や開発者たちが今までに経験したことはありませんが、世界的に見ればごく当たり前のこと。

つまり、発明などの知的所有権が企業側に帰属するのか、それとも発明者個人に帰属するのかということです。

この裁判のあと、特許法が改正されることになりますが、旧法との違いは、会社側と従業員が協議し策定した発明対価の基準をもとに、発明者から意見を聞いた上で対価を算出するといった仕組みになったことです。以前は、企業の算定ルールが裁判で反映されないため、巨額の対価を裁判所が認めるケースが続出していたことを受けての改正だったわけです。いずれにしても、企業、立法、司法、発明者を含め、日本国内において発明報酬の体制づくりが急務であることと、世界的な視野でそれを考えなければならないことを気づかせたという意味では、意義の大きかった訴訟といえるのではないでしょうか。

知的財産権に関しては、このような国内問題のほかに、中国などによる特許の違法コピーなどの問題も指摘されています。違法を放置せずに徹底して糾弾することは必要です。しかし、それだけで知的財産の保護が成されるとは思えません。納得はできないものの、違法コピーが厳然として存在していることをふまえた上での権利保護を国際的見地で考えていく必要がありそうです。

第5章

半導体を使ったアプリケーション

現代生活の中で、半導体はあらゆるところに活用されています。この傾向は将来的にも変わることはないものと考えられており、ますます私たちの生活と切り離すことのできない存在になろうとしています。特に、自動運転の実現や先進医療分野など、生活に密着した分野では著しい発展が見られます。

1 携帯通信機器

パソコンに次いで半導体を使用しているのがスマートフォンに代表される携帯通信機器です。その進化は飛躍的で、現在ではマルチメディア機器としてICT、IoT社会のキーアイテムになっています。

高機能化による半導体の需要増

二〇年ほどの間に急激な成長を続けてきたのが、スマートフォンや携帯電話に代表される携帯通信機器市場です。その勢いはパソコンをしのぐほどで、出荷台数から類推すると、日本国内ではほとんどすべての人が持っているといっても過言ではないほどの普及率です。

急成長の陰で、半導体技術が果たした役割はきわめて大きく、高機能化・高性能化だけではなく、低価格化にも多大な貢献をしています。

さらに、高集積化による小型軽量化によって、多機能化をもたらしています。スマートフォンにいたっては、本来はパソコンに通話機能を付けたモバイル機器だったものが、たんなる通話装置の域を超える機能を持つにいたっています。

半導体の搭載率を見ても、パソコンに次ぐ第二位の位置にあり、全半導体の約二〇%を超えるといわれています。

また、スマートフォンなどに搭載されたカメラの高解像度化が進んでいることと、動画撮影が一般化してきたことによる画像の大容量化に伴って、メモリ需要も増大しています。

特に、5G＊へと進化し、利用が広まってくると、その傾向は顕著になると考えられます。

マルチメディア端末として進化

スマートフォンが携帯電話と大きく違う点は、携帯

用語解説

＊**5G**　第5世代移動通信システムのことで、「5th Generation」から「5G」と略される。国際電気通信連合（International Telecommunication Union＝ITU）が定める「IMT-2020」の規定を満足する無線通信システムのこと。次の世代が「6G」へと続く。

電話が「電話」にメール機能やカメラ機能を付加したものだったのに対し、スマートフォンは「パソコン」が持っている様々な機能に電話機能を付け加え、モバイル利用に便利な「**マルチメディア端末**」としたことです。

当初のモノクロディスプレイからカラーディスプレイに変わり、搭載されるカメラも、三〇万画素程度だった解像度が、いまや一三〇〇万画素超クラスへと向上し、発売当初の一眼レフ・デジタルカメラよりも数段高い解像度を実現しています。スマートフォンがあればカメラは必要ないと考えているユーザーも多く、デジタルカメラ市場を圧迫しているとさえいわれるほどです。

さらに、音楽プレーヤやリモコン、ゲーム機能、GPS機能はもちろんのこと、インストールできるソフトウェアも多彩になるなど、搭載機能の広がりは枚挙にいとまがありません。

特に、ホームエレクトロニクスとの連係により、外部からコントロールする機能を備えたことで、さらなる用途の広がりが期待されています。

5Gの高速通信が実現する社会

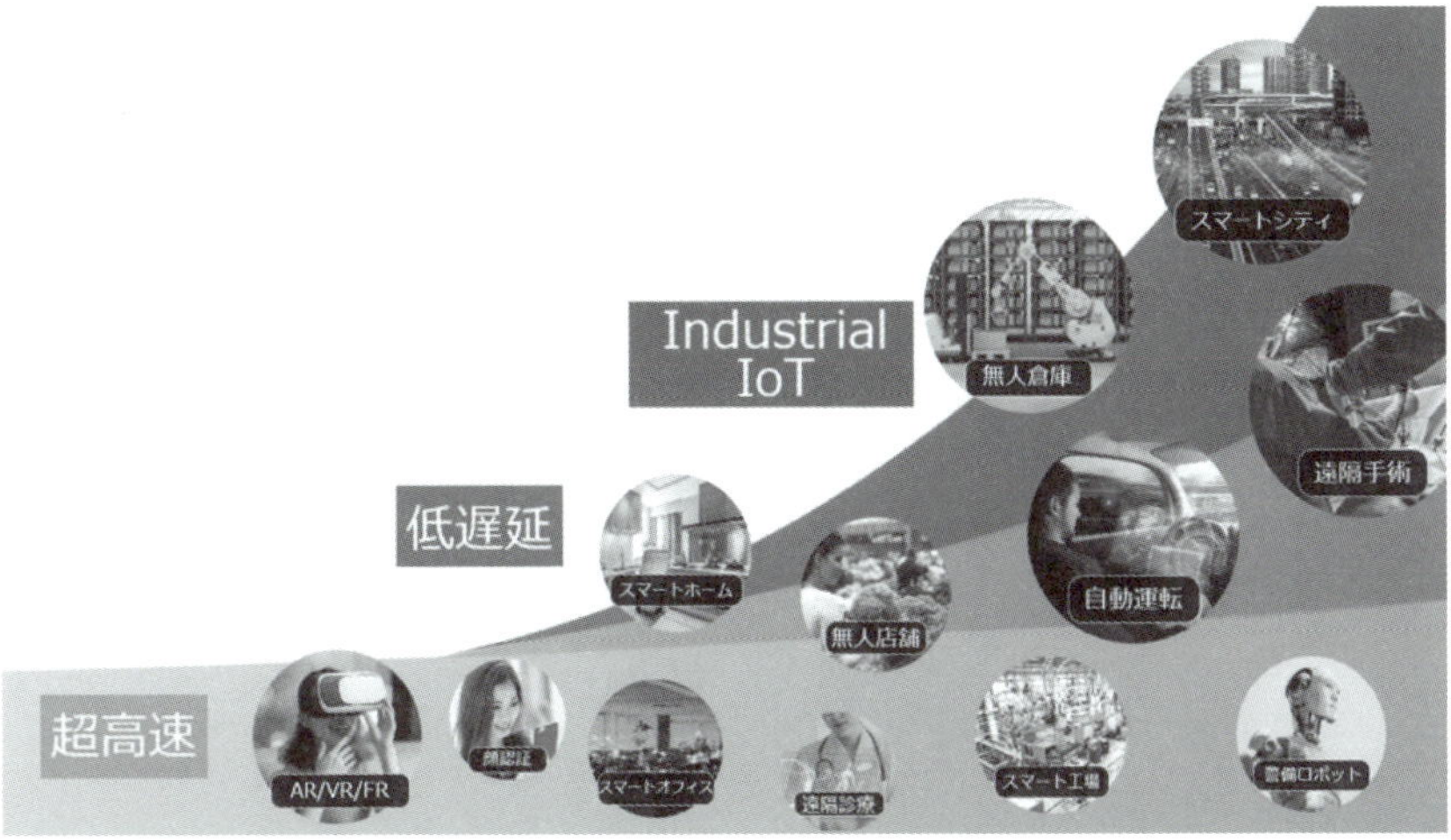

2 産業機器

自動車産業はもちろんのこと、ロケットやロボットなどの高機能化とともに、安全性を考慮した取り組みが本格化しています。また、ICチップの低価格化によって、トレーサビリティへの応用が考えられます。

牽引役はやはり自動車産業

景気悪化の打撃をまともに受ける形となってしまった自動車産業ですが、半導体のトップアプリケーション分野としては、まだまだ先々が明るいという見方は捨てきれません。

それというのも、自動車が走る目的だけではなく、それ自体が一つのオフィスにも匹敵する機能を持つようになると予想されているからです。

現在でも、カーナビが搭載されていますが、次世代では、さらに**自動車のパソコン化**が進み、各座席にディスプレイを装備することにより、インターネットやメール機能のほか、通信機能を活用した情報の授受がどの座席からでもできるようになるといった構想もあります。

また、走行性能の面でもミラーが小型カメラに代わったり、タイヤの空気圧の自動調整機能が搭載されるだけではなく、ほかの車との車間や左右の障害物との距離を自動測定して安全に走行するための機能も搭載されようとしています。その先には、**自動運転システム**があることはいうまでもありません。

これらすべての機能やシステムを実現するためには、今以上に高機能化および高性能化した半導体が必要になり、使用される数量も飛躍的に増大するものと期待されています。

産業機器の高機能化は半導体が実現

半導体は、微細化技術によって、一個のチップで実現

用語解説

＊**パーソナルロボット**　一般的には、生活上のサービスを補助する個人向けロボットのこと。人型ロボットと混同されがちだが、人間の労働を代行することが目的で、形は様々。最近では、コミュニケーション目的のロボットも出現している。

できる機能が驚くほどに多くなってきました。

このように飛躍的に能力が向上した半導体チップの産業機器への応用として、最も至近な例として取り上げられるのが「**ロボット**」でしょう。現在でも、生産工程において不可欠な要素となっているロボットですが、今後はそれらの高機能化や多機能化、安全性への配慮はもちろんのこと、人間と共存できる「パーソナルロボット*」が、今以上に求められる時代になることは確実です。用途としても、介護補助や家事の手伝いのほか、セキュリティや看護、保育など、幅広い分野での利用が考えられています。

次世代ではこのように利用目的が広がることで、ロボットに対して、現在よりも数段高い能力が要求されます。頭脳に当たる情報処理能力だけではなく、人間の五感に当たる部分のセンサや、それらの情報を基にして動作に移すための筋肉や関節の役割を果たすアクチュエータなど、ありとあらゆる部分に半導体が多用されるようになると考えられています。

また、ICチップの低価格化が進む予測のもと、家畜の**トレーサビリティ***に利用する動きも顕著です。

ロボットのカテゴリ分類

用語解説

＊**トレーサビリティ**　流通において、生産段階から最終消費段階、廃棄段階までの追跡が可能なシステムのこと。2003年に農林水産省が導入した牛肉のトレーサビリティが有名で、食品や工業用品だけではなく、血液製剤やワクチンなどの医療品でも利用されている。

3 エネルギー

エネルギー分野の中でも、とりわけ再生可能エネルギーに関しては、半導体との関係がほとんどないように思われがちですが、実は半導体チップにとっても新しい市場となっています。

半導体技術を利用した太陽光発電

太陽光発電は、半導体の**p－n接合**を利用したもので、太陽光が当たるとリーク電流として電流が流れるという仕組みになっています。

半導体のp－n接合のp側がプラス、n側がマイナスになるように電圧を加えると、「順電流」になり電気が流れます。逆に、p側にマイナス、n側にプラスの電圧を加えると、「逆電流」になって電気は流れません。

太陽光を当てると電気が流れるのは、逆電流の場合で、p－n接合に電圧を加えない状態では、通常は電気が流れませんが、太陽光を当てることで電気が流れるようにする仕組みを利用してエネルギー源としているのが太陽光発電です。

しかし、太陽光発電は直流電力で、家庭内で使うには交流100Vに変換しなければなりません。しかも、日本国内では使用する地域によって、50Hzか60Hzにする必要もあります。

この直流電力を交流電力に変換する役割を担う装置として、「インバータ」もしくは「パワーコンディショナ」が必要になります。

太陽光発電が半導体の原理を利用していることから、ソーラーパネルに半導体が使用されているのはもちろんのこと、電力変換装置にも十数個以上の半導体が使われています。

スマートシティの蓄電システム

太陽光発電に代表される**再生可能エネルギー**では、

発電した電力を家庭で利用するために、インバータが必要でした。

しかし、将来的に**スマートシティ***構想をベースとした電力の地産地消時代を迎えると、家庭用にも工業用にも蓄電池を使うようになり、100Vの交流電圧をそのまま送電することが可能になります。

この場合、蓄電池への充電制御と電圧変換を行うためのDC-DCコンバータが必要になってきます。このコンバータにも、半導体ICやパワー半導体が多用されるようになります。

スマートシティの先駆的な例では、バッテリベースで電力ネットワークを構成する分散型電力貯蔵システムに、マイクロインバータを使用しています。

ソーラーパネルにマイクロインバータを搭載しておくと、パネルを拡張できるとともに、バッテリシステムであるリチウムイオン電池モジュールにもマイクロインバータを搭載しておけば、バッテリの数を増やすことが容易になるだけではなく、100Vの商用電源をそのまま使えるというメリットも生まれます。

ソーラーパネルと蓄電池の組み合わせにバッテリモジュールを追加できるシステム

【分散型電力貯蔵システムのシステム構成】

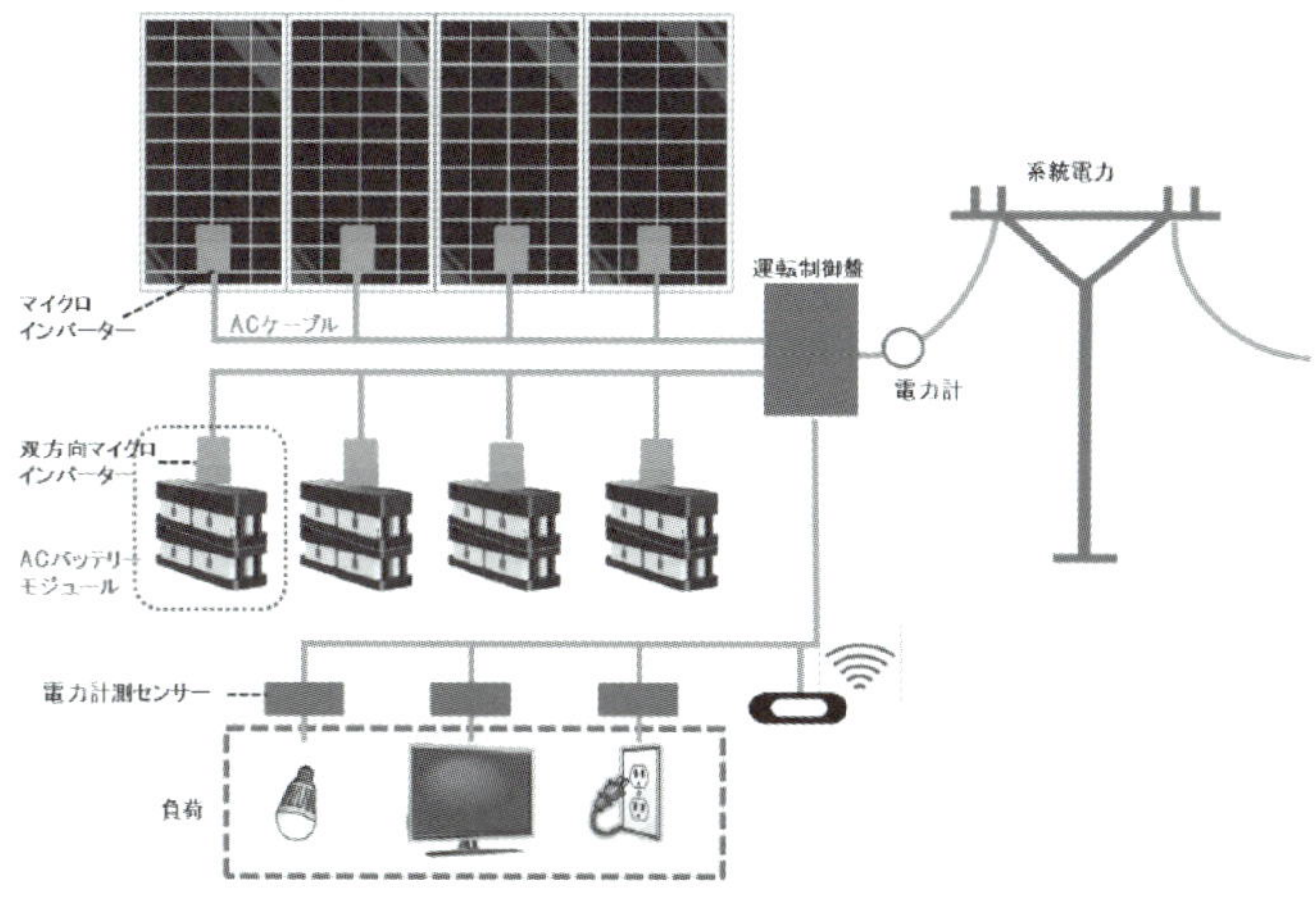

出典：Enphase Energy, Inc.

*スマートシティ　ICT（情報通信技術）やAI（人工知能）などの先端技術をベースに、消費動向や施設の利用状況などのビッグデータを活用して、エネルギーや交通、行政サービスなどのインフラを効率的に管理・運用する都市の概念。環境に配慮しながら、住民にとって最適な暮らしの実現を図るとされる。

用語解説

4 カーエレクトロニクス

電子機器、とりわけ半導体の塊といわれている自動車は、安全性と快適性確保のために、信頼性の高い車載ネットワークが確立されています。ここでは、代表的な車載ネットワークを取り上げます。

車載ネットワーク－CANとLIN

車載LANの種類としては、情報系LAN、パワートレイン系LAN、ボディ系LANといった形で、転送レートにより、複数のLANが使用されています。

CANは、規格が策定された当初、車載系のLANとして開発されたものでしたが、現在ではその信頼性や故障検出機能などが高く評価され、幅広い制御分野で注目されているネットワークです。

CANのアプリケーション適用分野としては、車載用を主としていますが、それ以外にも産業用ロボットのように外部からのノイズ混入が多いシステムやデータの信頼性が要求される分野でも、その特徴を生かして使用され始めており、応用の広がりを見せています。

LINは車載ネットワークのコストダウンを目的としたシリアル通信プロトコルです。マスター－スレーブ構成で使用される車載用のネットワークで、マスターはCANに接続されて使用されることがあります。

LINのプロトコルには、SYNC－FIELDという機能があり、この機能によってマスター側の転送速度がスレーブ側に送信され、その転送速度でスレーブ側がデータを受信するという仕組みになっています。

LINは、大幅なコスト削減ができるという特性を生かし、単純なコントロールを担当しています。

世界中から注目されるFlexRay

次世代の安全性に対する要求を満たすためには、データ量が増加し複雑化する車内の制御システムに対

用語解説

＊**HEVシステム**　ハイブリッド電気自動車（HEV）システムのこと。HEVは、Hybrid Electric Vehicleの略。モータとエンジンを状況によって使い分けることで、CO_2排出量削減と低燃費が実現できる。パラレル式、シリーズ式、シリーズパラレル式がある。

し、より高速で信頼性の高いネットワークでなければなりません。この要求を満たす、次世代の車載用通信プロトコルとして、ＦｌｅｘＲａｙが世界中の自動車メーカーから注目されています。

適用分野としては、エンジン、トランスミッションなどのパワートレイン系システムに採用することで、より高度な統合駆動制御を実現します。また、車外の情報や走行情報をＦｌｅｘＲａｙによって転送することで、ドライバアシスト制御が可能になり、次世代自動車が求めているアクティブセーフティーシステムが実現できます。

さらに、エンジン、モータ、ジェネレータ、バッテリの各制御装置を協調動作させることで、低燃費、高出力のＨＥＶシステム＊が実現できます。

これまでは、油圧による走行制御でしたが、ＦｌｅｘＲａｙはハンドル操作やアクセル操作、ブレーキ操作などの機能を、電気的なアクチエータやモータを使い、電子制御などによるきめ細かな制御を行うことでＸ－ｂｙ－Ｗｉｒｅ化が実現できる技術として注目されています。Ｘ－ｂｙ－Ｗｉｒｅは、次世代自動車において、安全性の向上などを図れるものと位置づけられています。

車載ネットワークの分類

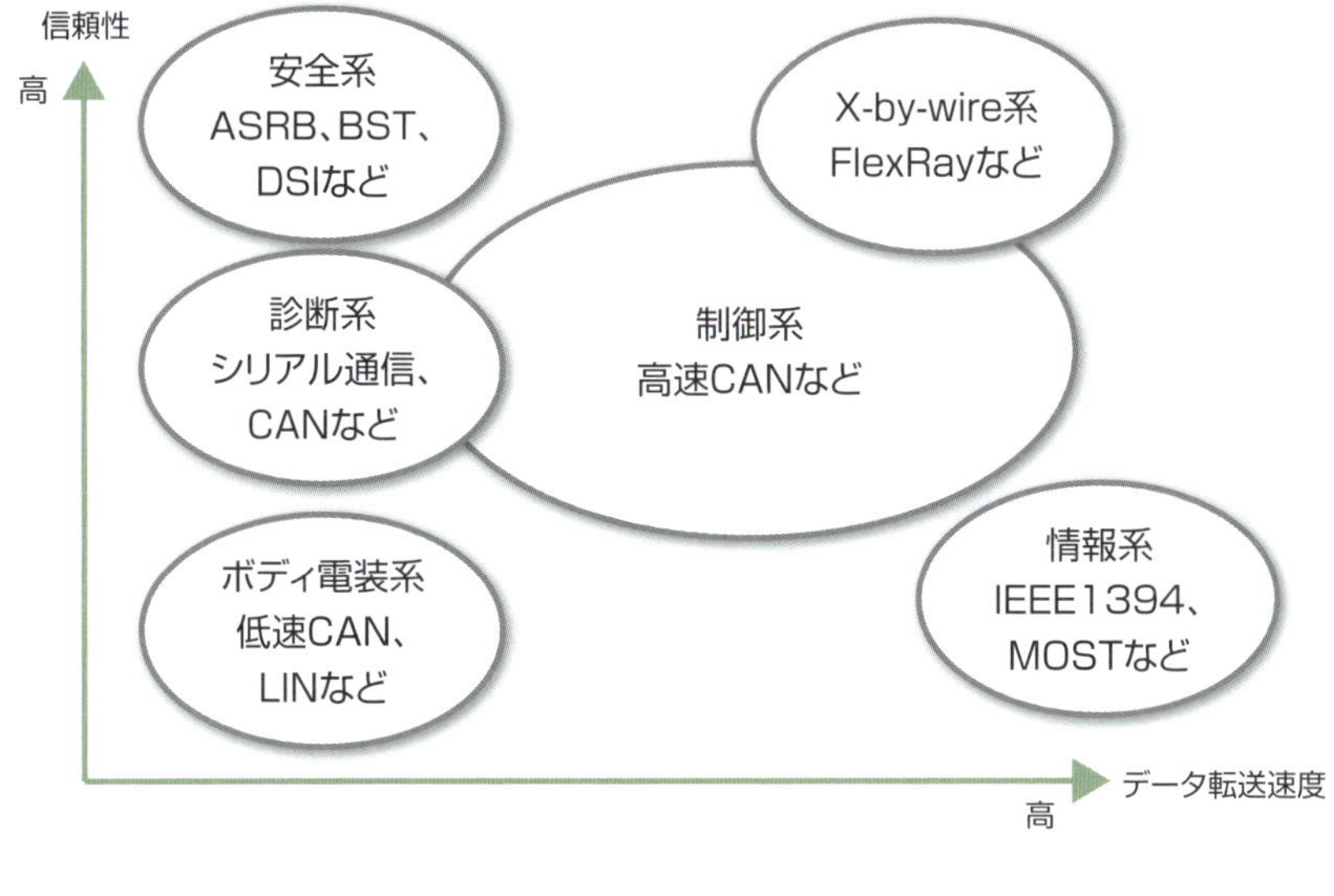

用語解説

＊X-by-Wire（エックスバイワイヤ）　油圧などで実現していたハンドル操作やブレーキ操作などを、電気的なアクチエータやモータ、電子制御などによって実現する技術。メカに比べきめ細かくコントロールできるので、安全性の向上に貢献すると考えられている。

自動運転

自動車の車内ネットワークが発達することにより、さらなる安全性の確保が目標とされます。その究極の形は、完全自動による運転システムの実現で、近い将来には現実になると考えられています。

安全対策は永遠の課題

自動車は、安全性と快適性の追求が大命題になっています。そのため、現在の自動車はほとんどが電子制御されており、車載ネットワークも複雑化が進む一方です。

安全対策は、自動車メーカーの最大で永遠の課題であり、様々な取り組みによってその対応策を模索し、解決に導いている状態です。

安全対策に関しては、「**プリクラッシュセーフティ**」の考え方があります。これは、事故を起こりにくくすることはもちろんのこと、事故が起こったときにも乗員の被害を軽減する先進の安全技術です。

先行車との距離や位置、速度をミリ波レーダーで測定し、衝突が避けられないと判断したときには、ブレーキ操作と同時にブレーキアシストを作動させて衝突速度を低減させるとともに、シートベルトを巻き取って乗員の拘束性を高めるという一連の動作を瞬時に行います。

また、事故を未然に防ぐために、車に求められる走行性能の向上やドライバをアシストするシステムを徹底させた「**予防安全**」という考え方、そして事故が発生したときにも乗員が受けるダメージを最小限にとどめるために衝撃を吸収するボディや強固に保護されたキャビンなど、事故後の安全対策を配慮した「**衝突安全**」という考え方も広まっています。

これらの安全対策は、従来の内燃機関としての車という考え方では達成が困難でしたが、すべての制御や

用語解説

＊**サブノード的なコントロール**　「ノード」は、制御階層の各項目のことで、最上位を「ルートノード」と呼び、それ以外を「サブノード」と呼ぶ。CANとLINでは、CANがルートノード的なコントロールになり、LINがルートノードの子ノードに当たるサブノード的コントロールを司ることになる。

測定、判断などを、車載ネットワークと呼ばれる電子制御システムにしたことで実現されてきました。

次世代自動車の自動運転構想

前述の「プリクラッシュセーフティ」や「予防安全」のための安全走行制御など、セーフティ系での情報の高速伝送が実現されると、次世代自動車による**自動運転システム**も視野に入ってきます。

次世代の車載用LANの構想としては、電子制御化にはCANを基幹ネットワークとし、サブノード的なコントロール*はLINが対応して、FlexRayは、エンジン制御やABSなどの走行系や距離測定などの安全系をカバーすることになると考えられています。

一方、車載1394*やMOST*(Media Oriented Systems Transport)は、カーナビや自動車電話、音楽再生などの情報系を制御することになります。

このように、一連の制御が電子制御で統一されるようになると、自動車自体が自動的に距離や速度を測定し、安全走行できるようになるため、人手を介さないレベル4の完全自動運転も現実味を帯びてきます。

自動運転のイメージ図

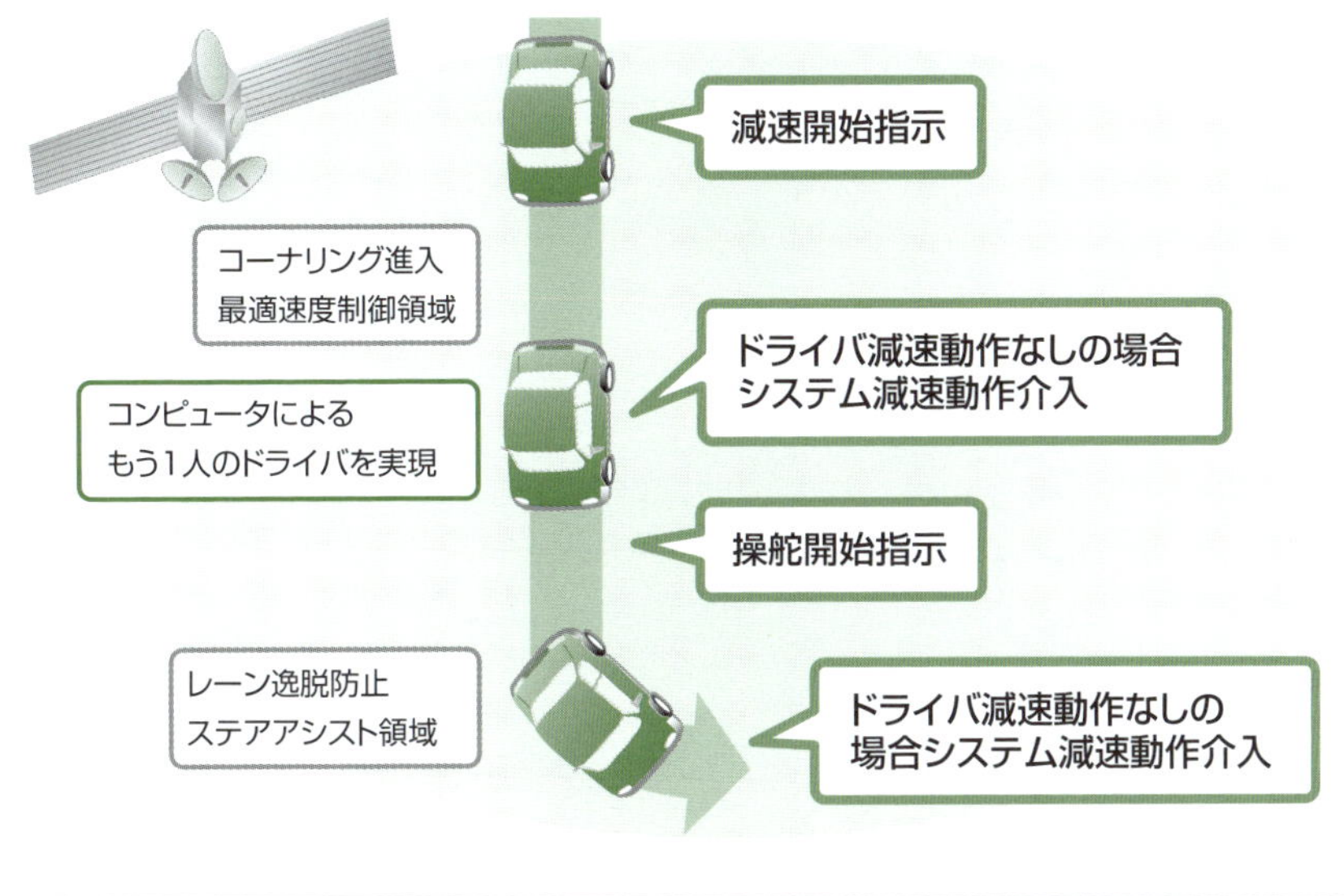

用語解説

* **車載1394** 車載用のIEEE 1394で、AV機器やコンピュータを接続する高速シリアルバス規格。車載用として、カーナビやカーオーディオで利用された。
* **MOST** カーナビやITS(Intelligent Transport Systems)のように、インターネットや画像情報を扱う車載LANに使用される情報系通信プロトコル。車載電子機器に必要な高速ネットワークや分散システムの構築方法、遠隔操作、集中管理方法などを提供。

6 宇宙航空工学

地球の軌道上で活躍している科学衛星は、エレクトロニクスの塊といっても差し支えないほどに、半導体高集積回路（ＬＳＩ）の果たす役割が極めて大きくなっています。

条件が厳しい宇宙用ＬＳＩ

日本が打ち上げる科学衛星に使用される半導体は、パソコンに使用される数の一〇万分の一といわれています。

エレクトロニクスの塊といわれる科学衛星でも、年に数機の打ち上げでは、半導体の総数量としては少ないものになってしまいます。

しかし、搭載される半導体に対する信頼性の条件は、医療や自動車に採用されるものの比ではないほどに厳しいといわれています。

特に、放射線に対する耐性には厳しい条件が課されます。その障害の中心的なものが、「**シングル・イベント・アップセット***」で、発生するとＬＳＩに記憶したデータが書き換わってしまい、誤動作を引き起こすことにつながります。

科学衛星だけではなく、自動車をはじめ、建設機械、航空機関係では、機械環境や温度環境が厳しいばかりではなく、人命に関わる点からも高信頼性が求められ、その中でも特に高い放射線耐性が強く望まれることになります。

数量は少ないが、要求される仕様は極めて高いというのが特徴で、この課題をクリアした技術は、その後の民生用をはじめとする様々な分野の半導体に生かされていくことになります。

放射線耐性を強化

宇宙用のＬＳＩを開発するうえで最も重要なこと

用語解説

***シングル・イベント・アップセット**　宇宙ロケットのように、高い信頼性が要求されるアプリケーションでは、環境放射線がシステム信頼性に与える影響を考慮することが欠かせない。放射線に起因する信頼性の問題は一般にシングルイベント効果（SEE）と総称され、ソフトエラーであるシングル・イベント・アップセット（SEU）がこれに含まれる。

は、仕様を決定するときに、処理速度／消費電力／放射線耐性のトレードオフを考えることだといいます。

　放射線耐性の強化は、耐性レベルに応じたチップ面積の増大だけではなく、処理速度の低下や消費電力の増大を招くことになり、民生用の半導体集積回路の開発では見られない難しさがあるといわれています。

　一般的に、最先端技術の粋を結集した科学衛星なら、搭載されるＭＰＵ（マイクロプロセッサ）の処理速度も最高速と考えられがちですが、時と場合によっては、民生用よりも劣っていることがあります。理由は、トレードオフを考えるためには、ミッション要求を把握しなければならないためです。

　科学衛星や惑星探査機に搭載するＬＳＩに要求される性能としては、「三軸姿勢制御を含む自律的な衛星運用機能」や、「膨大な観測データを処理して可視時間に地上局に転送ができる処理速度」「小型衛星で発生するわずかな電力で賄える消費電力」「低軌道を周回する宇宙ステーションに要求されるより高い放射線耐性」などがあります。

マルチ・ジョブラン方式の安価なLSI製造

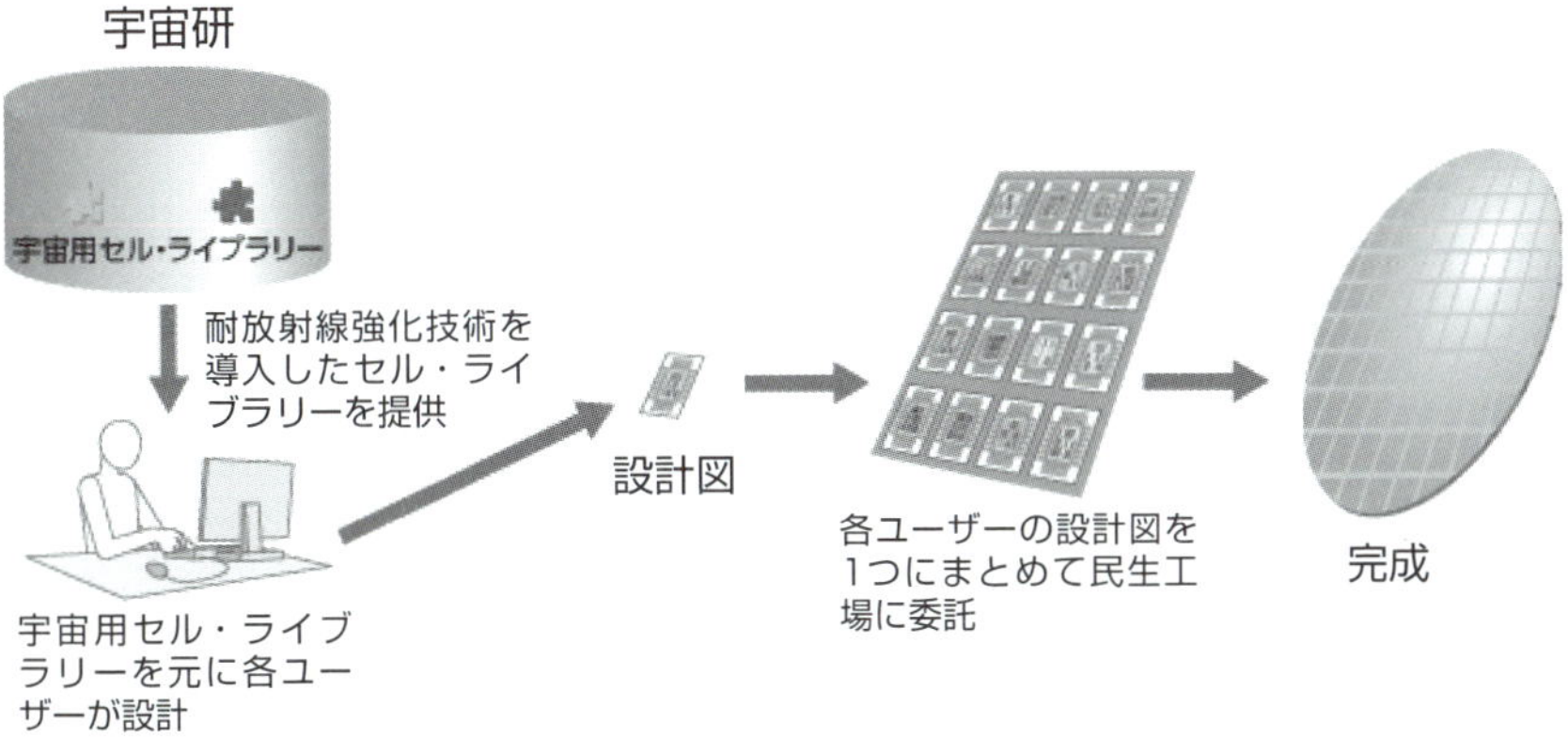

7 パソコン

半導体の技術革新と最も密接に関連しているIT機器はパソコンでしょう。その出現は、産業だけではなく日常生活にまで影響を与え、デジタル革命といわれたほどです。

パソコンはデジタル革命の旗手

一九八一年に発売が開始されたIBM PCは、現在のパソコンの基盤となったもので、当時の**デファクトスタンダード**と位置づけられていました。

MPUにはインテルのチップが採用され、マイクロソフトのOSが搭載されている形は、現在のスタイルとほぼ同一です。このIBM PCがリリースされた八〇年代から今日まで、約四〇年にも及ぶ間に半導体の技術革新を推進してきたのはパソコンであるといっても過言ではないでしょう。

その関係は、半導体の進歩がパソコンの高性能化や高機能化を推進するとともに、低価格化に拍車をかけたことで、パソコン市場の活況をもたらしたことは周知のとおりです。

最も活況を呈していた時期には、パソコンを中心としたコンピュータ分野で、半導体産業全体の五〇％以上を占めていたほどの勢いでした。

蜜月時代の相乗効果は、半導体とパソコン業界にとどまらず、広く社会現象になるまでに影響力が大きくなり、産業界だけではなく、一般の社会生活や日常生活にまでその影響をもたらしたほどです。

「**デジタル革命**＊」と呼ばれたのもそのころで、そのインパクトの大きさはわれわれのライフスタイルまでも変革する力を持つにいたるほど強大なものでした。

半導体が低価格パソコンを実現

オフィスでも自宅でも、今や一人に一台の時代になっ

用語解説

＊**デジタル革命**　1990年代に入り、それまでアナログ情報処理であった分野が、次々とデジタル処理に移り変わっていったことを称した言葉。デジタルコンピュータの出現から、パソコンやインターネットの登場がバックボーンとしてあった。

ているパソコンですが、この急激な普及を支えたのは**技術革新と低価格化を両立**させてきた半導体産業であるといっても過言ではないでしょう。

パソコンの頭脳であるCPUや大量の情報を保存するメモリのDRAMなどは、性能が向上しているのに低価格に推移するといった、まったくの反比例状態が続いたにもかかわらず、高性能化および高機能化と低価格化という相反する課題を克服していきました。

そして、その結果は決して悪い方向には向かいませんでした。パソコンのあとに台頭してくる携帯電話をはじめとしたデジタル機器は、この恩恵を十二分に享受し、当初から低価格で高機能を実現できることになったのです。

近年のICTの急速な進化がもたらす社会へのインパクトにとっても、その効果は絶大です。

その代表ともいえる、パソコンやスマートフォン、タブレット端末、ソーシャルメディア、クラウドなどは、そのめざましい普及によって、ライフスタイルやワークスタイルに大きな変化をもたらし、「誰でも、いつでも、どこでも」の環境を実現しています。

パソコン用マイクロプロセッサの変遷（インテル製品）

登場年	製品名	特徴
2010年	(初代) Coreプロセッサ	メモリコントローラがダイレベルで統合、GPUがパッケージレベルで統合
2011年	第2世代Coreプロセッサ	GPUがCPUにダイレベルで統合
2012年	第3世代Coreプロセッサ	Sandy Bridgeの微細化版
2013年	第4世代Coreプロセッサ	新しい消費電力機能の追加、チップセットをCPUパッケージに統合
2014年	第5世代Coreプロセッサ	Haswellの微細化版
2015年	第6世代Coreプロセッサ	さらなる省電力機能の追加
2016年	第7世代Coreプロセッサ	Skylakeの改良版
2017年	第8世代Coreプロセッサ	モバイルにCPU4コア版の追加／CPU6コア版が追加
2018年	第9世代Coreプロセッサ	最初の10nmで製造された製品、GPUがGen10に。Wi-Fi機能の統合。CPU8コア版が追加
2019年	第10世代Coreプロセッサ	GPUを従来の2倍の性能を実現するGen 11に強化、TB3コントローラを統合、Wi-Fi 6に対応。モバイルにCPU6コア版の追加
2020年		デスクトップに10コア版、パフォーマンスノートPCに8コア版のCPUが追加

8 モバイル機器

通信速度の高速化は、快適なモバイル環境を生み出しました。オフィス環境だけではなく、生活とも密接に結びついたモバイル機器は、社会生活やライフスタイルまでも一変する力を秘めています。

モバイル環境が快適化

携帯電話の普及と発展に歩調を合わせるかのように、モバイル環境でも通信速度が高速化しています。

自宅やオフィスで、**ブロードバンド**が一般的になり、高速通信が当たり前になったことから、モバイルでの通信速度の高速化が求められたとはいえ、技術的な背景が大きく寄与したことはいうまでもありません。

特に通信インフラが進化した社会では、様々な技術によって、スマートフォンやタブレットPCなど各種の多様な**モバイル機器**が接続されることになります。

しかも、それらの機器が高度に接続されることで、個々のモバイル機器が有機的に結びつき、「誰でも、いつでも、どこでも」という接続環境を生み出すことができるようになります。

この環境提供に対して半導体技術が寄与したことは大きく、**Wi-Fi**をはじめとするモバイル環境での通信インフラの整備などに半導体技術の高性能化が貢献しています。

また、高速通信を実現したモバイル環境を活用することで、留守宅の情報を携帯電話やスマートフォン、PDAなどに送信するサービスが利用できるようになり、セキュリティ分野でのさらなる応用の広がり期待できます。

Wi-Fiでさらに広がり

無線LANでは保証されていなかった、異なるメーカーの機器間の相互接続を保証したのが、同じ無線L

ANの規格の一つであるW i − F i です。

Wi-Fi Allianceによって認定され、W i − F i ロゴがついた製品であれば異なるメーカーの機器間でも、アクセスポイントからインターネット接続ができるようになり、利用環境が快適になるだけではなく、その利用の幅も大きく広がることになりました。

それにより、コンピュータ、フィーチャーフォン、スマートフォン、タブレットPC、PDAなどの多様な機器が接続できる環境が構築されたことになります。

アクセスポイントでインターネット接続できる領域をホットスポットといいますが、室内にとどまらず、複数利用によって数キロ四方までの広がりを持たせることも可能です。

また、W i − F i 規格では、アクセスポイントなどを経由せずに通信端末同士を直接接続するP2P（ワイヤレス・アドホック・ネットワーク）というモードがあり、家電やゲーム機などで活用されています。

モバイル機器の種類と用途

端末の種類	機能	用途	備考
携帯電話、PHS	電話、メールなど	移動通信システムの代表格。通話機能だけでなく、インターネット接続も可能で、限りなくスマートフォンに近づきつつある。	
スマートフォン	電話機能＋PDA機能	携帯電話＋PDAで、本格的なネットワーク機能やスケジュール管理、情報管理など、多彩な機能を持つ。	携帯電話機能があることから、次世代の主力製品と目されている。
パーソナルコンピュータ	コンピュータ	モバイルコンピューティング用途が大半。通信用のデバイスを装備することで、フィールドでもデスクワークと同等の作業が可能になる。	
Pocket PC	コンピュータ	組込み機器向けOSのWindows CEをベースに開発したされたデバイス。携帯電話機能が搭載されたことで、スマートフォンとほぼ同等の性能を持つ。	小型・軽量・低価格を実現。
タブレットPC	コンピュータ	ペン入力によるコンピュータ。タッチパネル操作で、立ったままでも操作できる点がすぐれている。	フィールドワークの多いビジネスマンに向いている。
ネットブック	ネット機能	Web閲覧や電子メール、チャットなど、基本的なインターネット上のサービスを利用できる。	携帯電話より視認性でも勝っている点が特長。

9 医療機器

半導体技術が、生活に最も密着しているのは医療機器でしょう。その技術はカプセル内視鏡や在宅検査システムなどに生かされ、私たちの健康管理に役立っています。

体内を探査するカプセル型内視鏡

内視鏡には、主に食道から胃部を観察する上部内視鏡（胃カメラ）と、大腸の診断に使用される下部内視鏡（大腸内視鏡）のほかに、肺を診断するための気管支鏡などがあります。しかし、管式の内視鏡では小腸を診察することはできませんでした。

カプセル型内視鏡*は、管式内視鏡の弱点をカバーし、患者にとっても負担が少ない装置として、近年急激に導入が進んでいます。人が食事を摂り、排泄するまでの全過程をくまなく観察でき、従来不可能だった小腸の診察も可能になりました。

さらに、小型カメラに代表されるイメージセンサの高機能化のほか、制御システムや分析センサなどの半導体技術の高まりは、カプセルを自走させるだけではなく、外部から自在にコントロールすることも可能にしています。

体内での姿勢制御には、カプセル内にMEMSを応用したアンテナと**ジャイロコンパス**を装備することで、外部からの電波によるコントロールを可能にします。

また、センサと分析装置を搭載することにより、体内で一定の分析ができるようになるだけではなく、その場での診断とカプセルを利用したある程度の治療も可能にする方法が考えられています。

自宅に居ながらにして健康管理

メタボリックシンドロームが生活習慣病として注目され、健康診断でもメタボ診断が義務づけられるよう

用語解説

***カプセル型内視鏡**　小型カメラを内蔵したカプセル状の内視鏡。口から飲み込んだカプセルが、食物と同様に消化管を移動しながらその内部を撮影する。近年、その移動を外部からコントロールできるタイプが出現している。

になっています。

健康ブームは、様々な**家庭用の測定器や診断装置**を生み出しましたが、半導体技術の進展は、日常の測定や診断をホームシステムとして提供できるまでに進化してきました。

このシステムを家に設置すると、日常生活を送りながら、体調管理のための各種測定が自動的にできるようになります。

出かけるときと帰宅したときの体重が、玄関に設置した体重計で測定できるとともに、非接触型の体温計で体温測定も行います。またトイレでも、通常の排泄行為で糖や尿酸値などを測定できるようになります。それ以外にも、血圧や脈拍数、心電図なども測定できるシステムがすでに考案されており、医療施設などから順次、実用化段階に入っています。

測定したデータは、個人認証できるように、RFIDを利用したICタグなどと連係し、サーバ管理できるようになるだけでなく、一定時間ごとに自動送信することで、医師の診断を仰ぐことができ、介護設備や老人医療などへの発展も考えられています。

在宅で自動測定できる主な健康管理項目

測定項目	装置の主な設置場所	考えられる測定方法
身長	玄関、居間など	玄関に設置した光学管の遮断等で測定
体重		玄関マット下などに設置した測定器で測定
体脂肪率		体重測定と同時に測定し、各種指数や率を算出
筋肉率		
内臓脂肪率		
BMI指数		
血圧	居間、寝室、トイレなど	腕時計タイプの手巻き測定器で測定し、データを転送
脈拍		
体温		
血糖値		
尿酸値	トイレ	排泄時に、測定機能付きのトイレで測定
尿タンパク		
潜血		
糖尿値		
歩数	玄関、居間など	玄関では、帰宅と同時に歩数計のデータを転送

10 ヘルスケア機器

健康維持・増進や体調管理のための健康管理には、様々な測定器が必要になります。それらの測定にも半導体のセンシング技術が応用されています。

健康の数値化はセンサのおかげ

血圧・脈拍計や体温計、歩数計や活動量計、体重体組成計、睡眠計などの健康管理機器は、そのほとんどが行動やその時々の状態をセンサによって測定したりカウントして数値化しています。

たとえば歩数計の場合、従来は重りの移動をカウントしていたため、手で振っても歩数としてカウントされましたが、現在は半導体素子などを利用した加速度計を組み込み、実際に一定距離を移動しなければカウントされない仕組みになっています。しかも、歩幅も設定できるため、歩いていないと判断できる範囲の場合にもカウントされないように設計されています。

また、歩幅のほかに、身長や体重、年齢なども設定できるため、歩数から歩いた距離や時間、消費したカロリーなども算出して表示することができます。

しかも、一日ごとのデータは、スマートフォンやパソコンに転送して、自身の健康データとして集計・管理することも簡単にできるようになっています。

同様に、他のヘルスケア機器も測定対象や測定部位に合わせたセンサを活用して、変化や状態を数値化し、表示するとともにデータとして保存できます。データは歩数計同様、転送して集計・管理できますので、それぞれのデータを基にした健康状態をグラフ化して管理したり、維持方針を決めることに役立てられます。

スマートハウスのヘルスケア

スマートハウスにおけるヘルスケアでは、毎日の行動に合わせた自動計測が行われることになります。

例えば、体重測定は洗面所に立ったとき、床下センサによって行われ、顔認証によって家族の誰のデータかを特定してデータ保存することになります。

同じように、トイレでの尿検査を自動的に行ったり、体温測定なども行うことが考えられます。

しかも、手首式の血圧計などによって測定された血圧や脈拍、呼吸数などのデータは、室内のアクセスポイントで自動的にデータを吸い上げることができるため、その都度転送する必要もなくなると考えられます。また、勤務や外出から帰宅したときにも、歩数計から歩数や行動量などのデータを自動的に吸い上げるシステムが構築されていれば、データ転送の必要もなく、一日の健康管理データが自動収集されることになります。

収集されたデータは家族ごとに管理されるとともに、スマート家電からの食事データも収集して集計されますので、取得カロリーと消費カロリーから算出した食事の偏りや健康維持のために必要な運動などを参考にすることができるようになると考えられています。

総合医療情報システムのイメージ

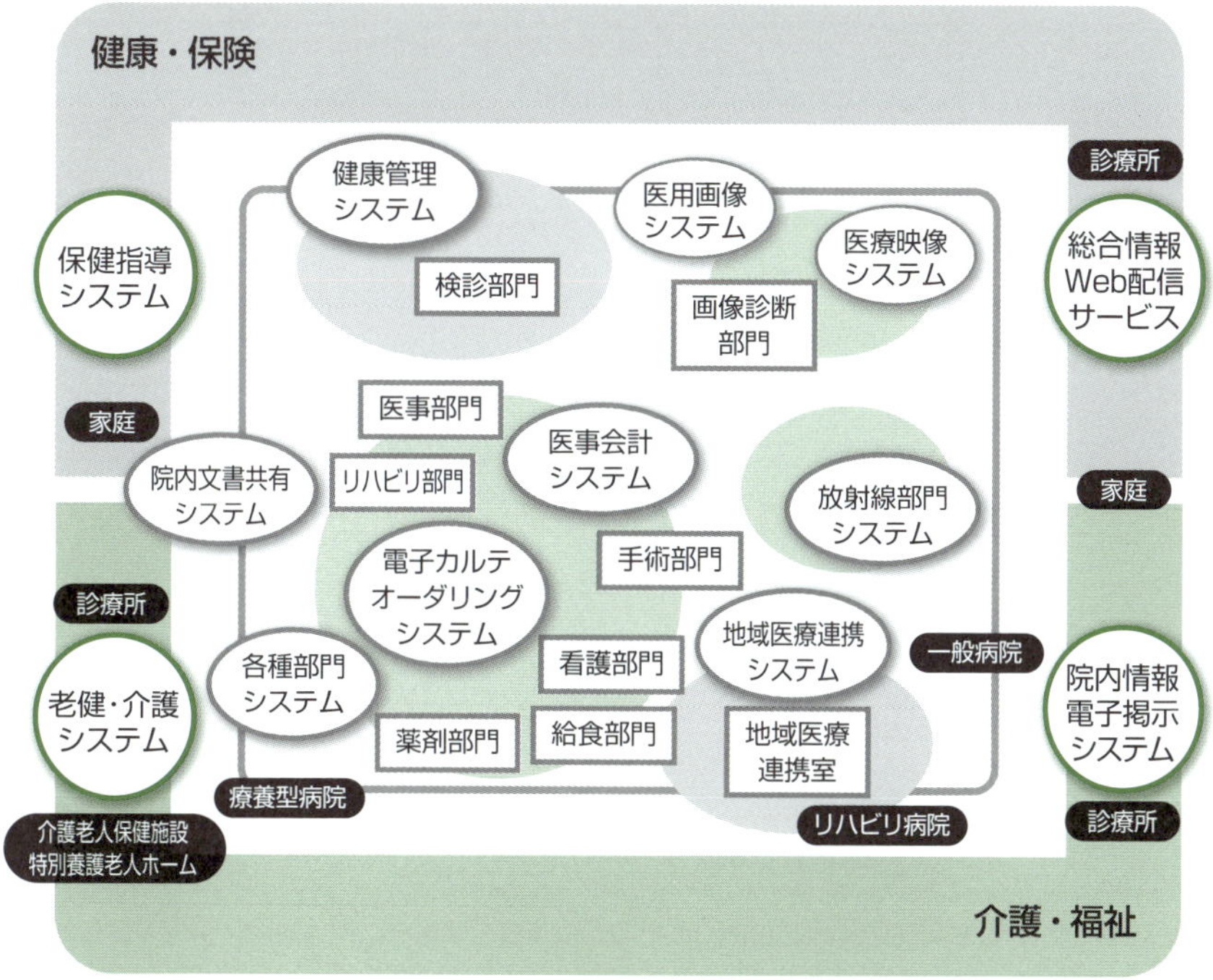

11 XR

第5世代移動通信システム(5G)の普及で本格化するとみられているのが、VR、AR、MR、SRなどを総称した「XR」といわれる次世代インタフェイスです。

リアリティ体験を表現するXR

VRは「Virtual Reality」の略で「仮想現実」、ARは「Augmented Reality」の略で「拡張現実」、MRは「Mixed Reality」の略で「複合現実」、SRは「Substitutional Reality」の略で「代替現実」と訳されています。

いずれも**第5世代移動通信システム**(5G)の普及で本格化するとみられている次世代インタフェイスで、それらを総称して「XR」といわれています。

「XR」の「X」は、未知数を示すもので、「X Reality」という意味合いも含まれているようです。

前出のそれぞれの技術は、現実世界と仮想世界の融合の度合いが異なるということから、大きな違いがあるという捉え方がある反面、使用方法や使用目的などからすると、同種の体験を提供するものという考え方もできます。

例えば、ヘッドマウントディスプレイを使ったARのアプリケーションに、VRのコンテンツを組み合わせた場合は、どちらの呼び方をすればいいのか、もしくは新しくMRというべきなのか、その境界が難しくなっているという現実もあります。

今後、さらに新しい技術が出現すると、新しい体験を適切に表現することが難しくなることもあり、「広範なリアリティ体験」という広い概念で表現することで、その汎用性の高さを表しているといえるでしょう。

用語解説

＊**第5世代移動通信システム**　次世代の通信規格に準拠する通信システムで、「5G」と表記される。送信時最大480Mbps、受信時最大4.2Gbpsで、「高速大容量」「高信頼・低遅延通信」「多数同時接続」を実現する。高精細画像のライブ配信や、XR体験などが可能になるほか、遠隔技術の応用によって「遠隔手術」や「自動運転」の実用化が期待できる。

より現実に近い映像は半導体が実現

VR、AR、MR、SRのいずれをとっても、ヘッドマウントディスプレイに映像表現することに変わりはありません。

したがって、現実の映像と、コンピュータが作り出した映像が、時間的にも描画的にも、まったくズレのないものでなくては没入感は生まれません。

仮想世界と現実世界を重ね合わせ、融合させるための技術や概念が進化したからこそ、個別の技術ではなくこれらを総称する「XR」が注目されるようになってきたので、その新しい世界観を実現するためには、半導体の高性能化や高機能化、高速処理能力が欠かせないものとなってきます。

さらに、既存の表現に加え、AIなどによって生み出されるバーチャル世界やキャラクターとの自然なコミュニケーションが、次世代移動通信システム5Gによってより身近なものとなろうとしている現在、エンターテイメントから産業分野まで、広い意味での現実体験を変化させていくことになると考えられます。

XRでフィジカルとデジタルを融合

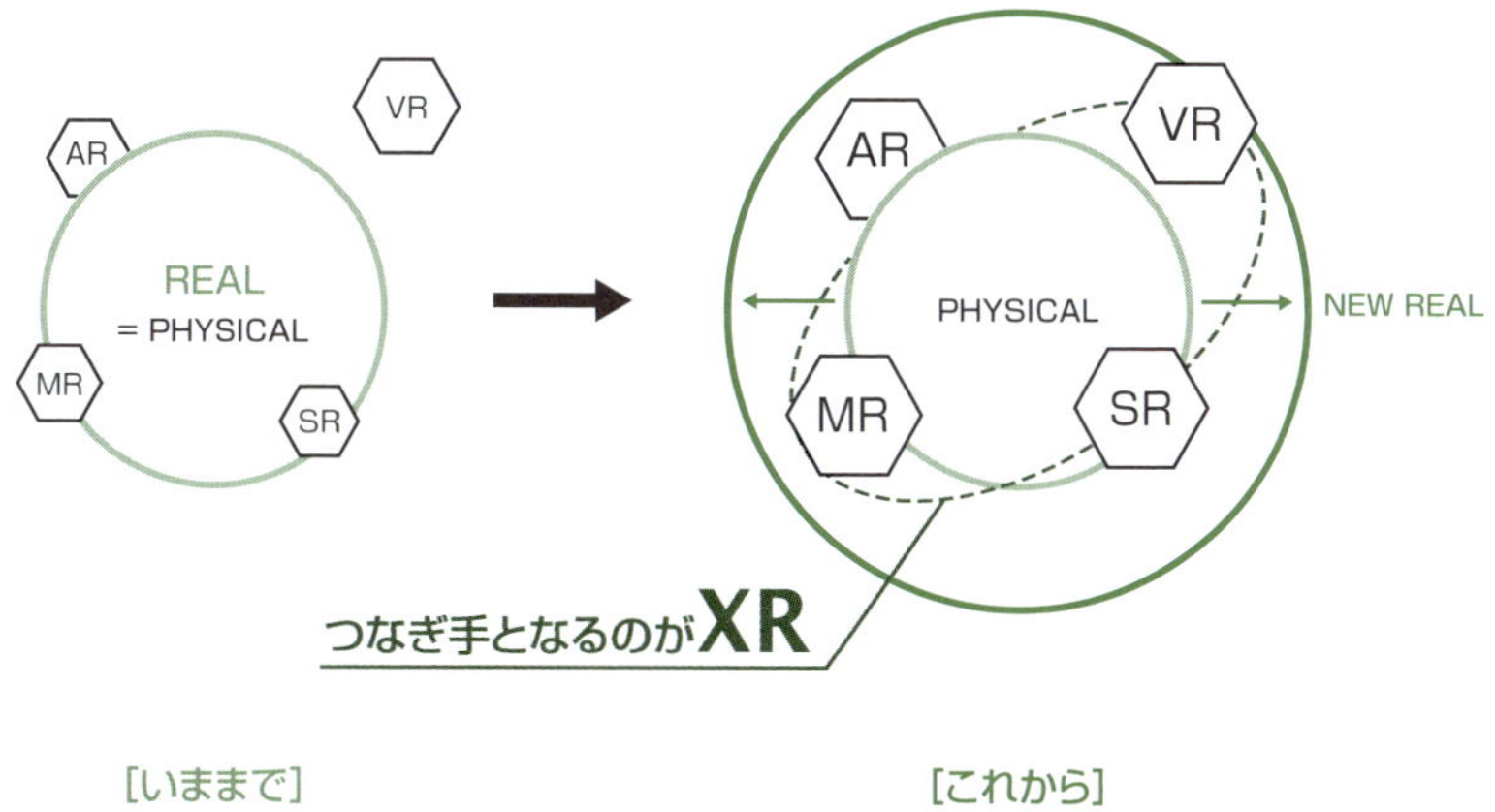

[いままで]
現実は、イコール
物理空間（フィジカル）だった

[これから]
フィジカルとデジタルが融合し、
現実という境界が拡がり、塗り変わっていく

12 ゲーム機

一九八三年に任天堂がファミコンをリリースしてから、驚くほどの勢いで全世界に広まったのが、日本発のゲーム機です。三次元画像とスムーズな動画には、先進のシステムLSIが用いられています。

三次元のスムーズな動画を実現

デジタル家電としてのゲーム機は、たんなるゲームマシンではなく、実際にはコンピュータといえるでしょう。

つまり、最近のゲーム機は、「ゲーム専用コンピュータ」といった方がよいほどに、ＣＰＵをはじめとする半導体電子部品の高機能技術や高性能技術によって組み上げられた、一種のＩＴ機器と考えられます。

したがって、半導体の技術や生産がゲーム機市場の成長に果たした役割は大きく、現在のような**三次元動画**で、しかもよりなめらかな動作を実現できるのは、半導体チップの高性能化と高集積化がもたらした結果といっても過言ではありません。

特に、日本はゲーム機市場で世界的に優位に立っており、世界シェアも一時は九〇％を超える勢いを示していました。出荷台数が増大すれば、必然的に半導体の搭載数量も増加することになり、技術革新と販売数量の両面で、それぞれの業界が成長していったことになります。その関係を裏づけるように、ゲーム専用のプロセッサやメモリなども開発され、ゲーム機の機能拡充や高速化によるストレス解消、高精細画像による大画面対応などを実現しています。

システムＬＳＩで高速処理を達成

ゲーム機にとって必要不可欠な要素として、なめらかな画面表示やスムーズな結果処理などがあります。

近年は、画面表示も三次元動画表示になり、画像表示の高速化が求められています。また、対戦型ゲーム

用語解説

＊**ラムバスDRAM**　Rambus社が設計したシンクロナスDRAMの一種。Nintendo 64をはじめとしたゲーム機で使用され、高速転送速度を提供した。

のように、ゲームアクションの結果が、ストレスを感じさせない速度でスムーズに表現されなければならないという課題もあります。これらの厳しい要求はパソコンやテレビなどのデジタル家電をしのぐものがあり、それによって半導体技術が高度化したことも事実です。

これらの要求を満たすためには高速処理の実現が不可避で、複数のＬＳＩチップを集積した「**システムLSI**」が多用されることになります。使用される半導体として、ゲーム機の頭脳ともいえるＣＰＵにはゲーム専用に開発されたプロセッサが搭載されていますが、ゲームの高次元化によって六四ビットから一二八ビット、そしてそれ以上の性能へと、要求はとどまるところを知りません。また、高速化を実現するＤＳＰや画像処理に最適なメモリとして**ラムバスDRAM***など、最先端の半導体が多数採用されており、これらの機能ブロックを一チップ化したシステムＬＳＩが力を発揮しています。

ゲーム機の変遷

第１世代	1970年代前半 〜中盤	1972年に、初の家庭用ゲーム機として、アナログ回路の電子ゲーム機能を実現した「オデッセイ」が発売された。
第２世代	1970年代後半 〜1980年代前半	1976年にフェアチャイルドがROMカートリッジを採用したチャンネルFを発売。マグナボックスも1978年にOdyssey²を発売し、アタリも1977年にAtari 2600を発売した。学研の「テレビボーイ」もこの世代。
第３世代	1980年代前半 〜中盤	ゲームパソコンが出現。米国のコモドール64、欧州のZX Spectrumが代表格。任天堂の「ファミコン」、セガ、カシオ、バンダイ、トミーなどが参入。
第４世代	1980年代後半 〜1990年代前半	ROMカートリッジに代わりCD-ROMを媒体に使用した機種が出現。PCエンジン・メガドライブ・スーパーファミコンが代表的な機種。
第５世代	1990年代中盤 〜後半	大容量の光ディスクが主力になり、音質の向上やムービー再生による演出の幅が広がる。3Dグラフィックス機能が搭載されたゲーム機も出現し、映像表現に広がりが出る。NINTENDO64はこの世代。
第６世代	1990年代末 〜2000年代初頭	3Dグラフィックスの表現力が向上し、インターネット通信や5.1chサウンドにも対応し始める。メディアはDVDが主流。ソニーのPlayStation 2や、マイクロソフトのXboxが参入する。
第７世代	2000年代中盤 〜後半	任天堂がWiiリモコンという体感型のコントローラを搭載し、ハイデフィニションに対応したPS3とXbox 360もPlayStation MoveやKinectを発売。コンテンツのダウンロード販売も行われるようになり、ビデオ・オン・デマンドでXbox 360がスマートテレビのデファクトと目される。
第８世代	2010年代前半 〜中盤	スマートフォンの普及により、モバイルハードウェア・ソフトウェア技術がゲーム機に転用され始める。新興企業による企画・開発も相次ぐ。
第９世代	2010年代後半 〜2020年代前半	任天堂がハイブリッドゲーム機としてNintendo Switchを発売。ゲームハードのさらなる高性能化、動画配信サイトの普及によるゲーム実況の人気が高まる。クラウドゲームサービス・プラットフォームも注目を集め、Google、Amazon、Facebook、NVIDIAも参入。

13 AV機器

テレビのデジタル放送だけではなく、カメラや音響機器、映像機器など、AV機器のほとんどがデジタル化し、半導体の高性能化とともに、高画質化と高機能化が進んでいます。

デジタルで、高画質、高音質

テレビは、アナログからデジタルに全面移行し、大画面でも高画質を享受できるようになりました。しかし、大画面になるほど一画素あたりの面積が大きくなるため、画素の粗さが目立つという課題がありました。

この課題を解決するのが4Kや8Kのテレビです。4Kならハイビジョンの四倍、8Kなら八倍の画素数を実現していますので、大画面にしたときにも画素の粗さという問題を解決できます。

また、音楽プレーヤの高音質を支えているのが、デジタル信号に特化した半導体であるDSPです。DSPは、無線LANやWiMAXのように高い周波数帯域の信号を扱う通信機器や、携帯電話機などのモバイル機器、通信ネットワークの基地局のほか、デジタルカメラの画像処理やサウンドカードの音声処理などにも利用されている半導体で、システムLSIにもしばしば搭載されるようになってきたことでも注目を集めています。

性能向上と低消費電力化によって、オーディオ機器への応用は広がり、携帯型マルチメディア機器では、オーディオ用として、MP3*以外にも様々なタイプの音声圧縮などが提案されており、これらに対応するためにもプログラム変更だけで利用できるDSPソリューションが重用されています。

半導体レーザーで映像を録画、再生

CDやDVD、BD(ブルーレイディスク)、HD-DVDなどの装置で、光ディスクに対して読み出しや書

用語解説

* **MP3(MPEG Audio Layer-3)** デジタル音声のための圧縮音声ファイル形式。音声データを、音質劣化を伴わずに圧縮できるため、音源をパソコンや携帯音楽プレーヤなどに取り込む際に普及した形式。

き込みを行う「光学ピックアップ」のメインパーツが**半導体レーザー**です。

このピックアップでは、CDやDVDには赤色半導体レーザーを使用しますが、BDやHD-DVDには青紫色レーザーを使用します。赤色レーザーの六五〇nmに比べ、青紫色レーザー四〇五nmと発振波長が短いため、焦点を小さくできることでBDはDVDと比較しても三倍以上の大容量記録が可能です。この半導体レーザーには、複数の元素を利用し、それ自体が発光する特性を持つ「化合物半導体」を使用します。

また、テキサス・インスツルメンツによって開発されたMEMSデバイスの**DMD**(Digital Micromirror Device)は、多数の微小鏡面(マイクロミラー)を平面に配列した表示素子で、専用信号処理技術を用いたプロジェクタ方式をDLP(Digital Light Processing)といいます。電子プレゼンテーションに用いられるデータプロジェクタでは、小型軽量で高輝度・高解像度の製品を実現できるほか、スター・ウォーズ・シリーズに代表される、デジタル制作による映画の上映にも使用されています。

半導体レーザーの応用製品

カテゴリ	応用製品	備考
映像機器	CD	光ピックアップ
	DVD	
	BD	
	ゲーム機	
事務機器	コピー機	露光部
	レーザープリンタ	
	パソコン用マウス	
通信機器	光ファイバ	
医療機器	歯科用レーザー	
	レーザーメス	
その他	レーザーポインタ	
	測量機器	
	レーザー加工機	

▲レーザープリンタ

14 AI（人工知能）

画像認識や音声認識に活用が期待されているAIは、学習するためのセンサや演算を司るコンピュータの多くが、半導体の高性能化・高機能化に支えられています。

人の知的能力をコンピュータで実現

AIは、「Artificial Intelligence」の略で、「人工知能」と訳されます。

私たち人間が、「目」や「耳」から得た情報を脳内で処理し、判断や推測を行っている「知能」といわれる部分を、コンピュータが代わりに学習し再現するのがAIと呼ばれる技術です。

AIには、人の力を頼らず自ら考え判断できる「**汎用型AI**」と、顔認証や音声認識など特定の処理を行える「**特化型AI**」がありますが、「汎用型AI」が実用化された例は今のところ報告がありません。

「特化型AI」については、前出のほかに、「自動運転」で採用されているように、車両に搭載されたセンサで前方車両などの情報を取得し、データに変換して人工知能に運転制御の処理をさせるなど、実用化に向けた活用が進んでいます。

また、AIの学習方法には、「機械学習」と「**深層学習**（**ディープラーニング**＊）」があります。機械学習は、過去のデータ、いわゆる「経験」を基にコンピュータが学習する方法で、判断や推測の精度を自ら向上させていくアルゴリズムです。機械学習は人工知能の中でも特に注目されている分野で、ビジネスでの活用シーンが増えています。

しかし、機械学習では、コンピュータに「特徴量」と呼ばれる学習のヒントを人間が与えなければならず、事前準備が大変でした。そこで、この課題の解決策として登場したのが、脳の働きをモデル化した何層もの

用語解説

＊**ディープラーニング**　「深層学習」のこと。人工知能を実現する方法の1つで、「機械学習」と対をなす。「機械学習」が、過去のデータである「経験」をもとにコンピュータが学習するのに対して、「深層学習」は、脳の働きをモデル化した何層もの「ニューラルネットワーク」によってデータ処理し、特徴を自ら検出できる。

「ニューラルネットワーク」によりデータ処理することで、特徴量を自ら検出できる「深層学習」です。

AI進化のカギを握る半導体

AIというと、人の「目」なり「耳」となるセンサからの大量の情報を、高速で処理する「ソフトウェア」のイメージが強いと思います。

しかし、その演算を根底で支えているのは、「ハードウェア」である「半導体」なのです。言い換えれば、半導体こそが、AIのさらなる進化のカギを握っているといえます。

また、現在のコンピュータシステムより格段に高速処理が可能で、最もAIの機能を引き出せると注目されている**「量子コンピュータ」**にも、半導体による制御が重要、不可欠ということがいえるでしょう。

AIでできる代表的なこととして、「物体認識」「画像認識」「音声認識」「チャットボット*」があります。個々の機能を採用したロボットなども開発されていますが、すべての機能を結びつけることで、さらなる発展が期待される分野でもあります。

AI主要8市場規模推移および予測（2018～2024年度）

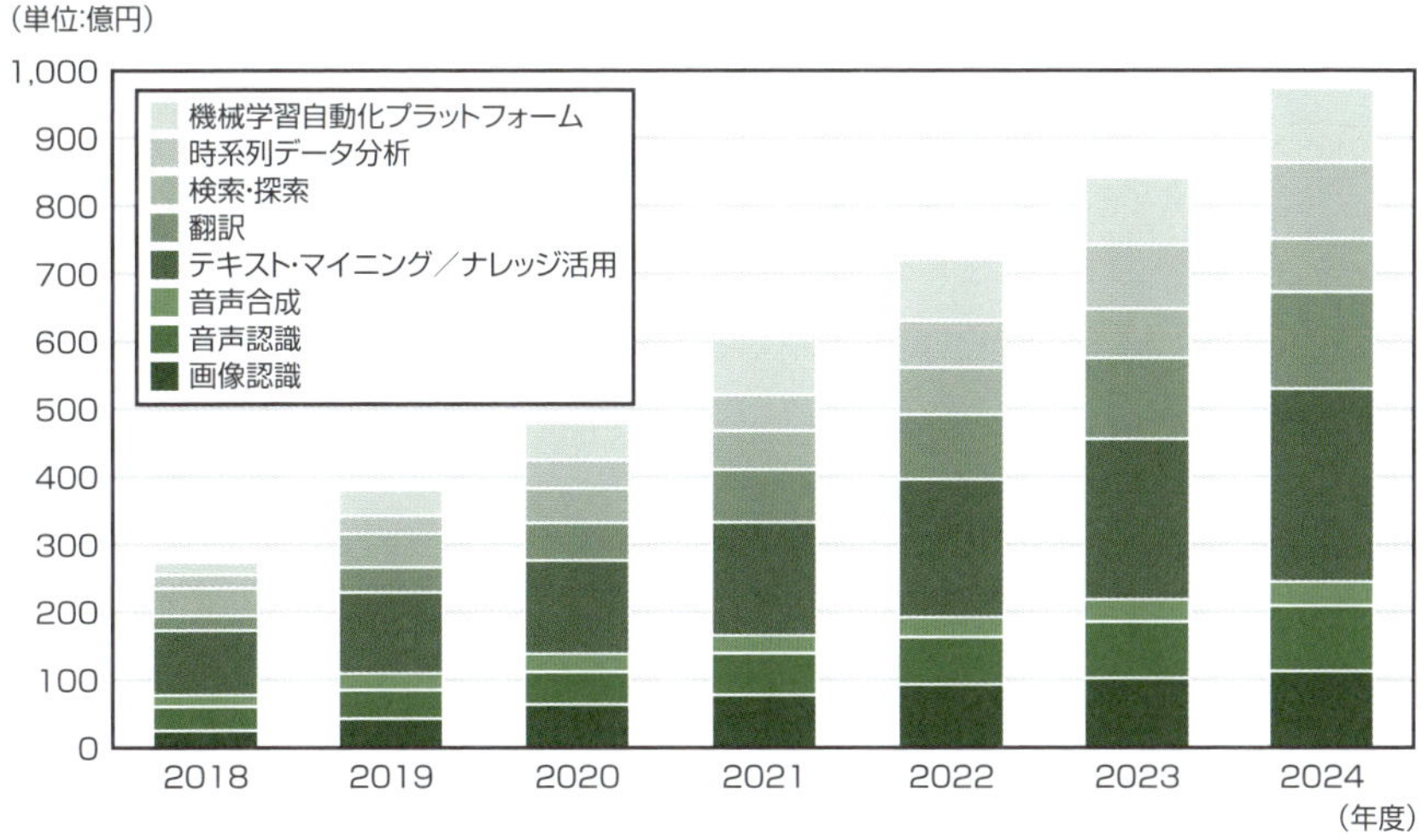

出所：ITR「ITR Market View：AI市場2020」
*ベンダーの売上金額を対象とし、3月期ベースで換算。2020年度以降は予測値。

用語解説

***チャットボット**　人間の質問や依頼に対して人工知能が受け答えして、コミュニケーションをとる技術。会話ロボットが代表的で、対話者からの多種多様な問いかけに対して、自然な回答パターンを人工知能が蓄積して対応する。

15

MEMS

MEMSは、メカトロニクス技術の究極の微小化を可能にする技術で、センサや医療分野、バイオテクノロジーなどの分野で活用されています。

自動車の安全に寄与するMEMS

MEMSは、Micro Electro Mechanical Systemsの略で、実用化されている例としては、プロジェクト光学素子の一つであるDMD＊(Digital Micromirror Device)やインクジェットプリンタのヘッドノズルなどがあります。

また、MEMS技術を、自動車の横滑り防止システムとして注目されているESC(Electronic Stability Control)などへの応用もあります。

ESCは事故を未然に防ぐことができる予防安全やアクティブセーフティと呼ばれる考え方で、安全な車作りに欠かせない技術として注目されています。

ESCでは、加速度センサや角速度センサ、圧力センサにMEMS技術を応用することで、急なハンドル操作や滑りやすい路面の走行中に、車が横滑りする状況を感知できます。感知した情報から各車輪が最適なブレーキ制御を行い、車両の進行方向を保つことができるようになります。

欧州や米国では四・五トン以下の車に対して、導入が義務化されており、アジアでも標準化が進むと期待されている市場で、その拡大に伴ってMEMS製品の需要も伸びていくと見られています。日本でも、ESC向けの三軸センサを一チップ化し、エンジンルームに搭載できる耐熱性および振動耐性を持たせたセンサ技術を開発しています。

医療現場で利用されるMEMS

医療では、微量サンプルの解析や計測を行ったり、小

用語解説

＊DMD　Digital Micromirror Deviceの略。CMOSプロセスで作られた集積回路上に、MEMS技術を応用して可動式の微小鏡面(マイクロミラー)を平面に多数配列した表示素子のこと。1個のマイクロミラーが表示素子の1画素に相当する。

さな構造物を分析するために、微細構造を持たせることが可能なMEMS技術が大きな役割を果たすと期待されています。

その例として、血液中のがん細胞を分別するMEMSチップがあります。がんで死亡する原因の九割はがん転移によるもので、がん細胞が血液中に入り込んで人体の様々な箇所に移動するからです。MEMSチップによって、わずか数ミリリットルの血液中から転移するがん細胞であるCTC(Circulating Tumor Cells)を分離することができます。また、採取した血液に触れず解析できるという利点もあります。肺がんや乳がん、すい臓がんなどを発生源とするCTCの分離に適用し、五〇%以上の割合で検出できたというデータも出ています。

同様にエイズウイルス(HIV:ヒト免疫不全ウイルス)の感染状況を検査するMEMSチップも注目されています。HIVが感染する「CD4+T細胞」の数を一〇マイクロリットルの血液から計測することが可能で、従来に比べて容易な検査を実現します。

医療分野で利用されるMEMS技術

内容	詳細	利点
血液中のガン細胞を分別	新開発のチップを利用すると、わずか数ミリリットルの血液中から、ガン細胞(CTC: Circulating Tumor Cells)を分離できる。	採取する血液の分量がわずかで済むことと、採取した血液をそのまま(一切触れずに)、CTCの検出に回せること。
エイズウイルス(HIV)に感染している状況を検査	エイズウイルスに感染している状況をMEMSチップで検査する。	検査に必要な血液の量は極めて少ない。エイズの診断や治療の経過観察などで必須の検査項目とされる「CD4+T細胞」のカウントを、従来に比べて非常に安価で簡便に実行できるようになる。
緑内障の診断を目指す圧力センサ	緑内障の原因の一つに眼圧の異常な高まりがあるが、眼球近辺に圧力センサを直接埋め込み、眼圧を常時測定できるようにする。	抵抗とコンデンサ、コイルによる共振回路で構成された圧力センサで、外部読み取り器のコイルとセンサコイルの誘導結合によってセンサの測定値を読み取る。

セキュリティ機器

防犯や防災のほか、記録や見守りなどに使用される監視カメラをはじめとするセキュリティ機器は、半導体技術の進化とともにその性能を飛躍的に向上させています。

高解像度を実現した監視カメラ

セキュリティ機器の代表的なアイテムである監視カメラは、その利用目的によって「防犯カメラ」と呼ばれたり、「防災カメラ」と呼ばれたりしています。

また、その用途も監視目的に限らず、介護センターなどでの「見守りカメラ」や、動物の夜間行動を記録する記録用のほか、観光地などの「今」をリアルタイムで届けるネットワークカメラとしても活用の場が広がっています。

しかも、半導体技術の進化とともに撮像素子であるCCDやCMOSの解像度が飛躍的に向上したことで、初期と比較して桁違いの高画質になり、より鮮明な画像として捉えることができるようになりました。

結果的に、すべての活用シーンにおいて、画面から得られる情報量が飛躍的に増大し、画像認識の正確さが向上することで、顔認証や行動認証なども高い正確性で実現できるようになっています。

カメラの種類も多様化し、暗視カメラや赤外線カメラをはじめ、360度を一台でカバーできるカメラやチルト&ズーム機能付きカメラ、水中カメラ、防曝対応カメラなど多岐にわたっています。

さらに、解像度の向上は画像解析技術の発達にも寄与し、防犯目的だけにとどまらず、様々な活用シーンで的確な情報提供を実現しています。

センサ技術で守るセキュリティ

カメラと並び称されるセキュリティ機器に「センシ

ング機器」があります。最も一般的な機器としては、赤外線センサなどが有名です。

特に防犯対策の分野では、人感センサが注目されていますが、ここにも半導体技術が生かされています。例えば、人の体温を感知する温度センサは、室温との微妙な温度変化を捉えることで不正な入室を感知するために役立ちますが、別用途として人の過密に合わせたエアコンの風量コントロール用センサとしても用いられています。

また、床の微妙なひずみを感知するセンサでも人の入室を感知することができ、その変化を解析することで行動やその人が現在居る位置を特定することもできます。この技術も別応用として、洗面所の床に設置しておけば、毎朝意識することなく自動的に体重測定できるシステムとして活用できることになります。

このように、セキュリティはセンサの技術によって様々な角度から監視・察知して安心を高めますが、それと同時に同じ技術を別の分野で活用することで、私たちの生活に密着したスマートホームの一部にも適用できる技術して注目されます。

セキュリティ機器の設置例

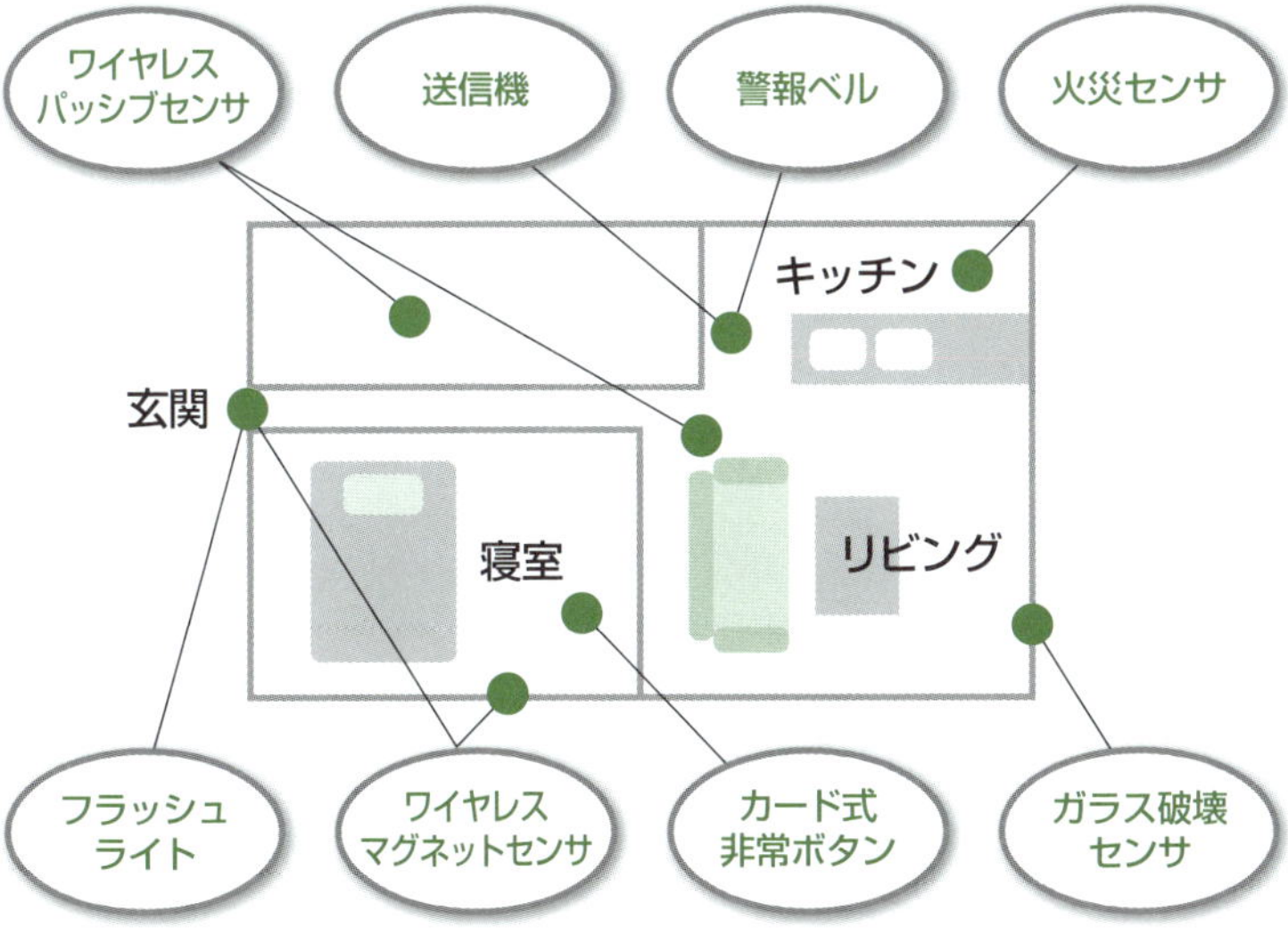

17

ICカード

交通機関をはじめ、様々な分野のプリペイドカードに、ICカードが利用されています。近年では、電子マネーや電子錠へも利用が広がり、最も生活に密着したカードになっています。

交通機関で普及したICカード

プリペイドカードとして利用されているICカードは、非接触型のタイプが多く、リーダとライタの距離によって、「密着型」「近接型」「近傍型」「遠隔型」の四タイプに分類することができます。

いずれも国際的な規格で標準化されており、内蔵されたMCU*やメモリなどを利用してデータのやり取りを行っています。

四タイプの中では、近接型が特に普及しており、オランダのフィリップスエレクトロニクスが開発した**Mifare(マイフェア)**とソニーが開発した**Felica(フェリカ)**の通信方式が標準化されています。

プリペイドカードとしてICカードが利用されるようになったのは、一九八四年から販売している欧州テレホンカードからになります。意外にも日本はICカード後進国で、九〇年代後半から公共交通機関などでICカードが普及し始め、その後、急激に浸透し始めました。

現在ではJR東日本で二〇〇一年から導入されているSuicaやJR西日本で〇三年から採用されているICOCA、私鉄のPASMOなど、交通機関で利用が拡大しています。

また、一枚のカードに複数の機能を持たせた**マルチアプリケーション**への発展も顕著で、Suicaにクレジットカードやポイントカードの機能を持たせることで、ショッピングに利用したり、そのポイントをほかのサービスに変換したりといったサービス展開も可能に

用語解説

＊**MCU**　Micro Controller Unitの略で、産業機器用のマイクロコンピュータ（マイコン）を指す。

しています。

生体認証システムとの融合

セキュリティカードとして活用されるＩＣカードは、パスワードなどによって高いセキュリティ性が確保されていますが、暗号化したデータが解読される危険性があるため、指紋や手の甲の静脈認証、虹彩認証などの生体認証と併用することが勧められています。

七二文字に制限されている磁気カードに比べ、ＩＣカードは大きな記憶容量を持つため、様々なアプリケーションの採用が実現でき、総合認証環境を構築することによって、情報漏洩や個人データの改ざん、パスワードの盗み出しなどの被害を最小限に食い止めることが可能になります。

さらに、暗号の危険性問題を解決するＲＳＡ暗号*や米国政府が策定したＡＥＳ暗号*に対応するだけではなく、認証やデジタル署名などに利用されるハッシュ関数であるＳＨＡ２５６*などを搭載したセキュリティ効果の高いＩＣカードもあります。

非接触型ICカードの種類と特徴

タイプ	通信距離	方式	特徴	主な用途
密着型	2mm程度	電磁誘導方式	リーダに密着させて読み取らせるタイプ。	認証用、金融決済用など
近接型	10cm程度	電磁誘導方式	最も利用されているタイプで、利便性も高い。	電子乗車券、運転免許証、住基カード、ICテレカ　など
近傍型	70cm程度	電磁誘導方式	一定の距離でも読み取れるため、ホルダから取り出すことなく入室などが可能。	入退室カード、ID認識用、社員カード、カードキー　など
遠隔型	数m	マイクロ波方式	遠距離に対応しており、駐車場などでも車から降りる必要がない。	駐車場カード、入退室カード、カードキー　など

用語解説

*RSA暗号／AES暗号／SHA256　RSAは発明者の頭文字を取って命名された公開鍵暗号のこと。AESは、米国の暗号規格(Advanced Encryption Standard)の頭文字を取った共通鍵暗号である。また、SHA(Secure Hash Algorithm)は、米国国立標準技術研究所(NIST)によって米国政府標準のハッシュ関数として採用されている。

18 ICタグ

RFIDを利用した小型の情報チップとしてICタグがあります。ゴマ粒チップと呼ばれるほどの大きさで、セキュリティやトレーサビリティなどの用途で注目されています。

物品管理を担うICタグ

個人認証をはじめとするセキュリティや電子マネー、定期券などのように人が利用することが多いICカードに対して、**ICタグ**は様々な物品を管理するために使用されます。いわば電子的な荷札のようなもので、現在のバーコードに代わるものですが、バーコードと違って複数のICタグを一度に読み取れるため、カゴごとレジを通過させることも可能になります。

ICタグは微小な無線ICチップで、自身の識別コードなどの情報が記録されており、電磁波や電波などを利用して情報のやり取りを可能にしています。このように、無線（RF）を使ってIDを読み取ることから、「**RFID**＊」とも呼ばれています。

耐環境性に優れていることが特徴的で、水に濡れても読み取り機との通信に支障をきたすことがありません。また、アンテナ側からの非接触電力伝送技術が発展したことで、電力を搭載せず半永久的に利用できるだけではなく、ラベル型、カード型、コイン型、スティック型などの形状から用途に応じて選べることも特徴です。

一九六〇年代に自動車の盗難防止用として技術開発がスタートし、八〇年に製品化を実現して以来、周波数の高帯域化とチップの小型化が進んでいます。

小型化に関しては、〇・〇五mm角のICチップが二〇〇七年に開発されており、〇九年六月には日立製作所が〇・〇七五mm角のICチップの量産技術を確立したと発表しています。超小型のICタグは、折れた

用語解説

＊RFID　Radio Frequency IDentificationの略で、ID情報が埋め込まれたタグから電磁波などを用いて情報のやり取りを行う技術を指す。3-9節参照。

り曲がったりする可能性が低いため、衣類や書籍などの管理や工場で利用される機器の点検など、産業用途での広がりが期待されています。

トレーサビリティへの活用

　ICタグは食の安全にかかわる**トレーサビリティ**への活用も考えられており、狂牛病などの影響を回避するため、肉牛をはじめとした家畜への導入が進んでいます。また、商品識別や管理技術などだけではなく、IT化や自動化を推進する基礎技術としても注目されています。

　現在でも図書館の蔵書管理にICタグを使用する例などもありますが、将来的にはすべての商品に微小なICタグが添付されることで、世界的な流通インフラになると見られています。

　さらに、食品にICタグを取り付け、冷蔵庫の中に入れると自動的に種別を識別するシステムが構想されています。冷蔵庫が保存している食品のリストを提示したり、消費期限を知らせたりできるインテリジェントな機能を持つIT家電の登場が期待されています。

ICタグの種類と用途

形状	大きさ	特徴	主な用途
ラベル型	大	ラベル表面に印刷・印字が可能。	紙製品、書籍の管理　など
タグ型	小	取り付け、取り外しが簡単にでき、取り付けスペースも少ない。　など	衣類などの販売管理用　など
カード型	大	薄さと取り扱いやすさを兼備し、持ち運びが簡単。	IDカード、名札　など
コイン型	小	耐久性があり、耐水性もあることから、洗濯やアイロン、乾燥などにも対応。　など	リネン、ユニフォーム　など
棒形	中	取り付けスペースが少ないものにでも取り付けが可能。	衣類などの販売管理用　など
板型	大	ラベル型と同様に印刷もできるが、ボード状なので貼付しても剥がれづらい。	木工製品、樹木管理　など
金属対応型	小	対象物が金属でも、有効な通信距離を確保。	金属製品の管理用　など
プラスチック対応型	小	プラスチック製物品への貼り付けが可能。	プラスチック製品の管理用　など
ガラス封入型	小	耐水性、耐熱性、耐紫外線、耐薬品性を実現。	化学実験用の機材、薬用ビン　など
キー型	中	実際のキーに取り付け可能。	ドアキー、自動車用キー　など
アクセサリー型	中	外装素材に特殊ゴムを使用したソフトタイプ。柔軟性と屋外で使用できる耐久性を実現。	携帯電話、筆記具　など

19 スマート家電

高度に発展した情報通信技術（ＩＣＴ）を搭載したスマート家電は、自動制御だけではなく、スマートフォントとの機能連携による遠隔操作などが利用できる次世代家電として注目されています。

家電をネットワークで接続

スマート家電は、情報通信技術（ＩＣＴ）を搭載することで、ネットワーク対応した家電製品や電力メーターなどと接続して連携させるものの総称ですが、スマートハウスの一部として自動制御を行う家電を示す場合と、スマートフォンとの機能連携によって遠隔操作を実現するスマホ家電のことを指す場合があります。

スマートハウスの一部としてのスマート家電は、電化製品や電力メーターなどがネットワーク接続され、運転状況や消費電力量などの情報を相互連携させることで、それぞれの状況に応じて最適なコントロールを自動的に行うシステムです。したがって、スマートメーターやスマートグリッドのような大規模インフラ構築を必要としますが、次世代のエネルギー戦略として大いに期待されています。

一方のスマートフォンとの機能連携を実現するスマホ家電は、スマートフォンに専用アプリケーションをインストールして、遠隔操作したり、運転状況を確認するなどといったことが手元でできるようになります。すでに製品化されており、家電の操作がどこからでもできる時代になったといえます。

うっかりスイッチを切り忘れて外出してしまった場合でも、出先から電源をオフにすることもできるので安心ですし、帰宅時間に合わせて出先からエアコンをコントロールして室温を快適な状態にしたり、風呂や食事の準備をすることもできます。

また、テレビやレコーダをネットにつなげば、デジタルカメラで撮った写真を送信したり、番組の録画予約を外出先から操作することもできるなど、将来の家電の方向性を示すシステムとして注目されています。

スマートな生活を実現

家庭内にある電化製品や健康管理機器がネットワークにつながることで、生活がより一層スマートになるといわれています。

例えば、ご飯の炊き方一つでも、家族それぞれの好みをスマートフォンなどに登録しておけば、炊飯器にタッチしてデータを送信するだけで、自分好みのご飯が炊きあがることになります。レンジ調理の場合には、レシピを登録しておけば、好みに合わせた調理が実現できますし、洗濯機なら洗剤や柔軟剤の量のほか、洗濯コースを設定しておくこともできます。

また、体重計や血圧計、脈拍計のほか、体調管理機器などの健康機器と連携させると、スマートフォンをタッチするだけで、毎日の体調データや体の状態を自動的にグラフ化したり、そのデータを提携している病院やクリニックに転送することもできるようになります。

スマート家電の利用形態

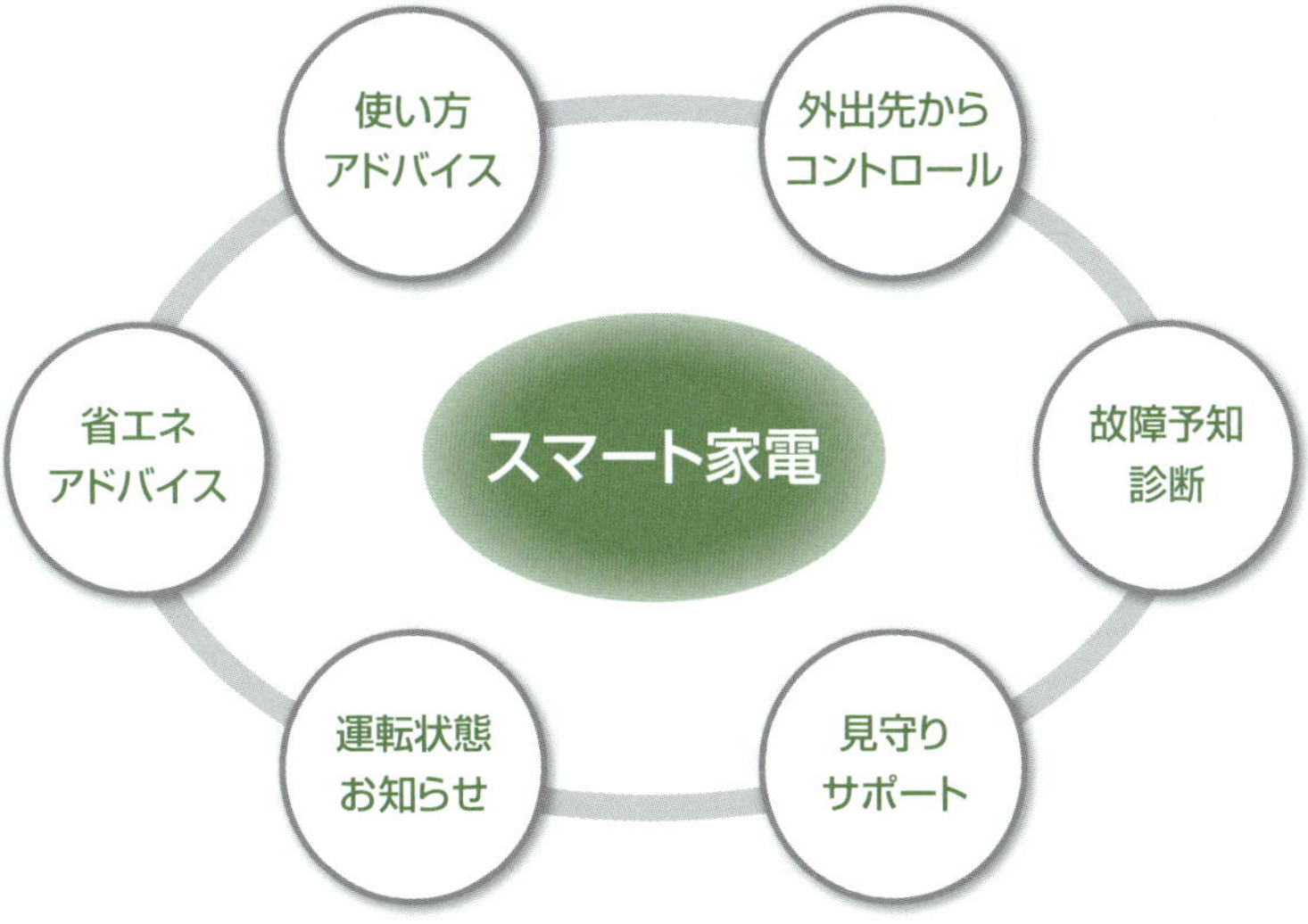

column

触覚デバイス

人や動物には、視覚、聴覚、嗅覚、味覚、そして触覚の五感が備わっているといわれています。しかし、実際には、もっと細分化されて、痛覚や温度覚など、20以上の感覚があることもわかっているようです。

この五感を機械に代用させようとしたものがセンサに代表されるアイテムで、古くから視覚はカメラがあり、聴覚はマイクがその代替として知られています。また、嗅覚に替わるセンサとしては臭いセンサがあり、味覚には味覚センサがデバイスとして開発されています。

ところが、触覚に置き換わるデバイスの開発は最も遅くなっており、ロボット工学の分野や医療機器分野でその開発と実用化が注目されています。

では、なぜロボットに触覚センサが必要なのでしょうか。それは、ロボットと人が同じ次元で共生する必要性が生まれてきたためと考えられます。つまり、介護用ロボットに代表されるように、人との関わりを持つ場合、力加減を触覚センサで感じ取りながらでないと安全性が確保できないということと関係があります。

例えば、要介護者をベッドから抱き上げようとする場合、体に沿わせてロボットアームを差し入れるようにしなければ、余計な負担をかけたり、けがをさせたりしてしまう危険性も考えられます。その繊細な動作を実現させるためには、微妙な隙間感覚を触覚で捉えられることが必要になり、ロボットアームに触覚センサを備えることが求められるのです。これが人と同じように感覚で動作させるための条件で、実現できれば介護負担の大幅な解消が見込めると考えられています。

触覚センサは、手術ロボットを活用した遠隔手術などを行う医療の分野でも注目されています。手術現場でロボットが触れた感触を電気信号に置き換え、遠隔地でそのロボットを操作する術者の指先に実際の感覚と同じように届けられれば、患部の触診による判断ができるようになり、より的確な手術が可能になると考えられるからです。

いずれの用途でも、すでに実用化が始まっていますが、さらなる進化によって、より人の感覚に近づけた動作をロボットに指示することができる時代が来ると思われます。

第6章

半導体産業の今後と未来

グローバル経済の中で熾烈な競争を展開している半導体産業は、技術の進化に追随するだけではなく、市場の要求にいかにスピーディーに対応し、シェアを獲得していくかの生き残り競争になっています。国内の半導体産業が生き残るためにも、国家的な戦略が今こそ求められるときです。

1 生き残りをかけた業界再編

世界的に熾烈な開発、販売競争が巻き起こっている半導体業界では、生き残りをかけた構造改革や企業の合併・統合が盛んに行われています。その動きは日本国内においても変わるものではありません。

大型企業再編で競争力強化

二〇一〇年に、当時のルネサステクノロジとNECエレクトロニクスが事業統合したのを皮切りに、国内においてもいよいよ本格的な企業再編が始まったと捉えられていました。

しかし、主役の一方であるルネサステクノロジは、バブル崩壊後に**急激な不況と国際競争力の低下**に見舞われた日本半導体産業において、日立製作所と三菱電機の半導体部門を統合して設立された会社です。当時は、NECと日立製作所のDRAM部門を統合したエルピーダメモリも誕生しており、今から振り返ればその時が業界再編の第一幕だったとも考えられます。

事業再編や構造改革、企業再編、事業再構築などは、価格競争力や国際競争力の強化が目的となっています。各企業は、**生き残り策**として様々な方策に打って出ることになり、統合や合併にとどまらず、吸収合併や事業売却、技術提携、委託生産など、再編策の形態は多岐にわたります。

ところがその後、統合や協業、合併などによる業界再編は続いたものの、結果として芳しくないという状態が長年続いています。生き残りをかけて望んだはずの再編でも、世界情勢には抗いきれず、海外企業との協業などで生き残っているのはいい方で、経営破綻や企業倒産に追い込まれているのがほとんどといった状況です。

分社化と合併、提携で事業を改善

事業の再構築や業界再編が盛んに行われる裏には、

熾烈な国際競争についていけない日本の半導体産業の弱点が浮き彫りになってきます。

　高度な技術力とものづくりに対する高いレベルを持ち続け、半導体製造装置やプロセス材料では世界有数の企業も育っていることを考え合わせると、いかにも残念なことです。

　それだけグローバリゼーションの波は大きく、厳しいものだといえるでしょう。過去の栄光や、経済的技術的資産だけで生き残れるほど甘い世界ではないということです。

　元来、日本の半導体産業は国内市場に目を向けていました。海外市場としては、せいぜい米国向けの輸出程度しか念頭になかったといえるでしょう。その頼りの海外市場でも、一九八六年の**日米半導体協定**で憂き目を見ることになります。米国市場以外に目を向ける必要があったともいえるでしょう。

　全世界をターゲットに、現在の状況を打開しようとするなら、黎明期の自動車産業のように、業界まかせから国主導の対策への変換も必要と考えられます。

国内半導体メーカーの再編構図（2010年代）

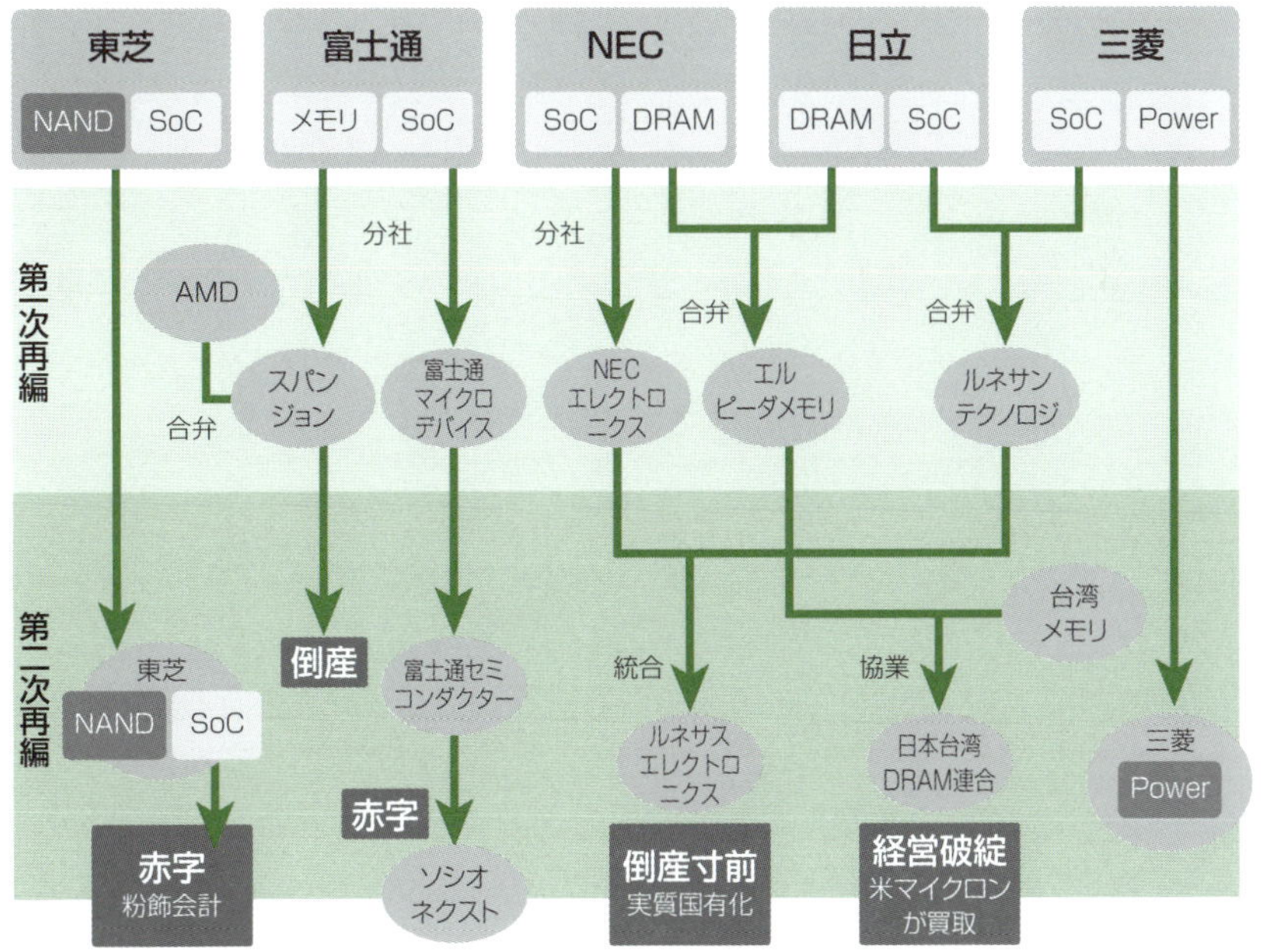

出所：微細加工研究所

2 日本の半導体プロジェクト

世界的な劣勢が伝えられる日本の半導体産業を立て直す目的で、産学官連携の国家的なプロジェクトが立ち上げられました。しかし、その実態は産学連係という民間主体の取り組みでした。

日本半導体の大型国家プロジェクト

一九八〇年代に、日本の半導体産業が活躍していた背景に、当時の通商産業省が主導した「**超LSI技術研究組合**」の存在がありました。

しかし、その後約二〇年もの間、**産学官連携の大型プロジェクト**がまったく存在しなかったというのは、国策ともいえる産業にとって、理解できないことです。

半導体の大成功によって、次世代開発を怠っていたといわれても仕方のないことでしょう。

その間、米国においては「インターナショナルSEMATECH」、欧州においては「JESSI」「MEDEA」など、国を挙げてのプロジェクトで次世代半導体の開発が成されていきました。さらに、欧米に限らず、韓国や台湾も、国家による産業育成策を推進し、官民一体の共同プロジェクトで、現在までの急成長を実現しているのです。

激しい動きが起こっていた半導体産業に対して、日本政府も、遅まきながら九〇年代後半になって共同プロジェクトをスタートさせることになります。しかも、当時、「あすか」「MIRAI*」「HALCA」「DIIN」「ASPLA」の五つの産学官共同プロジェクトを同時進行させるというものでした。

その後、役目を終えたものや、他のプロジェクトに発展的に継承したもの、また新たに立ち上げたものなどで、国家プロジェクトとして運営されていましたが、いずれも「産学官」は表向きで、国や政府をはじめとする「官」が抜けた「産学連携」という有様でした。

用語解説

＊**MIRAI**　Millennium Research for Advanced Information Technologyを略したもの。この名を付けた「半導体MIRAIプロジェクト」は、半導体集積回路の一層の高機能化、低消費電力化に不可欠なデバイス・プロセス基盤技術を2010年度までに確立することを目的として、NEDO技術開発機構が研究委託を行っている。

産学連携プロジェクト

半導体関連の国家的なプロジェクトは、業界の生き残りをかけて、産学官連携で始まったものの、すでにその役目を終えたものも数多くあります。

特に、「あすかプロジェクト」の終了によって、ＤＦＭやＳｏＣ(System on a chip)製造の「ＳＴＡＲＣ」も終了することになります。

民間主体の半導体プロジェクトとして活動していた「あすかプロジェクト」は、当時の日本の半導体産業がＤＲＡＭに偏っていたことから、ＳｏＣの開発に必要な先端プロセスデバイス技術の確立を目指して立ち上げられたプロジェクトでした。

民間主体とはいえ国家プロジェクトとして五年計画で取り組みを開始した「あすかプロジェクト」でしたが、結果的にＳｏＣで成功した企業は一社もありませんでした。

確かに、富士通やＮＥＣ、日立製作所なども取り組みを開始し、分社化や合併で対応したものの、最終的には手を引く形になっています。

21世紀初頭の半導体の国家プロジェクト

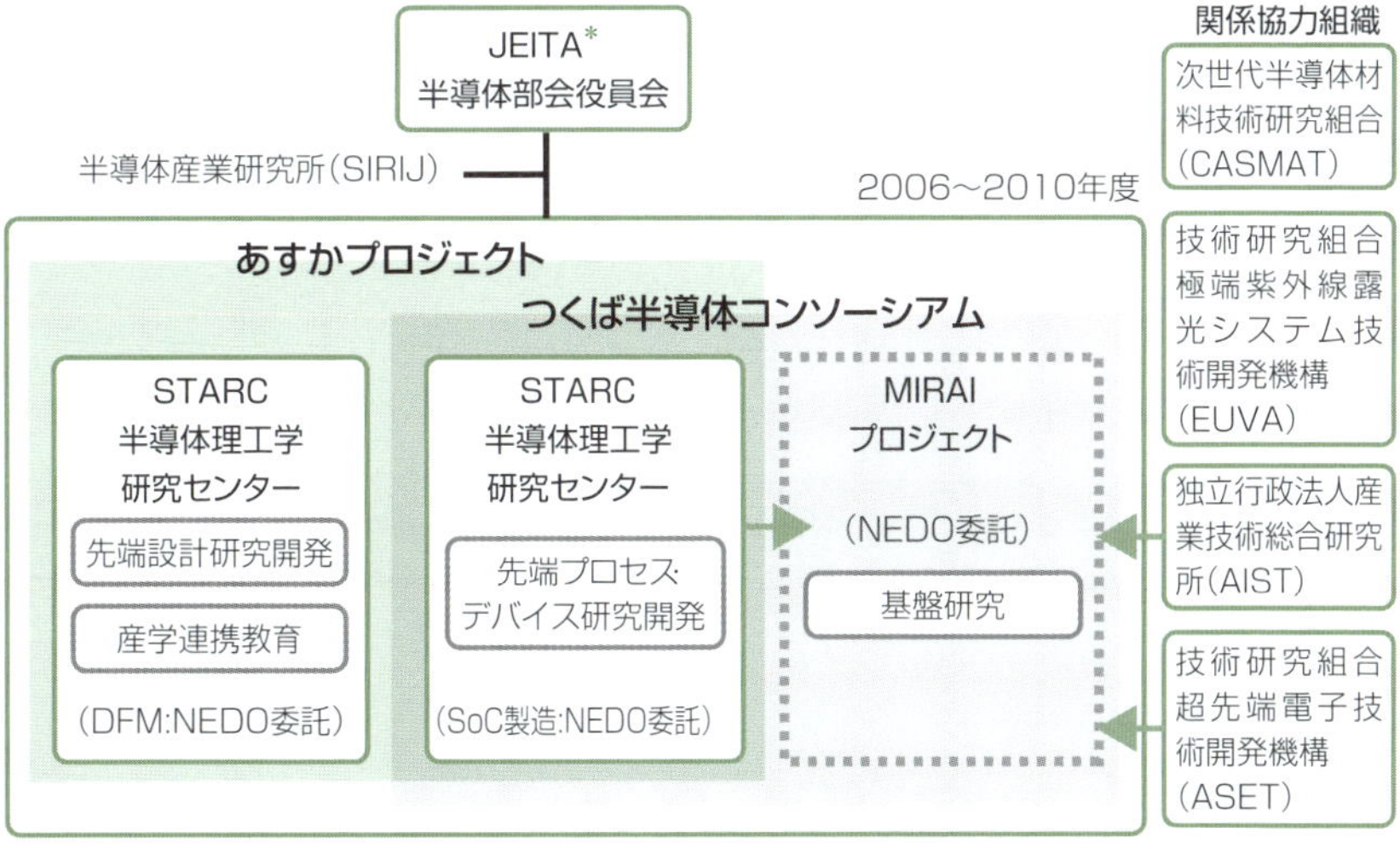

出所：JEITA((社)電子情報技術産業協会)　＊電子情報技術産業協会

3 半導体と次世代機器

現在の半導体に起死回生の素地はなくても、搭載される電子機器の発展や新しいソリューションの誕生によって、再攻勢は大いに期待できます。そこには、国家戦略としての取り組みが必要になります。

次世代アイテムも半導体が支える

デジタル革命以後、今までのアナログ機器がほとんどといっていいほどにデジタル化されています。「デジタルカメラ」や「テレビのデジタル放送」「スマートフォン」だけを考えても、私たちの身の回りの様々なアイテムは、デジタル化されています。

デジタル機器は、アナログ機器に比べて作りやすいというのが特徴としてありますが、反面で低価格化が急速に進み、**利益確保が難しい**という問題もはらんでいます。しかも、高機能化と低価格化のほとんどの要素を、搭載されている半導体やシステムＬＳＩが占めているため、半導体技術の発展がそのまま製品の発展に直結してくることになります。

この流れはしばらく続くと考えられ、今後市場投入が予想される様々なデジタル機器が、半導体市場を支えていくという構造に変わりはなさそうです。

しかし、その時流に乗り遅れることなく、市場を席巻しようとするのであれば、現在のデジタル家電が減速してきたあとの**市場を牽引できる製品と、その製品が要求する仕様を満足させる半導体**をいち早く供給できる体勢を整えることこそが、市場のリーダーシップ奪還につながるといえるでしょう。

国としての取り組み方が求められる

デジタル家電の活況とともに成長してきた日本の半導体は、システムＬＳＩが中心となっていました。

一方、世界に目を向けると、次世代移動通信（５Ｇ／

6G)やAI(人工知能)、量子コンピュータなどの、いわゆる**エマージングテクノロジー**という大きな流れが存在します。

二〇世紀後半の、日本の半導体デバイスの凋落によって、大きく水を開けられた感はありますが、スーパーコンピュータの「京」や「富岳」の世界的性能を達成した技術力があることも忘れてはいけません。

さらに、世界的なうねりとして、「エネルギー問題」や「環境問題」があります。これらの課題解決にも、半導体技術は大きく貢献することが期待されています。代表的なものが、「太陽電池」や「LED照明」でしょう。太陽電池モジュールにはシリコン半導体や化合物半導体が使われており、半導体産業と密接な関係にあります。また、LED照明用の電球にいたっては、もはや半導体そのものといっても過言ではありません。

これら環境機器のほか、通信環境を改善する光通信用の**半導体レーザー**＊なども将来的な半導体市場を支えるアイテムと考えられていますが、いずれも日本が国としてどのように取り組んでいくのかが強く求められることになります。

次世代のデジタル機器・キーアイテム

製品分類	製品名	概要・特徴
ICT関連機器	6G、7G通信	5Gの次の世代の通信規格として、6G(第6世代移動通信)が議論され、さらにその次の世代として、7Gが提唱される。 半導体に対しても、線幅の超微細かだけではなく、ボンディング素材などの見直しも迫られることになると考えられる。
	次世代インタフェイス	AR(拡張現実)、VR(仮想現実)、MR(複合現実)など、XRといわれる次世代インタフェイスが、ゲーム分野にとどまらず、エンタメ分野やビジネスの場にまで広がりをみせる。
	電子ペーパー	有機ELディスプレイの実用化により、本格的な実用化に向けての製品化が望まれる。
家庭電化製品	介護用家電	障害者が目の動きや口の動きでコントロールできる家電品の開発と実用化。
	ゲーム機	3Dにとどまらず、センサやアクチュエータを利用した体感型ゲーム機の出現。
自動車	完全自動運転	レベル5の自動運転車の実用化が視野に入る。全自動運転による安心・安全が前面に出ているが、不正アクセスによる操作の乗っ取りなど、対応するセキュリティ強化などにも課題も残す。
ロボット	家庭用介護ロボット	施設で利用されている介護ロボットが一般家庭用に開発される予測。機能安全をベースにした安全性の向上がキーポイント。MEMSを活用し、健康管理も同時に行う案もあるという。

用語解説

＊**半導体レーザー** ダイオードレーザーとも呼ばれる。半導体の再結合発光を利用したレーザーで、半導体の構成元素によって発振するレーザー光の波長が変わってくる。光通信用に利用される以外に、他のレーザーと比べて小型・低消費電力を生かしてCDやDVD、BDなどの光ピックアップとして活用されていることが知られている。

4 次世代ICTと半導体

携帯電話からスマートフォンへと進化する中、移動通信システムも新時代に突入です。しかし、通信速度のさらなる高速化は高消費電力化を招き、それに伴い半導体に対する要求も厳しくなります。

モバイル端末はデバイスの宝庫

携帯電話やスマートフォンは、電話機能に加えて様々な機能が搭載されており、さながらICTを持ち歩く感覚になっています。

搭載されている機能も、基本の通話機能はもちろんのこと、メール、デジタルカメラ、音楽プレーヤ、ゲーム、GPS、リモコンなどと多彩です。そこには、日常生活のあらゆるアイテムが搭載された**マルチメディア情報機器**の姿があります。

これだけの搭載機能を実現するためには、それぞれの機能に対応した半導体と、それを機能させるためのソフトウエアが必要になります。

デジタルカメラ機能の実現には、イメージセンサとDSP、画像処理用のLSIや表示デバイスなどが必要になり、メール機能では通信用のLSIやベースバンドLSIが必要になるといった具合です。

もちろんそれ以外のアプリケーションも同様で、音楽プレーヤなら、DSPやデジタル音源も搭載しなければなりません。

また、それらのデータを記憶しておくためのメモリや操作用のキーボード、表示用のディスプレイ、スピーカ、マイクそして電源と、まるで半導体デバイスのデパートのような状態が、小さなボディの中に展開されているのです。

これらはすべてシステムLSIとして搭載され、多機能性はもちろんのこと、その信頼性も要求されることになります。

スマートライフのキーデバイス

スマートフォンは、形こそ電話のようですが、実際のカテゴリーはパソコンと同じです。

したがって、その機能は携帯電話をはるかに凌ぎ、次世代のスマートオフィスやスマートホームには必要不可欠なアイテムと考えられています。

利用環境も大幅に広がり、エアコンや家電の遠隔コントロールだけではなく、健康管理やセキュリティ対策にも使用することまでが、すでに実用段階になっているといわれています。

しかも、現在のシリコン半導体から有機半導体に置き換わると、スマートフォン自体がウェアラブル端末になり、通信機能をフリーハンドで実現できたり、測定されていることをまったく意識せずに日頃の体調データを直接計測して取り込むことができるようになります。さらに、ホストマシンのある自宅などに戻ったとき自動的にデータを吸い上げて管理することまでが使用感なしにできるのも、それほど遠いことではないでしょう。

マルチメディア端末としての携帯電話

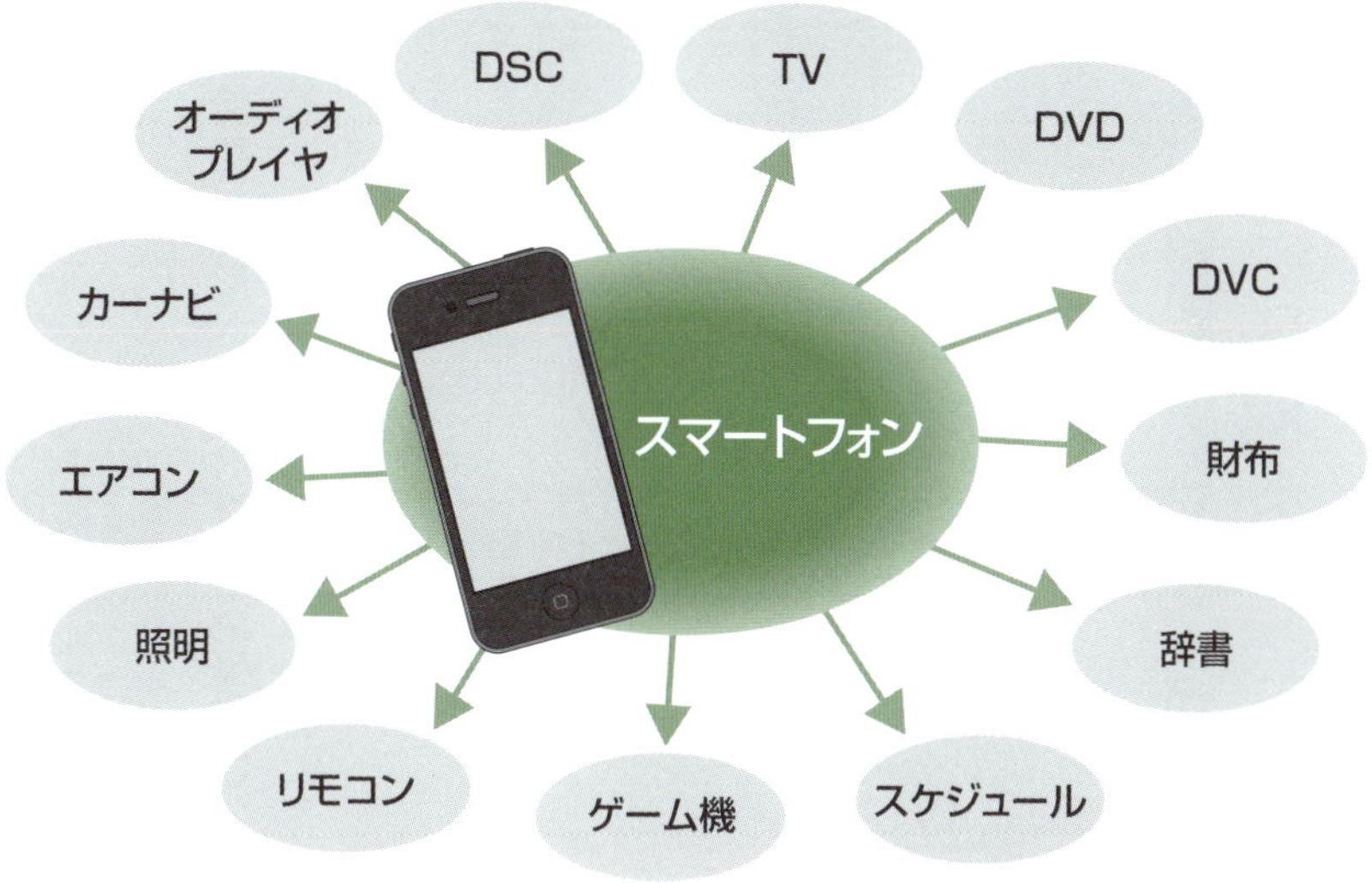

5 ロボットの高機能化を支える半導体

日本には世界レベルのロボット技術があります。産業用には以前から利用されており、その優秀さはすでに実証済みです。今では介護分野などへの利用も考えられているほど、その有用性が高まっています。

産業用ロボットと人型ロボット

ロボット＊産業は、**FA（ファクトリーオートメーション）**の分野でめざましい発展を遂げており、搬送ロボットや工作ロボット、動力ロボットなどが、すでに様々な工場で多数活躍しています。

機械工学を得意とする日本は、この分野でも世界トップクラスの技術水準を誇っており、世界シェアもトップを走っています。**産業用ロボット**の市場は、世界的に見てもすでに確立されていると考えてもよいでしょう。

現在、様々なメディアで注目されているのは、**人型ロボット**ですが、形状こそ違うものの考え方は基本的に同じで、自立した二足歩行などを除けば、同様の技術が多数搭載されています。

しかも、その技術は半導体によって確立されており、半導体による技術でできあがった産業用ロボットが、工場のラインで半導体を生産しているということになります。

産業用ロボットが生産性向上や安全性向上のために働くとすれば、人型ロボットは現在のところエンターテインメント用の色合いが濃いといえます。将来的には介護用や医療用など、**人助けをするロボット**として期待されており、さらなる進化が待ち望まれています。

低消費電力のシステムＬＳＩが必須

産業用も人型も、ロボットにはたくさんの半導体が使用されています。

用語解説

＊**ロボット**　チェコスロバキアの小説家カレル・チャペックが創作し、1921年に発表した戯曲『R.U.R.』（エル・ウー・エル）の中で使用したものが始まりとされている。語源はチェコ語で「労働」を意味するrobotaとされている。

ロボットは、人の関節に相当する部分を**アクチュエータ**が担当しますが、その動作指令はすべてCPUやシステムLSIから送られます。

基本動作はプログラムとしてメモリに収められており、視覚や触覚の役目を果たすセンサからの情報をもとに状況に応じて動作することも可能になっています。そこでは、取得データによる判断と、取得情報をフィードバックして制御しながら動作させるといったことが行われています。

この状況判断に関わる動作は、人型ロボットでは大きな部分を占めていますが、産業用ロボットでも良否判断や形状区分などで利用されている機能です。

これらの機能を実現するためには、様々な半導体が必要になります。中でも、CPU、システムLSI、そしてメモリが代表的なもので、システム全体の根幹を成すものといえます。さらに、人間の五感に当たる部分を司るセンサも多数採用されています。

このように多数の半導体が採用されることで、人型ロボットなどでは、小型化および薄型化とともに、**大幅な低消費電力化**が強く求められることになります。

日本の主なロボットメーカー

メーカー名	主なロボット製品と概要
ファナック	FA商品、ロボット商品、ロボマシン商品の製造・販売・保守サービスを事業の柱とした、世界的なロボットメーカー
不二越	NACHIブランドの産業用ロボットのほか、工作機械の代表的メーカー
安川電機	産業用ロボットから医療用ロボット、福祉ロボットなど、幅広い分野で活躍するロボットを提供
パナソニック	FA用の産業ロボットだけでなく、高齢者用コミュニケーションロボットまで、用途に応じたロボットを開発
ダイヘン	メカトロニクスを生かし、溶接機やロボット、半導体機器を提供
デンソーウェーブ	持ち運びできるコンパクトサイトが特長で、どこへでも自由に移動して、簡単に作業の自動化が可能
三菱重工業	汎用ロボットのほか、家庭用ロボットを開発。特に、小型の6軸ロボットは教育現場でも実績がある
ソニー	AIBOに代表されるペットロボットが有名
本田技研工業	人型の二足歩行ロボット「ASIMO」が有名。自在歩行、スピーディでスムーズな動きなど、人間に最も近づいたロボットとして注目される
ヤマハ発動機	単軸ロボットから直交ロボット、画像処理機能付きロボットまで、工場・工程の自動化を効果的に実現するロボットを提供
川崎重工	ほぼすべての種類の産業用ロボットをラインアップ。半導体ウエハー搬送用では、数量ベースで世界50%以上のシェアを誇る
オムロン	ビルトインビジョンを搭載し、短時間での立ち上げと段取り替えを可能にした、協調ロボットを提案
トヨタ	溶接工程や塗装工程で多数の自社製ロボットを導入し、組立工程や運搬作業などでもロボットを活用
ソフトバンクロボティクス	人型ロボット「Pepper」(ペッパー)をはじめ、AI(人工知能)清掃ロボット「Whiz」(ウィズ)や配膳・運搬ロボット「Servi」(サービィ)などを展開
OKI	AIエッジコンピュータの技術を活用したサービスロボット「AIエッジロボット」の開発を推進
セイコーエプソン	産業用ロボットを長年手がけており、スカラロボット(水平多関節ロボット)では、世界トップシェアを誇る

防災・防犯機器と半導体

電子機器の中で、短期間に性能や機能が著しく向上したのが、防災機器や防犯機器の分野でしょう。人命に関わることから関心も高く、さらなる高性能化・高機能化に果たす半導体の役割は大です。

センサ技術で察知と救助

防災は、まず災害の察知が最も重要です。これは風水害でも地震でも、すべてに共通することです。

通常とは違う「異常」を感知するセンサとしては、海中に沈めて津波を察知するセンサや、ビルの側壁に埋め込んでおいてビルのゆがみや振動を計測するセンサ、そして微妙な地震動を察知するセンサ、雨量や風速、潮位などを計測するセンサにも半導体技術は活用されています。

このように多方面で使用されるセンサは、その設置場所や収録するデータの種類に合わせて、最適な精度や設置に対応する強度、耐用年数など、厳しい環境下でも安定した性能を発揮することが必要条件として課せられます。

そのうえで、正確なデータを送り届けることで、災害の事前察知による適切な避難が可能になり、多くの人命を救うことにつながります。

また、万一災害に遭遇してしまった場合に活躍する災害救援ロボットのような救助用の機器にも、センサ技術は応用されています。人感センサや触覚センサ、そして閉じ込められている場所の環境測定用のセンサなど、人の目や耳の代わりをする重要な機器として、半導体技術を応用したセンサが必要不可欠になるのです。しかも、そのコントロールや救助支援などのコントローラには、電子デバイスの塊ともいうべき装置が使用されることになり、ここでも半導体の用途は広がりを続けることになります。

高解像度で防犯対策を向上

防犯対策のためのキーアイテムは「監視カメラ」でしょう。一般的には「防犯カメラ」といわれていますが、諸外国の例と多少違うのは、日本の法的な規制によるもので、撮像活用には一定の制限があります。

監視カメラの性能向上はめざましく、従来の画像に比べ、ＣＣＤやＣＭＯＳの技術向上によって、きわめて鮮明な画像として捉えられるようになりました。

鮮明画像と、発展著しい画像解析システムによって、**顔認証**の技術も飛躍的に発達し、犯人追跡などの有効な手段として活用できるようになったほか、劇場やアミューズメント施設などでの入場ゲートでも**来場者の認識用**に使用されるまでになりました。

しかも、カメラの遠隔操作や音声記録・音声発信などに対応したカメラも製品化されており、海外と同様に監視センターで情報収集し、犯罪を未然に防止する運用の可能性も高まっています。実際に、一部の繁華街などでは試験的な運用が開始されており、監視にとどまらない「防犯カメラ」として活躍しています。

防犯・防災センサの設置例

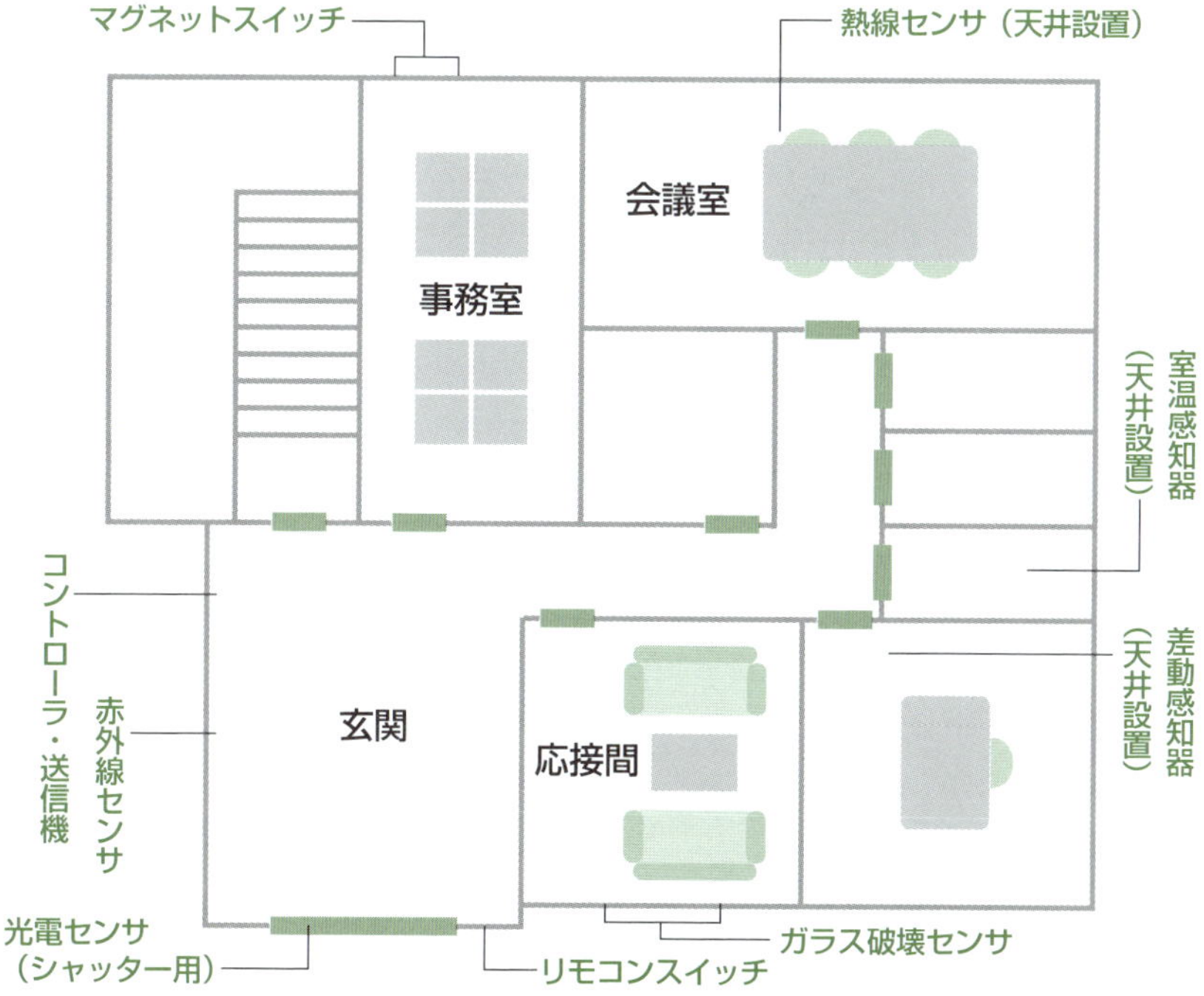

7 期待が広がる新材料の出現

ナノテクノロジーの進展は、微細化を実現する技術的要素と、それらを具現化する材料開発に関わっています。次世代の半導体産業を占う意味でも、期待される新材料に目を向けてみましょう。

進む新材料の開発

半導体製造装置の標準化が進んでいる現在、このままの状態で半導体製造を続けていくことになると、ローコストなインフラを持った国にかなうわけがありません。また、基礎となる材料に関しても、地域的な価格差がなくなってしまったことで、こちらでの巻き返しも難しそうです。

そんな中、各方面から注目されているのが、**ナノテクノロジー材料**です。日本のように、世界一流の技術力を持ちながら、産業構造的な問題や国家戦略のつまずきで苦戦を強いられていても、現状を打破できるのではないかと、大きな期待が集まっています。

つまり、近い将来にはＤＲＡＭが成し得たような半導体分野での勝ち組を目指す目的で、材料から変革を起こしていこうという考え方です。

ナノテクノロジーの中でも、とりわけ材料関連の分野が最も進んでおり、その中でも幸いにして日本は今のところ世界に比して先行しています。当然、米国を筆頭に追随は必至で、国家的に日本の数十倍ともいわれる大型の研究開発投資が行われています。

日本の場合は、ナノテク材料の中の**カーボンナノチューブ**＊の応用に向けた共同研究が加速しています。特に、経済産業省の外郭団体であるファインセラミックスセンターと産業技術総合研究所が発表した共同研究は、世界規模での**量産技術の確立を目指す**ものとして注目を集めています。

用語解説

＊**カーボンナノチューブ**　Carbon Nanotubeを略してCNTと表記されることもある。炭素（カーボン）によって作られる六員環ネットワーク（グラフェンシート）が単層あるいは多層の同軸管状になった物質のこと。単層をシングルウォールナノチューブ (SWNT)、多層をマルチウォールナノチューブ (MWNT) という。

代表格はカーボンナノチューブ

カーボンナノチューブは、半導体の動作速度向上や燃料電池の発電効率向上に大きく貢献すると考えられており、この分野で日本が量産に成功することは、今後の半導体産業にとって大きな意味を持ってきます。

産業界としても、起死回生を狙って大いに注目しており、前出の共同研究プロジェクトには、半導体メーカーや材料メーカーのほか、大学も参加し、久々に産学官が大連携した大型プロジェクトが組まれています。

カーボンナノチューブは、直径が〇・四五nmで、平面のグラファイトを丸めて円筒状にしたような構造をしています。アルミニウムの半分という軽さ、鋼鉄の二〇倍の強度ときわめてしなやかな弾性力を持つため、将来的に計画されている**軌道エレベータ**（**宇宙エレベータ**）を建造するときのロープ素材に使うことができるのではないかと期待されています。

また、小型集積回路や量子素子の配線材料として期待されている**ナノワイヤ**を利用することで、新しい形の半導体が開発できると注目されています。

次世代の半導体材料

新材料名	概要・特徴
カーボンナノチューブ	炭素の同素体で、同軸管状になった物質。単層をシングルウォールナノチューブ(SWNT)、多層をマルチウォールナノチューブ (MWNT) と呼ぶ。
フラーレン	多数の炭素原子で構成されるクラスタの総称。カーボンナノチューブもフラーレンの一種に分類されることがある。
銀ナノペースト	粒径が数十nmの銀ナノ粒子をポリエステルなどのポリマーに分散したもの。低い温度での焼成を可能にし、しかもいかなる厚みにおいても安定した電気特性を発揮する。
窒化ハフニウムシリケート	High-k素材で、標準的なCMOS製造行程における熱および電気の適合、スレッショルド電圧の安定といった課題を克服できるとみられている。
ハフニウムアルミネート	次世代のCMOSトランジスタに用いられる高誘電率ゲート絶縁膜において、低いリーク(漏れ)電流と高い熱的安定性を持つと期待されている。
ナノワイヤ	1nm～1μm程度の直径を持つ微細な柱状構造体。長さは、500nm～1mm程度で、応用目的に合わせて適宜設定可能。
グラフェン	蜂の巣のような六角形格子構造の炭素原子シート。

8 半導体産業の将来性

技術的なレベルでは、日本は海外と比べても決して見劣りしていません。しかし、なかなか回復基調にならないのも事実です。そこには、企業とともに産業の明日を考える国家戦略の大きさが関係しています。

成長性のある基幹産業

バブル崩壊やリーマンショック、新型コロナウイルス禍といった、不況の波はありましたが、それを乗り越えてこれほどまでに成長した産業は半導体をおいて過去に類を見ません。

この成長は、アプリケーションの進展や、新しい分野への広がりとともに、今後も続くものと考えて、決して間違いではないでしょう。

過去には、パソコンや産業機器などを中心に成長を続けてきましたが、将来的にはより**生活と密着した形での発展および成長**が続いていくと考えられます。代表的なものとしては、ホームエレクトロニクスや自動車関連などが挙げられるでしょう。

また、グローバルな視点では、インフラやエネルギー関連、環境関連なども大きく進展が見込まれる分野で、これも最終的には社会生活の変化という、私たちの生活に関わってくることになろうと思われます。

さらに、その技術は研究レベルにとどまらず、医療分野や介護、再生医療などにも浸透していくことが期待できます。

このように、新技術の開発や新材料の発展は、私たちの生活にとっても、様々な恩恵をもたらすことになるでしょう。その中核を成す基幹産業として、半導体産業の成長はとどまるところを知らないと見られています。

これらの**進化のカギ**を握っているのは、やはり「半導体」の力といえるでしょう。

DRAMの失敗をバネに新展開を期待

過去、世界シェアの大半を占めていたDRAMからの撤退や企業の経営破綻が起こり、そして今SoCが壊滅状態になっているのは、業界にとっても悲しい事実ですが、そこから学ぶべき点も多いと感じられます。

そこには、海外企業と大きくかけ離れた「マーケティング」への考え方があると指摘する向きもあります。確かに、絶頂期だった頃を今になって考えれば、まったく軽視していたといわれても仕方がないでしょう。

しかも、そのことに気がつかないままでいたため、世界的なパラダイムシフトにも対応できなかったことが現状となって現れているとも考えられるでしょう。

しかし、高品質へのこだわりがもたらした過去の失敗も、技術力で勝る点を考えれば、マーケティングの確立次第で復活させることも可能となるでしょう。特に、世界から注目されている半導体製造装置が、現在以上の進展を達成することになれば、半導体市場への復活を大きく後押ししてくれることになり、失われた一〇年を取り戻せるかも知れません。

半導体市場規模

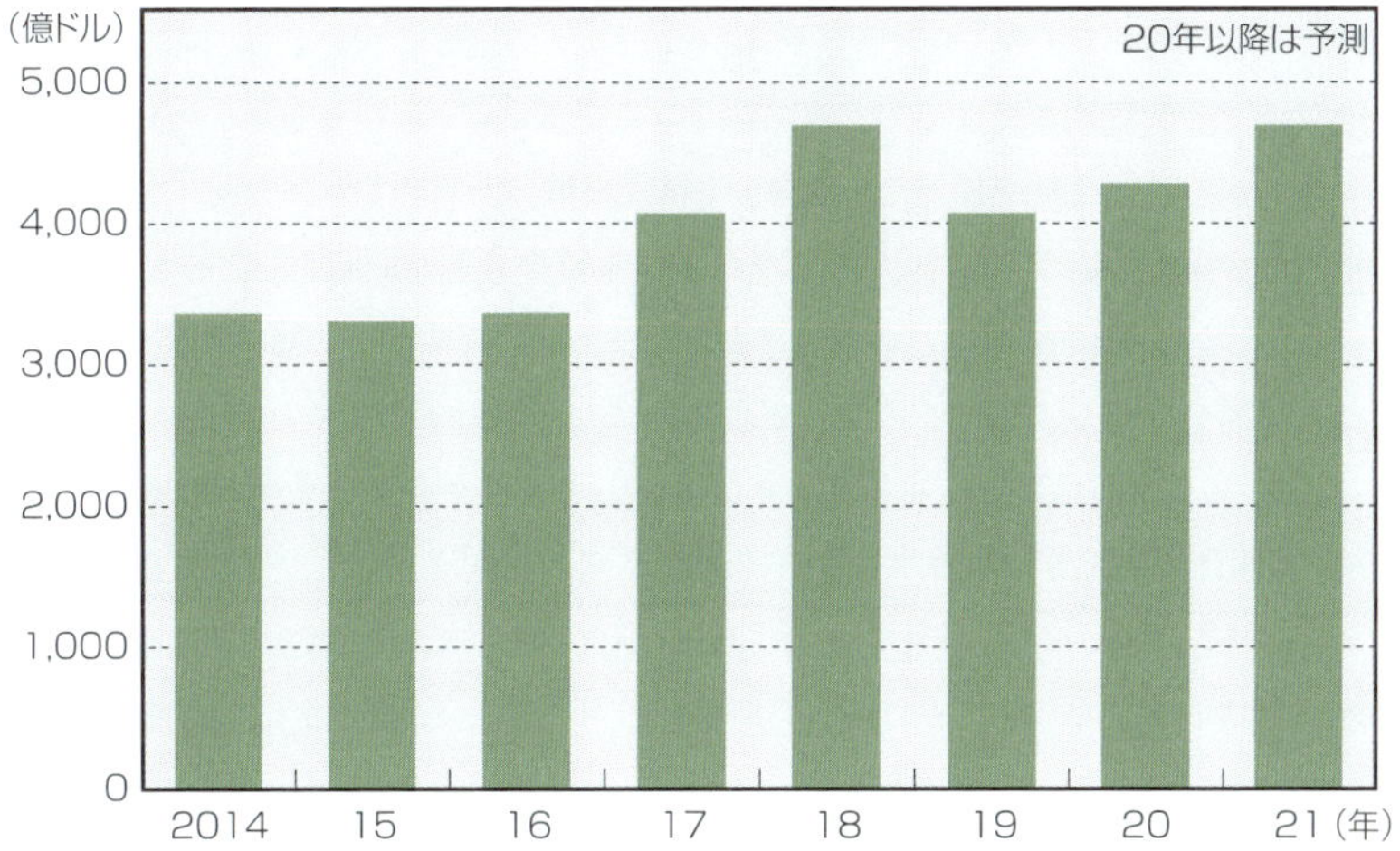

出所：世界半導体市場統計

column

次世代の有機デバイス

次世代の半導体デバイスとして注目されている「有機デバイス」は、プラスチック上に容易に製造できるという特徴が高く評価されています。しかも、ベースがプラスチックですから、薄くて軽いだけではなく、曲げたり叩いても壊れないなど、耐久性にもきわめて優れた性能を発揮することから、次世代の新しいデバイスとして期待されています。中でも、医療への応用やウェアラブルエレクトロニクスへの応用が注目されています。

20世紀は、半導体がエレクトロニクス分野の飛躍的な発展をもたらし、科学分野はもとより、私たちの生活にもすばらしい便利さを実現してくれました。特に、年を追って微細化するとともに、演算速度や記憶容量の飛躍的な進歩は、現在私たちが享受している高度な情報化社会の基板を形作ったといっても過言ではないでしょう。

しかし、21世紀になると高速化や大容量化だけにとどまらず、環境への考慮や人との親和性が取りざたされるようになってきました。そこでは、製造段階での環境問題解決や、人に装着するウェアラブル機器への対応が強く求められるようになります。

そこで登場したのが「有機デバイス」ですが、その登場の背景には、現在のシリコン半導体での問題点が考えられます。シリコン半導体は、集積度が高いという点で、きわめてすぐれた性能を誇っていますが、単位面積当たりのコストが高く、大面積の電子回路を実現しようとしたときに、そのコスト高が大きな問題として横たわっていました。そこで、低コスト性という特長も併せ持っている有機デバイスを用いることで、この難問を解決しようという試みが現実的になっているのです。

医療への応用としては、有機デバイス自体の柔軟性や有機分子特有の機能を生かして、人体とエレクトロニクスを融合させた活用法が考えられています。例えば、ヘルスケア分野においては、身体の一部に直接貼り付けて、対応や脈拍などの健康状態を、24時間ストレスなくモニタし続け、帰宅などのポイントで自動送信できる健康機器への応用などが考えられます。

また、「薄くて、曲がる」エレクトロニクスは、今後の暮らしを大きく変えると考えられているホームユース・ロボットなどにも応用できると、産業界からも熱い視線が注がれています。

Appendix

巻末資料

- 半導体メーカーと関連企業
- 垂直統合型と水平分業型
- 半導体の分類
- 世界の半導体メーカーの売上ランキング
- メモリシェア
- 半導体業界団体一覧

How-nual 図解入門 業界研究

半導体メーカーと関連企業

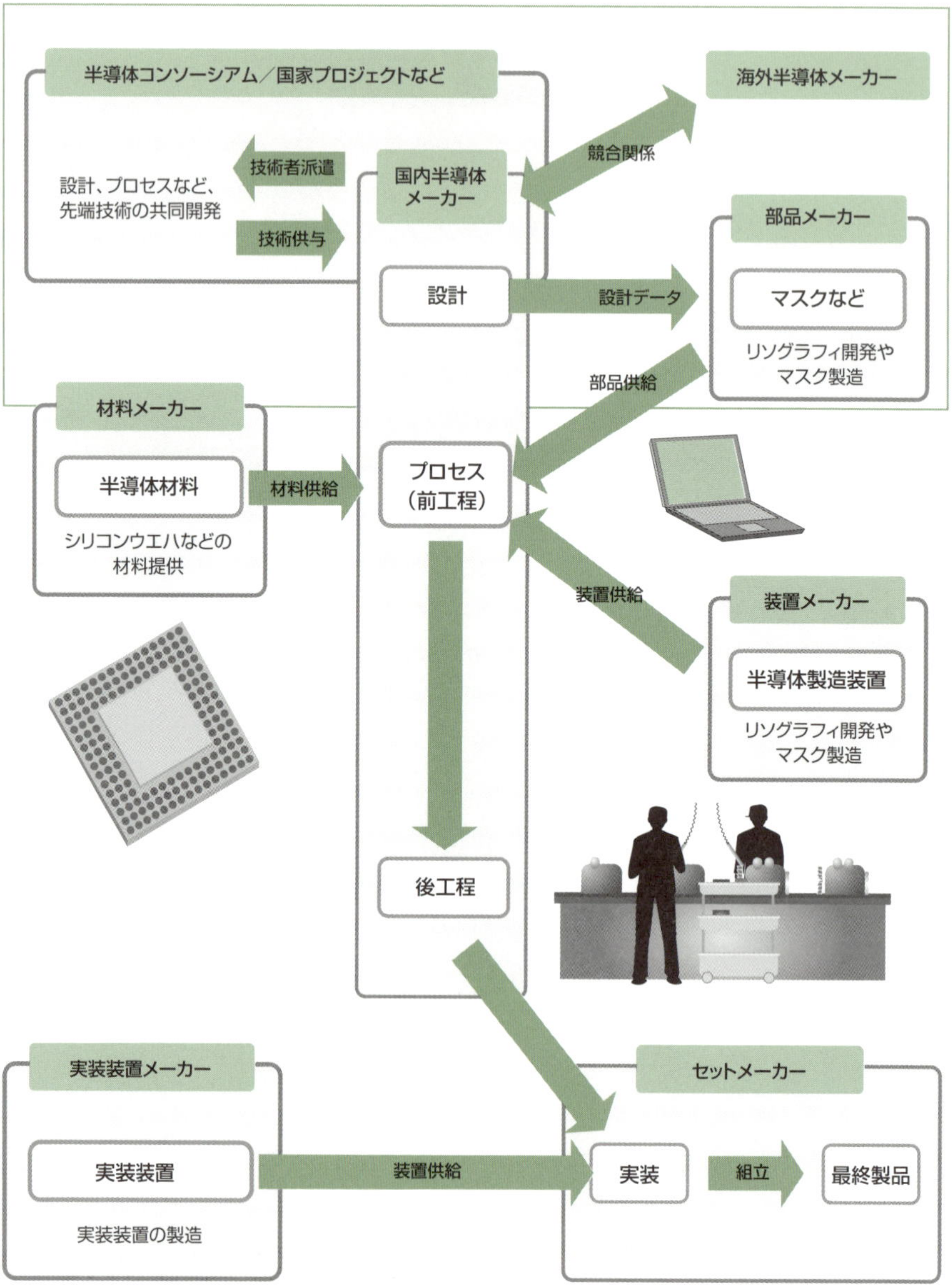

垂直統合型と水平分業型

垂直統合型

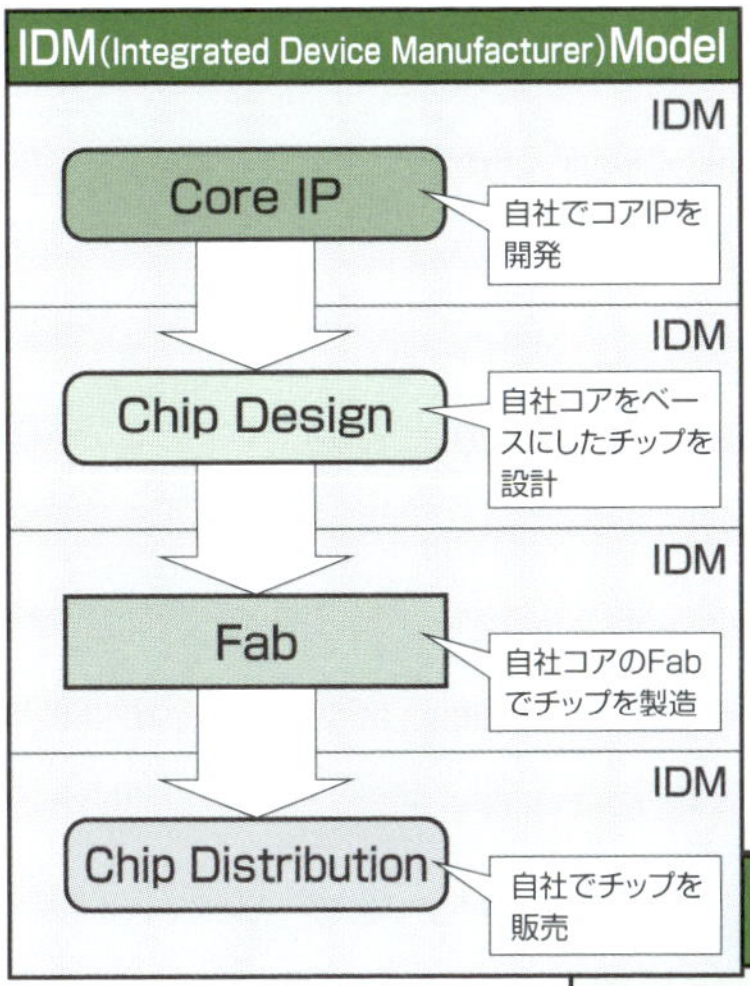

IDM　　　：設計、製造、販売をすべて自社にて行う
ファブレス：設計と販売のみ自社。製造はファウンドリ使用
ファウンドリ：半導体各社から製造のみ請け負う

水平分業型

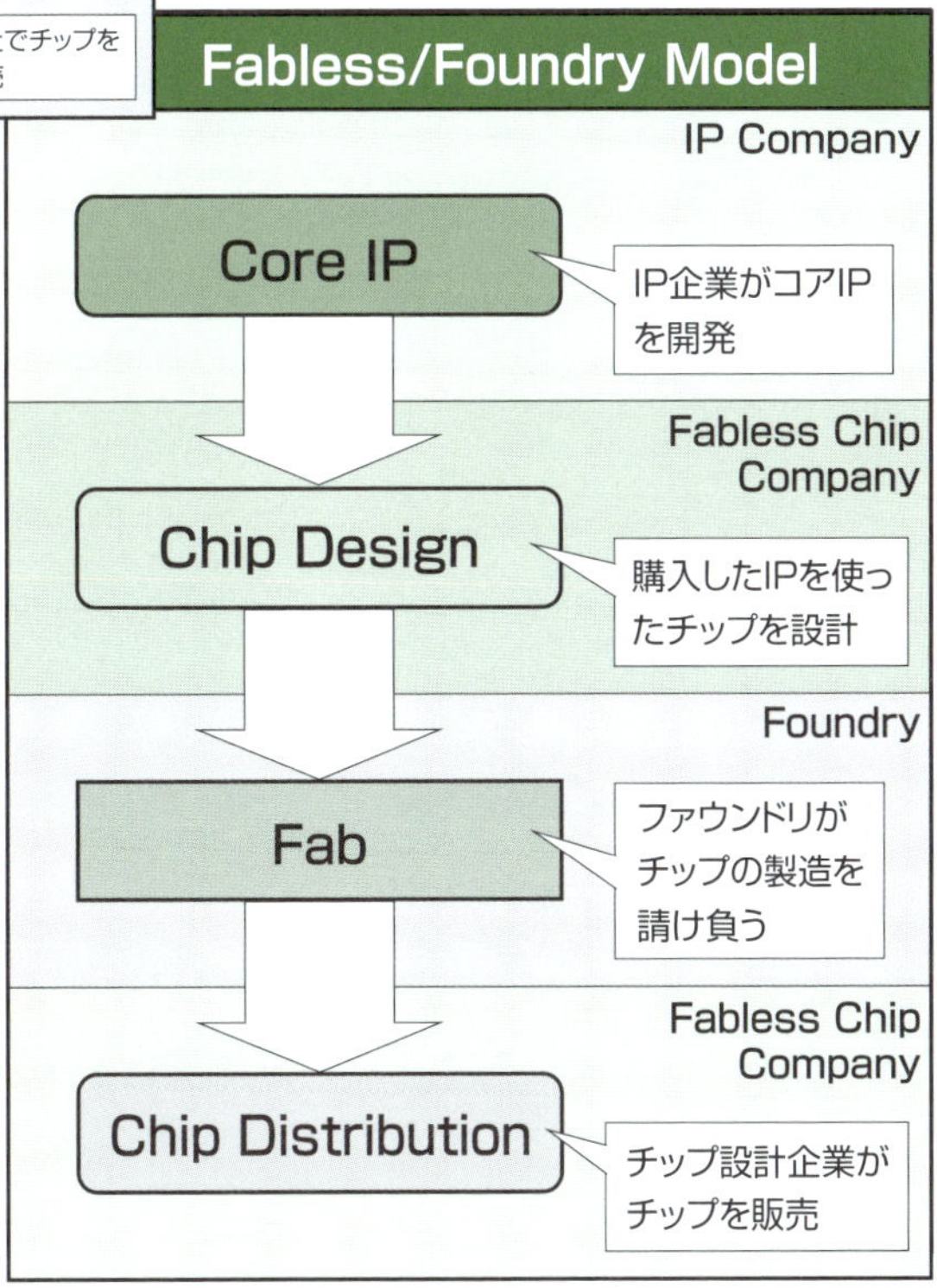

半導体の分類

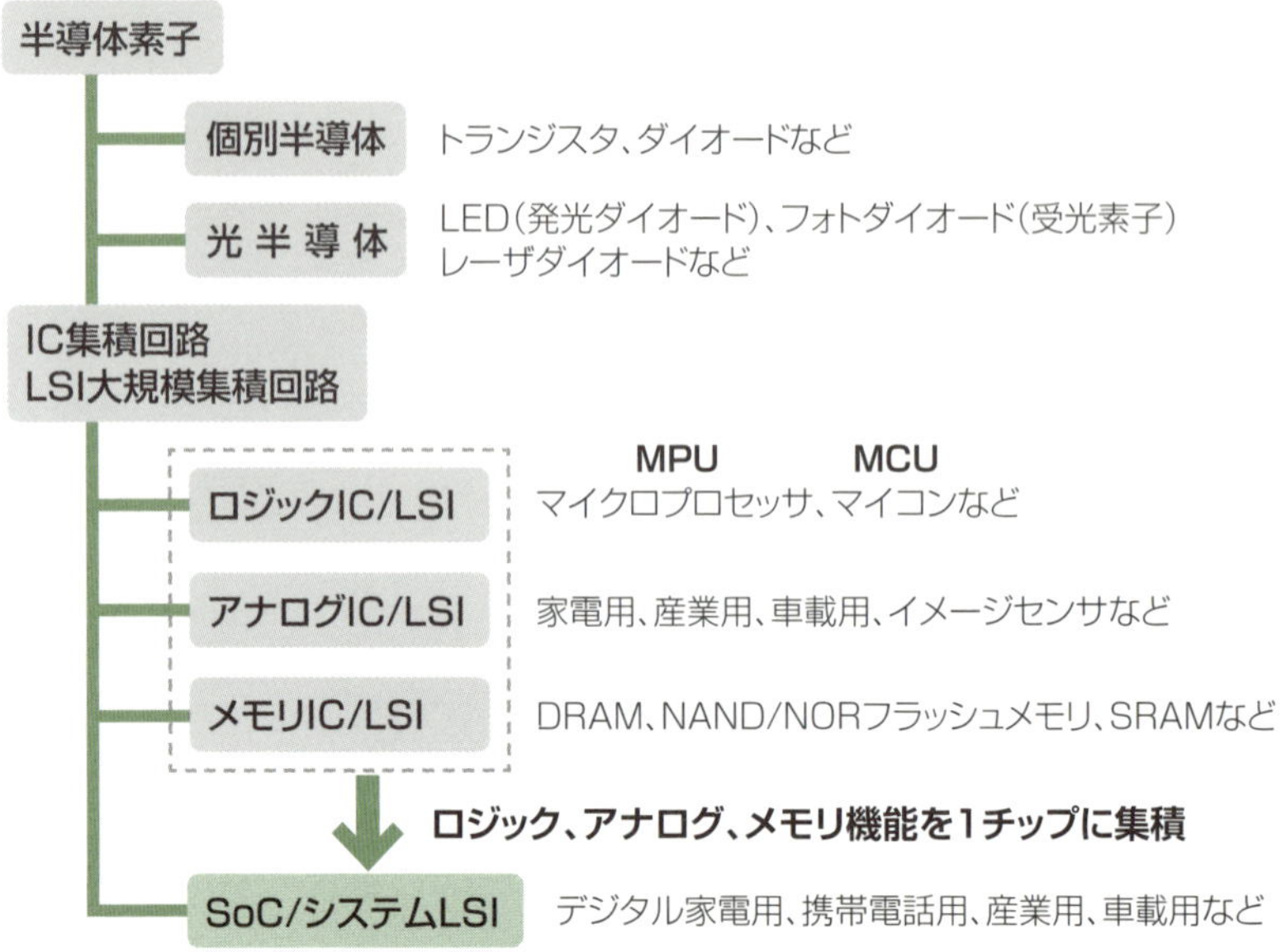
半導体素子
個別半導体
トランジスタ、ダイオードなど
光半導体
LED(発光ダイオード)、フォトダイオード(受光素子)
レーザダイオードなど
IC集積回路
LSI大規模集積回路
ロジックIC/LSI
MPU
MCU
マイクロプロセッサ、マイコンなど
アナログIC/LSI
家電用、産業用、車載用、イメージセンサなど
メモリIC/LSI
DRAM、NAND/NORフラッシュメモリ、SRAMなど
ロジック、アナログ、メモリ機能を1チップに集積
SoC/システムLSI
デジタル家電用、携帯電話用、産業用、車載用など

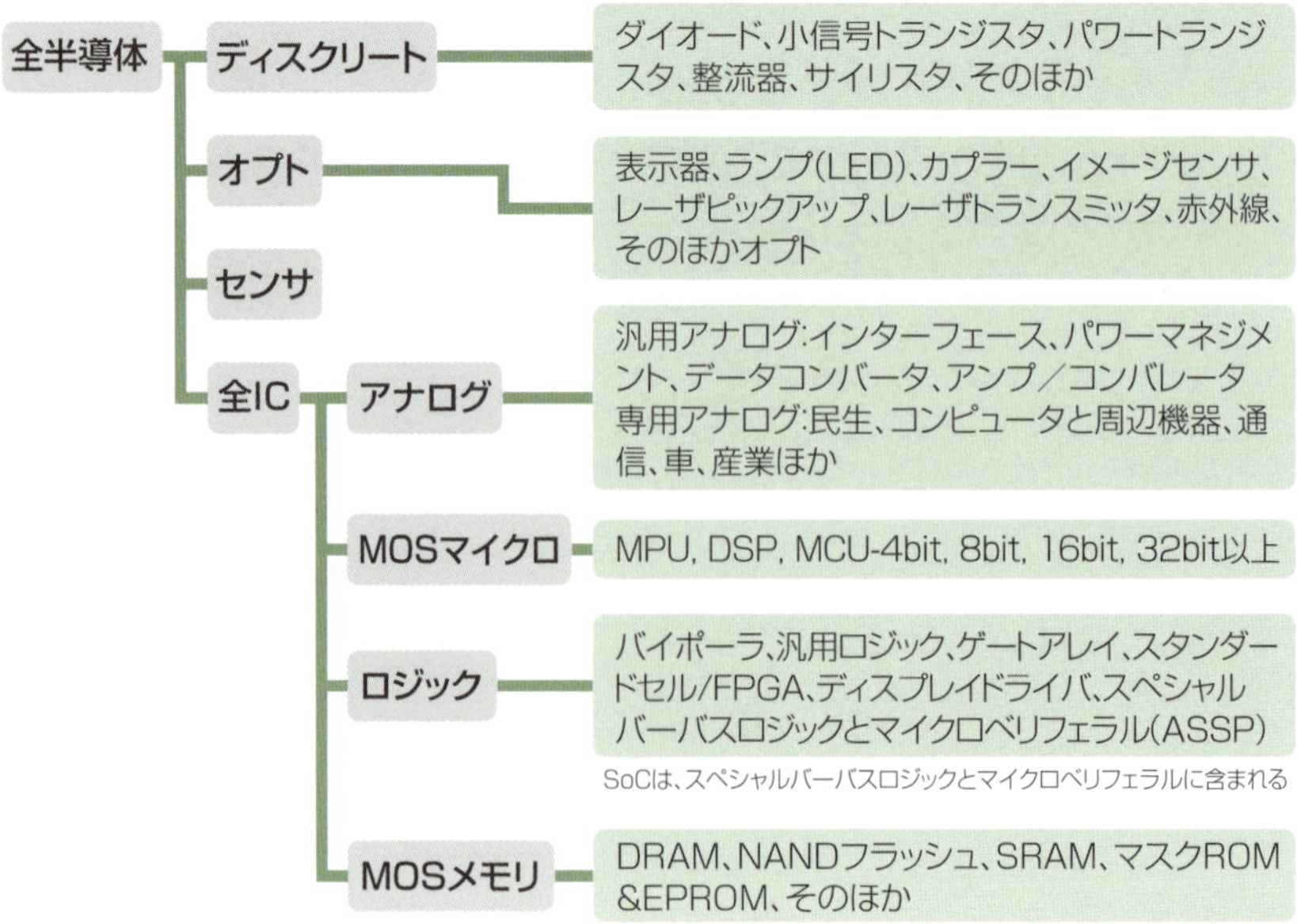
全半導体
ディスクリート
ダイオード、小信号トランジスタ、パワートランジスタ、整流器、サイリスタ、そのほか
オプト
表示器、ランプ(LED)、カプラー、イメージセンサ、レーザピックアップ、レーザトランスミッタ、赤外線、そのほかオプト
センサ
全IC
アナログ
汎用アナログ:インターフェース、パワーマネジメント、データコンバータ、アンプ/コンパレータ
専用アナログ:民生、コンピュータと周辺機器、通信、車、産業ほか
MOSマイクロ
MPU, DSP, MCU-4bit, 8bit, 16bit, 32bit以上
ロジック
バイポーラ、汎用ロジック、ゲートアレイ、スタンダードセル/FPGA、ディスプレイドライバ、スペシャルバーバスロジックとマイクロベリフェラル(ASSP)
SoCは、スペシャルバーバスロジックとマイクロベリフェラルに含まれる
MOSメモリ
DRAM、NANDフラッシュ、SRAM、マスクROM&EPROM、そのほか

世界の半導体メーカーの売上ランキング

世界の半導体メーカー別売上ランキング トップ10

順位	メーカー名	国名	売上高（百万米ドル）	市場シェア
1	インテル	アメリカ	72,759	15.6%
2	サムスン電子	韓国	57,729	12.4%
3	SK ハイニックス	韓国	25,854	5.5%
4	マイクロン・テクノロジー	アメリカ	22,037	4.7%
5	クアルコム	アメリカ	17,632	3.8%
6	ブロードコム	アメリカ	15,754	3.4%
7	テキサスインスツルメンツ	アメリカ	13,619	2.9%
8	メディアテック	台湾	10,988	2.4%
9	NVIDIA	アメリカ	10,643	2.3%
10	キオクシア	日本	10,374	2.2%
—	その他		208,848	44.8%
合計			466,237	100.0%

製品別半導体市場

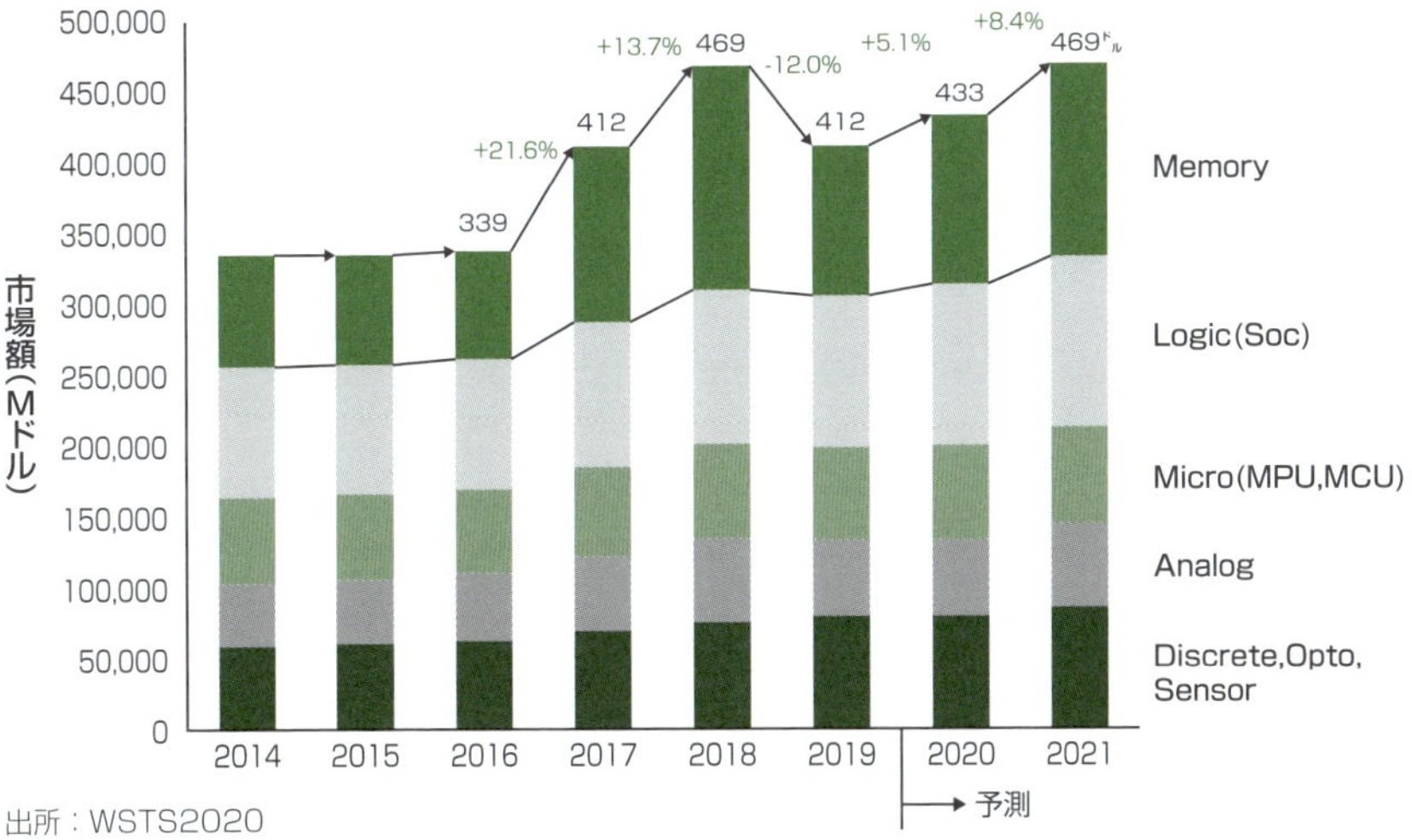

出所：WSTS2020

メモリシェア

DRAM金額シェア(2020年2Q)

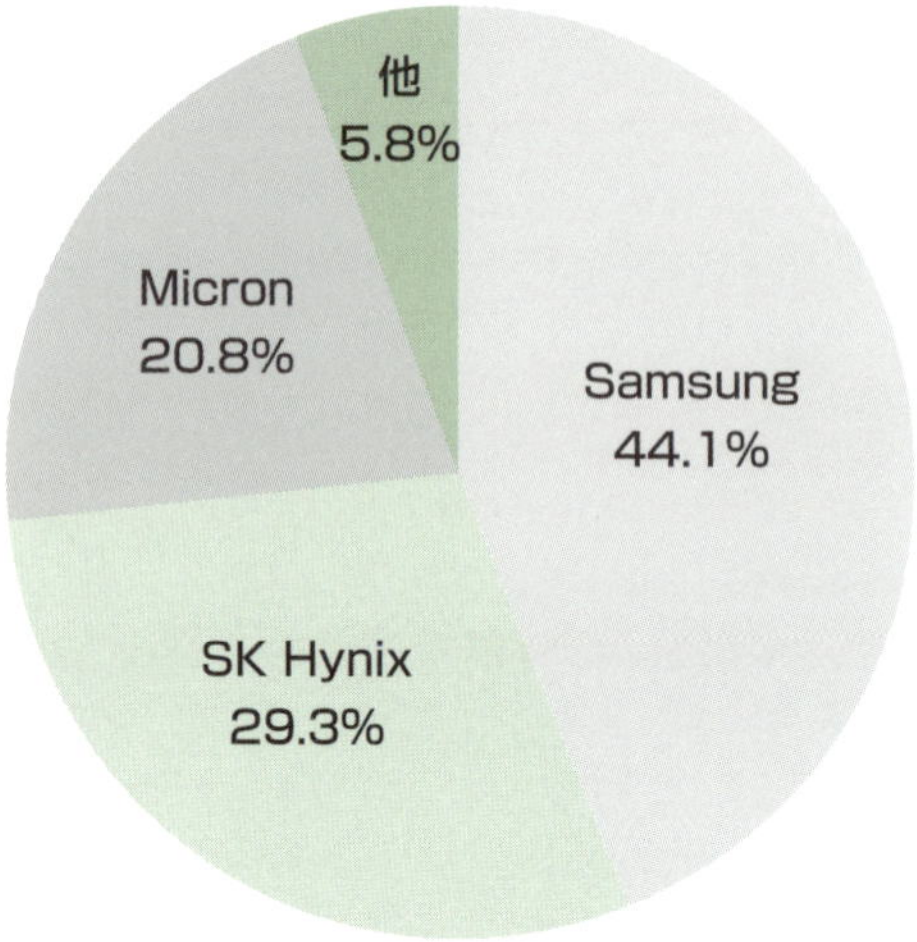

NAND金額シェア(2020年1Q)

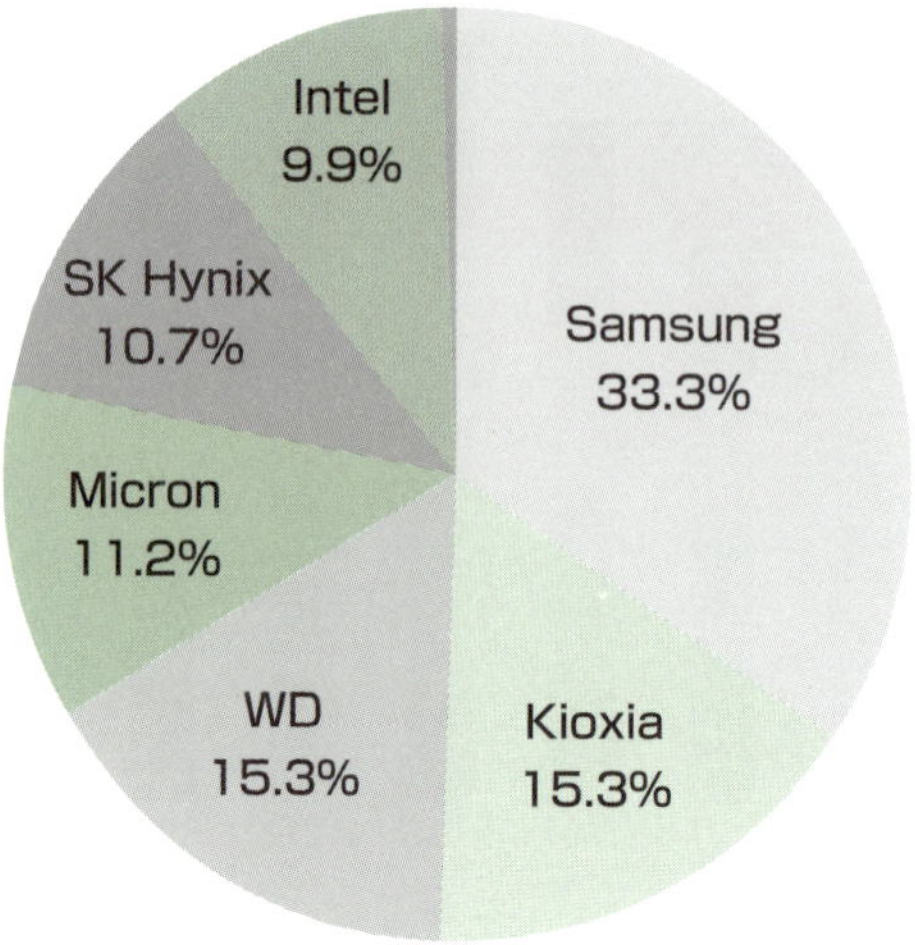

出所:EE Times

半導体業界団体一覧

【国内IC・半導体メーカー】

旭化成エレクトロニクス株式会社
〒100-0006　東京都千代田区有楽町1-1-2
日比谷三井タワー
TEL：03-6699-3943
URL：https://www.akm.com/

SEMITEC株式会社
〒130-8512　東京都墨田区錦糸1-7-7
TEL：03-3621-1155
URL：http://www.semitec.co.jp/

NTTエレクトロニクス株式会社
〒221-0031　神奈川県横浜市神奈川区新浦島町1-1-32
ニューステージ横浜
TEL：045-414-9700
URL：http://www.ntt-electronics.com/

株式会社大泉製作所
〒350-1387　埼玉県狭山市新狭山1-11-4
TEL：04-2953-9211
URL：http://www.ohizumi-mfg.jp/

沖電気工業株式会社
〒105-8460　東京都港区虎ノ門1-7-12
TEL：03-3501-3111
URL：http://www.oki.com/

オムロン株式会社
〒600-8530　京都府京都市下京区塩小路通堀川東入
オムロン京都センタービル
TEL：075-344-7000
URL：http://www.omron.co.jp/

オリジン電気株式会社
〒338-0823　埼玉県さいたま市桜区栄和3-3-27
TEL：048-755-9011
URL：https://www.origin.co.jp/

キオクシア株式会社
〒108-0023　東京都港区芝浦3-1-21
田町ステーションタワーS
TEL：03-6478-2500
URL：https://about.kioxia.com/

キヤノン株式会社
〒146-8501　東京都大田区下丸子3-30-2
TEL：03-3758-2111
URL：http://canon.jp/

京セラ株式会社
〒612-8501　京都府京都市伏見区竹田鳥羽殿町6
TEL：075-604-3500
URL：https://www.kyocera.co.jp/

株式会社 京都セミコンダクター
〒612-8362　京都府京都市伏見区西大手町307-21
TEL：075-605-7311
URL：http://www.kyosemi.co.jp/

コーデンシ株式会社
〒611-0041　京都府宇治市槇島町十一の161
TEL：0774-23-7111
URL：http://www.kodenshi.co.jp/

サンケン電子株式会社
〒352-8666　埼玉県新座市北野3-6-3
TEL：048-472-1111
URL：http://www.sanken-ele.co.jp/

株式会社三社電機製作所
〒533-0031　大阪府大阪市東淀川区西淡路3-1-56
TEL：06-6321-0321
URL：http://www.sansha.co.jp/

株式会社芝浦電子
〒338-0001　埼玉県さいたま市中央区上落合2-1-24
三殖ビル
TEL：048-615-4000
URL：http://www.shibaura-e.co.jp/

シャープ株式会社
〒590-8522　大阪府堺市堺区匠町1番地
TEL：072-282-1221
URL：https://jp.sharp/

昭和電工株式会社
〒105-8518　東京都港区芝大門1-13-9
TEL：03-5470-3235
URL：http://www.sdk.co.jp/

新電元工業株式会社
〒100-0004　東京都千代田区大手町2-2-1　新大手町ビル
TEL：03-3279-4431
URL：http://www.shindengen.co.jp/

新日本無線株式会社
〒103-8456　東京都中央区日本橋横山町3-10
NB日本橋ビル
TEL：03-5642-8222
URL：http://www.njr.co.jp/

スタンレー電気株式会社
〒153-8636　東京都目黒区中目黒2-9-13
TEL：03-3710-2222
URL：http://www.stanley.co.jp/

住友電気工業株式会社
〒541-0041　大阪府大阪市中央区北浜 4-5-33　住友ビル
TEL：06-6220-4141
URL：http://www.sei.co.jp/

セイコーインスツル株式会社
〒261-8507　千葉県千葉市美浜区中瀬 1-8
TEL：043-211-1111
URL：http://www.sii.co.jp/

セイコー NPC 株式会社
〒110-0016　東京都台東区台東 2-9-4
明治安田生命秋葉原昭和通りビル 6F
TEL：03-6747-5300
URL：http://www.npc.co.jp/

セイコーエプソン株式会社
〒392-8502　長野県諏訪市大和 3-3-5
TEL：0266-52-3131
URL：http://www.epson.jp/

星和電機株式会社
〒610-0192　京都府城陽市寺田新池 36
TEL：0774-55-8181
URL：http://www.seiwa.co.jp/

ソニーセミコンダクタソリューションズ株式会社
〒243-0014　神奈川県厚木市旭町 4-14-1
TEL：—
URL：https://www.sony-semicon.co.jp/

株式会社デンソー
〒448-8661　愛知県刈谷市昭和町 1-1
TEL：0566-25-5511
URL：http://www.denso.co.jp/

株式会社東海理化
〒480-0195　愛知県丹羽郡大口町豊田 3-260
TEL：0587-95-5211
URL：http://www.tokai-rika.co.jp/

東芝デバイス & ストレージ株式会社
〒105-0023　東京都港区芝浦 1-1-1
TEL：03-3457-3369
URL：https://toshiba.semicon-storage.com/

豊田合成株式会社
〒452-8564　愛知県清須市春日長畑 1
TEL：052-400-1055
URL：http://www.toyoda-gosei.co.jp/

トヨタ自動車株式会社
〒471-8571　愛知県豊田市トヨタ町 1
TEL：0565-28-2121
URL：http://www.toyota.co.jp/

株式会社豊田自動織機
〒448-8671　愛知県刈谷市豊田町 2-1
TEL：0566-22-2511
URL：http://www.toyota-shokki.co.jp/

ナイトライド・セミコンダクター株式会社
〒771-0360　徳島県鳴門市瀬戸町明神字板屋島 115-7
TEL：088-683-7750
URL：http://www.nitride.co.jp/

日亜化学工業株式会社
〒774-8601　徳島県阿南市上中町岡 491
TEL：0884-22-2311
URL：http://www.nichia.co.jp/

ヌヴォトン テクノロジージャパン株式会社
〒617-8520　京都府長岡京市神足焼町 1 番地
TEL：075-951-8151
URL：https://www.nuvoton.co.jp/

株式会社日立製作所
〒100-8280　東京都千代田区丸の内 1-6-6
TEL：03-3258-1111
URL：http://www.hitachi.co.jp/

フェニテックセミコンダクター株式会社
〒715-0004　岡山県井原市木之子町 150
TEL：0866-62-4121
URL：http://www.phenitec.co.jp/

富士通株式会社
〒105-7123　東京都港区東新橋 1-5-2
汐留シティセンター
TEL：03-6252-2220
URL：http://jp.fujitsu.com/

富士電機株式会社
〒141-0032　東京都品川区大崎 1-11-2
ゲートシティ大崎イーストタワー
TEL：03-5435-7111
URL：http://www.fujielectric.co.jp/

富士フイルム株式会社
〒107-0052　東京都港区赤坂 9-7-3
TEL：03-6271-3111
URL：http://fujifilm.jp/

三菱電機株式会社
〒100-8310　東京都千代田区丸の内 2-7-3　東京ビル
TEL：03-3218-2111
URL：http://www.mitsubishielectric.co.jp/

三菱マテリアル株式会社
〒100-8117　東京都千代田区丸の内 3-2-3
丸の内二重橋ビル
TEL：03-5252-5200
URL：https://www.mmc.co.jp/

ミツミ電機株式会社
〒206-8567　東京都多摩市鶴牧 2-11-2
TEL：042-310-5333
URL：http://www.mitsumi.co.jp/

株式会社メガチップス
〒532-0003　大阪府大阪市淀川区宮原 1-1-1
新大阪阪急ビル
TEL：06-6399-2884
URL：http://www.megachips.co.jp/

ヤマハ株式会社
〒430-8650　静岡県浜松市中区中沢町 10-1
TEL：053-460-1111
URL：http://www.yamaha.co.jp/

株式会社リコー
〒143-8555　東京都大田区中馬込 1-3-6
TEL：03-3777-8111
URL：http://www.ricoh.co.jp/

ルネサスエレクトロニクス株式会社
〒135-0061　東京都江東区豊洲 3-2-24　豊洲フォレシア
TEL：03-6773-3000
URL：http://japan.renesas.com/

ローム株式会社
〒615-8585　京都府京都市右京区西院溝崎町 21
TEL：075-311-2121
URL：http://www.rohm.co.jp/

【海外半導体メーカー（日本法人のみ）】

アナログ・デバイセズ株式会社
〒105-6891　東京都港区海岸 1-16-1
ニューピア竹芝サウスタワービル 10F
TEL：03-5402-8200
URL：http://www.analog.com/jp/

インテル株式会社
〒100-0005　東京都千代田区丸の内 3-1-1
国際ビル 5 階
TEL：03-5223-9100
URL：http://www.intel.co.jp/

インフィニオンテクノロジーズジャパン株式会社
〒141-0032　東京都品川区大崎 1-11-2
ゲートシティ大崎イーストタワー 21F
TEL：03-5745-7100
URL：http://www.infineon.com/

ウィンボンド・エレクトロニクス株式会社
〒222-0033　神奈川県横浜市港北区新横浜 2-3-12
新横浜スクエアビル 9 階
TEL：045-478-1881
URL：https://www.winbond.com/

エヌビディア合同会社
〒107-0052　東京都港区赤坂 2-17-7 赤坂溜池タワー 2F
TEL：03-6743-8699
URL：http://jp.nvidia.com/

クアルコムジャパン株式会社
〒107-0062　東京都港区南青山 1-1-1
新青山ビル西館 18 階
TEL：03-5412-8900
URL：http://www.qualcomm.co.jp/

グローバルファウンドリーズ・ジャパン
〒220-8138　神奈川県横浜市西区みなとみらい 2-2-1
横浜ランドマークタワー 38 階
TEL：045-210-0701
URL：https://globalfoundries.com/

日本アイ・ビー・エム株式会社
〒103-8510　東京都中央区日本橋箱崎町 19-21
TEL：03-6667-1111
URL：http://www.ibm.com/jp/ja/

日本 AMD 株式会社
〒100-0005　東京都千代田区丸の内 1-8-3
丸の内トラストタワー本館 10F
TEL：03-6479-1550
URL：http://www.amd.com/jp/

日本サイプレス合同会社
〒211-0004　神奈川県川崎市中原区新丸子東 3-1200
KDX 武蔵小杉ビル
TEL：044-920-8108
URL：http://www.cypress.com/

日本サムスン株式会社
〒108-8240　東京都港区港南 2-16-4
品川グランドセントラルタワー 10F
TEL：03-6369-6000
URL：http://www.samsung.com/jp/

日本テキサス・インスツルメンツ合同会社
〒160-8366　東京都新宿区西新宿 6-24-1
西新宿三井ビル
TEL：03-4331-2000
URL：http://tij.co.jp/

株式会社日本マイクロニクス
〒180-8508　東京都武蔵野市吉祥寺本町 2-6-8
TEL：0422-21-2665
URL：https://www.mjc.co.jp/

マイクロチップ・テクノロジー・ジャパン株式会社
〒105-0013　東京都港区浜松町 1-10-14
住友東新橋ビル 3 号館 4 階
TEL：03-6880-3770
URL：https://www.microchip.co.jp/

マイクロンジャパン株式会社
〒108-0075　東京都港区港南 1-2-70
品川シーズンテラス 8F
TEL：03-5782-3300
URL：https://jp.micron.com/

BROADCOM
〒153-0042　東京都目黒区青葉台 4-7-7
青葉台ヒルズ 7F
TEL：03-6407-2727
URL：https://jp.broadcom.com/

NXP ジャパン
〒150-6024　東京都渋谷区恵比寿 4-20-3
恵比寿ガーデンプレイスタワー 24F
TEL：0120-950-032
URL：https://www.nxp.jp/

SK ハイニックスジャパン株式会社
〒105-6023 東京都港区虎ノ門 4-3-1
城山トラストタワ -23 階
TEL：03-6403-5500
URL：http://www.skhynix.com/

SMIC ジャパン株式会社
〒108-0075　東京都港区港南 2-16-4
品川グランドセントラルタワー
TEL：03-6433-1411
URL：http://www.smics.com/

ST マイクロエレクトロニクス株式会社
〒108-6017　東京都港区港南 2-15-1
品川インターシティ A 棟
TEL：03-5783-8200
URL：http://www.st-japan.co.jp/

TSMC ジャパン株式会社
〒220-6221　神奈川県横浜市西区みなとみらい 2-3-5
クイーンズタワー C 棟 21F
TEL：045-682-0670
URL：http://www.tsmc.com/japanese/

【半導体製造装置メーカー（日本法人のみ）】

アスリートＦＡ株式会社
〒392-0012　長野県諏訪市四賀 2970-1
TEL：—
URL：http://www.athlete-fa.jp/

株式会社アドバンテスト
〒100-0005　東京都千代田区丸の内 1-6-2
新丸の内センタービルディング
TEL：03-3214-7500
URL：http://www.advantest.co.jp/

アプライドマテリアルズジャパン株式会社
〒108-8444　東京都港区海岸 3-20-20
ヨコソーレインボータワー
TEL：03-6812-6800
URL：http://www.appliedmaterials.com/

株式会社アルバック
〒253-8543　神奈川県茅ヶ崎市萩園 2500
TEL：0467-89-2033
URL：http://www.ulvac.co.jp/

ウシオ電機株式会社
〒100-8150　東京都千代田区丸の内 1-6-5
丸の内北口ビルディング
TEL：03-5657-1000
URL：https://www.ushio.co.jp/

株式会社エー・アンド・デイ
〒170-0013　東京都豊島区東池袋 3-23-14
ダイハツ・ニッセイ池袋ビル 5 階
TEL：03-5391-6123
URL：https://www.aandd.co.jp/

エーエスエムエル・ジャパン株式会社
〒140-0001　東京都品川区北品川 4-7-35
御殿山トラストタワー 4F
TEL：03-5793-1800
URL：http://www.asml.com/

株式会社エスクラフト
〒198-0024　東京都青梅市新町 8-7-13
TEL：0428-30-1876
URL：http://www.scraft.jp/

株式会社荏原製作所
〒144-8510　東京都大田区羽田旭町 11-1
TEL：03-3743-6111
URL：http://www.ebara.co.jp/

株式会社オーク製作所
〒194-0295　東京都町田市小山ヶ丘 3-9-6
TEL：042-798-5130
URL：https://www.orc.co.jp/

オカノ電機株式会社
〒203-0003　東京都東久留米市金山町 2-8-18
TEL：042-471-3316
URL：https://okano-denki.co.jp/

大倉電気株式会社
〒350-0269　埼玉県坂戸市にっさい花みず木 1-4-4
TEL：049-282-7755
URL：http://www.ohkura.co.jp/

大宮工業株式会社
〒721-0926　広島県福山市大門町5-6-45
TEL：084-941-2616
URL：https://www.okksg.co.jp/

株式会社カイジョー
〒205-8607　東京都羽村市栄町3-1-5
TEL：042-555-2244
URL：https://www.kaijo.co.jp/

株式会社キーエンス
〒533-8555　大阪府大阪市東淀川区東中島1-3-14
TEL：06-6379-1111
URL：https://www.keyence.co.jp/

キヤノン株式会社
〒146-8501　東京都大田区下丸子3-30-2
TEL：03-3758-2111
URL：http://canon.jp/

キヤノンアネルバ株式会社
〒215-8550　神奈川県川崎市麻生区栗木2-5-1
TEL：044-980-5111
URL：https://www.canon-anelva.co.jp/

キヤノンマシナリー株式会社
〒525-8511　滋賀県草津市南山田町85番地
TEL：077-563-8511
URL：https://machinery.canon/

キューリック・アンド・ソファ・ジャパン株式会社
〒140-0001　東京都品川区北品川1-3-12　第5小池ビル
TEL：03-5769-6100
URL：http://www.kns.com/

黒田テクノ株式会社
〒223-0056　神奈川県横浜市港北区新吉田町157
TEL：045-590-0078
URL：https://www.kuroda-techno.com/

ケーエルエー・テンコール株式会社
〒220-0012　神奈川県横浜市西区みなとみらい3-7-1
Ocean Gate Minatomirai 11F
TEL：045-522-7000
URL：http://www.kla-tencor.co.jp/

光洋サーモシステム株式会社
〒632-0084　奈良県天理市嘉幡町229
TEL：0743-64-0981
URL：http://www.koyo-thermos.co.jp/

株式会社小坂研究所
〒101-0021 東京都千代田区外神田6-13-10
プロステック秋葉原3F
TEL：03-5812-2081
URL：http://www.kosakalab.co.jp/

サイマー・ジャパン株式会社
〒141-0032　東京都品川区大崎1-11-1
ゲートシティ大崎イーストタワー
TEL：03-5745-3100
URL：http://www.cymer.com/

サムコ株式会社
〒612-8443　京都府京都市伏見区竹田藁屋町36
TEL：075-621-7841
URL：http://www.samco.co.jp/

サンユー電子株式会社
〒169-0073　東京都新宿区百人町1-22-6
TEL：03-3363-3551
URL：http://www.sanyu-electron.co.jp/

ジェーシーシーエンジニアリング株式会社
〒197-0815　東京都あきる野市二宮東3-3-3
TEL：042-559-2501
URL：http://www.jcce.co.jp/

芝浦メカトロニクス株式会社
〒247-8610　神奈川県横浜市栄区笠間2-5-1
TEL：045-897-2421
URL：http://www.shibaura.co.jp/

島田理化工業株式会社
〒182-8602　東京都調布市柴崎2-1-3
TEL：042-481-8510
URL：http://www.spc.co.jp/

株式会社 島津製作所
〒604-8511　京都府京都市中京区西ノ京桑原町1番地
TEL：075-823-1111
URL：https://www.shimadzu.co.jp/

株式会社 昭和真空
〒252-0244　神奈川県相模原市中央区田名3062-10
TEL：042-764-0321
URL：https://www.showashinku.co.jp/

昭和電工株式会社
〒105-8518　東京都港区芝大門1-13-9
TEL：03-5470-3235
URL：https://www.sdk.co.jp/

株式会社新川
〒208-8585　東京都武蔵村山市伊奈平2-51-1
TEL：042-560-1231
URL：http://www.shinkawa.com/

シンフォニアテクノロジー株式会社
〒105-8564　東京都港区芝大門1-1-30　芝NBFタワー
TEL：03-5473-1800
URL：https://www.sinfo-t.jp/

スピードファム株式会社
〒252-1104　神奈川県綾瀬市大上 4-2-37
TEL：0467-76-3131
URL：https://www.speedfam.com/

住友重機械イオンテクノロジー株式会社
〒141-6025　東京都品川区大崎 2-1-1
ThinkPark Tower
TEL：03-6737-2690
URL：http://www.senova.co.jp/

株式会社清和光学製作所
〒164-0013　東京都中野区弥生町 4-12-17
TEL：03-3383-6301
URL：https://www.seiwaopt.co.jp/

セン特殊光源株式会社
〒561-0891　大阪府豊中市走井 1-5-23
TEL：06-6845-5111
URL：http://senlights.co.jp/

ダイトロン株式会社
〒532-0003　大阪府大阪市淀川区宮原 4-6-11
TEL：06-6399-5041
URL：https://www.daitron.co.jp/

株式会社 高田工業所
〒806-8567　福岡県北九州市八幡西区築地町 1-1
TEL：093-632-2631
URL：https://www.takada.co.jp/

株式会社ダルトン
〒104-0045　東京都中央区築地 5-6-10
浜離宮パークサイドプレイス
TEL：03-3549-6800
URL：https://www.dalton.co.jp/

超音波工業株式会社
〒190-8522　東京都立川市柏町 1-6-1
TEL：042-536-1212
URL：https://www.cho-onpa.co.jp/

株式会社ディスコ
〒143-8580　東京都大田区大森北 2-13-11
TEL：03-4590-1000
URL：http://www.disco.co.jp/jp/

テクノアルファ株式会社
〒141-0031　東京都品川区西五反田 2-27-4
明治安田生命五反田ビル 2F
TEL：03-3492-7421
URL：https://www.technoalpha.co.jp/

テラダイン株式会社
〒220-0012　神奈川県横浜市西区みなとみらい 3-6-3
MM パークビル 7F
TEL：045-414-3630
URL：http://www.teradyne.co.jp/

東京エレクトロン株式会社
〒107-6325　東京都港区赤坂 5-3-1　赤坂 Biz タワー
TEL：03-5561-7000
URL：http://www.tel.co.jp/

株式会社東京精密
〒192-8515　東京都八王子市石川町 2968-2
TEL：042-642-1701
URL：http://www.accretech.jp/

東邦化成株式会社
〒639-1031　奈良県大和郡山市今国府町 6-2
TEL：0743-59-2361
URL：https://www.toho-kasei.co.jp/

東横化学株式会社
〒211-8502　神奈川県川崎市中原区市ノ坪 370
TEL：044-422-0151
URL：https://www.toyokokagaku.co.jp/

東レエンジニアリング株式会社
〒103-0028　東京都中央区八重洲 1-3-22
八重洲龍名館ビル 6 階
TEL：03-3241-1541
URL：https://www.toray-eng.co.jp/

永田精機株式会社
〒170-0004　東京都豊島区北大塚 2-11-9
TEL：03-3918-5151
URL：http://www.nagata-seiki.co.jp/

株式会社ニコン
〒108-6290　東京都港区港南 2-15-3
品川インターシティ C 棟
TEL：03-6433-3600
URL：http://www.nikon.co.jp/

日東電工株式会社
〒530-0011　大阪府大阪市北区大深町 4-20
グランフロント大阪タワー A33 階
TEL：06-7632-2101
URL：https://www.nitto.com/

日本エー・エス・エム株式会社
〒206-0025　東京都多摩市永山 6-23-1
TEL：042-337-6311
URL：http://www.asm.com/

日本電子株式会社
〒196-8558　東京都昭島市武蔵野 3-1-2
TEL：042-543-1111
URL：http://www.jeol.co.jp/

日本電熱株式会社
〒399-8102　長野県安曇野市三郷温 3788 番
TEL：0263-87-8282
URL：https://www.nichinetu.co.jp/

株式会社ニューフレアテクノロジー
〒235-8522　神奈川県横浜市磯子区新杉田町 8-1
TEL：045-370-9127
URL：http://www.nuflare.co.jp/

株式会社ハーモテック
〒400-0851　山梨県甲府市住吉 4 丁目 1-32
TEL：055-298-6690
URL：http://www.harmotec.com/

ハイソル株式会社
〒110-0005　東京都台東区上野 1-17-6
TEL：03-3836-2800
URL：https://www.hisol.jp/

株式会社日立国際電気
〒105-8039　東京都港区西新橋 2-15-12
日立愛宕別館 6F
TEL：03-5510-5931
URL：http://www.hitachi-kokusai.co.jp/

株式会社日立ハイテク
〒105-6409　東京都港区虎ノ門一丁目 17 番 1 号
虎ノ門ヒルズ ビジネスタワー
TEL：03-3504-7111
URL：http://www.hitachi-hitec.com/

株式会社 日立パワーソリューションズ
〒317-0073　茨城県日立市幸町 3-2-2
TEL：0294-22-7111
URL：https://www.hitachi-power-solutions.com/

ヒューグルエレクトロニクス株式会社
〒102-0072　東京都千代田区飯田橋 4-5-7
TEL：03-3263-6661
URL：https://www.hugle.co.jp/

平田機工株式会社
〒861-0198　熊本県熊本市北区植木町一木 111 番地
TEL：096-272-0555
URL：https://www.hirata.co.jp/

株式会社ブルー・スター R&D
〒252-0241　神奈川県相模原市中央区横山台 1-31-1
TEL：042-711-7721
URL：http://blue-galaxy.co.jp/

マイクロ・テック株式会社
〒279-0012　千葉県浦安市入船 1-5-2
プライムタワー新浦安 13F
TEL：047-350-5131
URL：https://www.e-microtec.co.jp/

ユニオン光学株式会社
〒175-0081　東京都板橋区新河岸 2-22-4
TEL：03-5997-8531
URL：http://www.union.co.jp/

横河電機株式会社
〒180-8750　東京都武蔵野市中町 2-9-32
TEL：0422-52-5555
URL：http://www.yokogawa.co.jp/

ローツェ株式会社
〒720-2104　広島県福山市神辺町道上 1588-2
TEL：084-960-0001
URL：https://www.rorze.com/

ワッティー株式会社
〒141-0031　東京都品川区西五反田 7-18-2
ワッティー本社ビル
TEL：03-3779-1001
URL：https://watty.co.jp/

株式会社 SCREEN セミコンダクターソリューションズ
〒602-8585　京都府京都市上京区堀川通寺之内上る 4 丁目
天神北町 1-1
TEL：075-414-7111
URL：https://www.screen.co.jp/spe/

株式会社 SCREEN ファインテックソリューションズ
〒602-8585　京都府京都市上京区堀川通寺之内上る 4 丁目
天神北町 1-1
TEL：075-417-2570
URL：https://www.screen.co.jp/ft/

SPP テクノロジーズ株式会社
〒100-0003　東京都千代田区一ツ橋 1-2-2
住友商事竹橋ビル 4 階
TEL：03-3217-2819
URL：https://www.spp-technologies.co.jp/

TDK 株式会社
〒103-6128　東京都中央区日本橋 2-5-1
日本橋高島屋三井ビルディング
TEL：03-6778-1000
URL：https://www.tdk.com/

TOWA 株式会社
〒601-8105　京都府京都市南区上鳥羽上調子町 5
TEL：075-692-0250
URL：http://www.towajapan.co.jp/

TOWA レーザーフロント株式会社
〒252-5298　神奈川県相模原市中央区下九沢 1120 番地
TEL：042-700-3431
URL：https://www.laserfront.jp/

【半導体材料メーカー】

旭化成株式会社
〒100-0006　東京都千代田区有楽町一丁目 1 番 2 号
日比谷三井タワー
TEL：03-6699-3000
URL：https://www.asahi-kasei.com/jp/

イビデン株式会社
〒503-8604　岐阜県大垣市神田町 2-1
TEL：0584-81-3111
URL：https://www.ibiden.co.jp/

岩谷産業株式会社
〒105-8458　東京都港区西新橋 3 － 21 － 8
TEL：03-5405-5711
URL：http://www.iwatani.co.jp/

エア・ウォーター株式会社
〒542-0081　大阪府大阪市中央区南船場 2-12-8
TEL：06-6252-5411
URL：http://www.awi.co.jp/

昭和電工株式会社
〒105-8518　東京都港区芝大門 1-13-9
TEL：03-5470-3235
URL：http://www.sdk.co.jp/

昭和電工マテリアルズ株式会社
〒100-6606　東京都千代田区丸の内 1-9-2
グラントウキョウサウスタワー
TEL：03-5533-7000
URL：https://www.mc.showadenko.com/

信越化学工業株式会社
〒100-0004　東京都千代田区大手町 2-6-1
朝日生命大手町ビル
TEL：03-3246-5091
URL：http://www.shinetsu.co.jp/

新光電気工業株式会社
〒381-2287　長野県長野市小島田町 80 番地
TEL：026-283-1000
URL：https://www.shinko.co.jp/

住友化学株式会社
〒104-8260　東京都中央区新川 2-27-1
東京住友ツインビル東館
TEL：03-5543-5500
URL：http://www.sumitomo-chem.co.jp/

住友金属鉱山株式会社
〒105-8716　東京都港区新橋 5-11-3　新橋住友ビル
TEL：03-3436-7701
URL：http://www.smm.co.jp/

住友電気工業株式会社
〒541-0041　大阪府大阪市中央区北浜 4-5-33　住友ビル
TEL：06-6220-4141
URL：http://www.sei.co.jp/

積水化学工業株式会社
〒530-8565　大阪府大阪市北区西天満 2-4-4
TEL：06-6365-4122
URL：https://www.sekisui.co.jp/

セントラル硝子株式会社
〒101-0054　東京都千代田区神田錦町 3-7-1
興和一橋ビル
TEL：03-3259-7111
URL：http://www.cgco.co.jp/

ダイキン工業株式会社
〒530-8323　大阪府大阪市北区中崎西 2-4-12
梅田センタービル 19F
TEL：06-6373-4312
URL：http://www.daikin.co.jp/

大日本印刷株式会社
〒162-0062　東京都新宿区市谷加賀町 1-1-1
TEL：03-3266-2111
URL：http://www.dnp.co.jp/

太陽日酸株式会社
〒142-8558　東京都品川区小山 1-3-26　東洋 Bldg
TEL：03-5788-8000
URL：http://www.tn-sanso.co.jp/

帝人株式会社
〒100-8585　東京都千代田区霞が関三丁目 2 番 1 号
霞が関コモンゲート西館
TEL：03-3506-4529
URL：http://www.teijin.co.jp/

東京応化工業株式会社
〒211-0012　神奈川県川崎市中原区中丸子 150
TEL：044-435-3000
URL：http://www.tok.co.jp/

東レ株式会社
〒103-8666　東京都中央区日本橋室町 2-1-1
日本橋三井タワー
TEL：03-3245-5111
URL：http://www.toray.co.jp/

株式会社トクヤマ
〒101-8618　東京都千代田区外神田 1-7-5
フロントプレイス秋葉原
TEL：03-5207-2500
URL：http://www.tokuyama.co.jp/

凸版印刷株式会社
〒110-8560　東京都台東区台東 1-5-1
TEL：03-3835-5111
URL：http://www.toppan.co.jp/

長瀬産業株式会社
〒103-8355　東京都中央区日本橋小舟町 5-1
TEL：03-3665-3021
URL：https://www.nagase.co.jp/

日東電工株式会社
〒530-0011　大阪府大阪市北区大深町 4-20
グランフロント大阪タワー A 33 階
TEL：06-7632-2101
URL：http://www.nitto.co.jp/

日本電気硝子株式会社
〒520-8639　滋賀県大津市晴嵐 2-7-1
TEL：077-537-1700
URL：http://www.neg.co.jp/

パナソニック株式会社
〒571-8501　大阪府門真市大字門真 1006 番地
TEL：06-6908-1121
URL：https://www.panasonic.com/jp/

株式会社 日立ハイテク
〒105-6409　東京都港区虎ノ門 1-17-1
虎ノ門ヒルズ ビジネスタワー
TEL：03-3504-7111
URL：https://www.hitachi-hightech.com/jp/

富士フイルム株式会社
〒107-0052　東京都港区赤坂 9-7-3
TEL：03-6271-3111
URL：https://www.fujifilm.com/

三井化学株式会社
〒105-7122　東京都港区東新橋 1-5-2
汐留シティセンター
TEL：03-6253-2100
URL：https://jp.mitsuichemicals.com/

三井金属鉱業株式会社
〒141-8584　東京都品川区大崎 1-11-1
ゲートシティ大崎ウエストタワー 20F
TEL：03-5437-8000
URL：https://www.mitsui-kinzoku.com/

三菱マテリアル株式会社
〒100-8117　東京都千代田区大手町 3-2-3
丸の内二重橋ビル
TEL：03-5252-5200
URL：http://www.mmc.co.jp/

AGC 株式会社
〒100-8405　東京都千代田区有楽町 1-5-1
新丸の内ビルディング
TEL：03-3218-5741
URL：http://www.agc.co.jp/

HOYA 株式会社
〒160-8347　東京都新宿区西新宿 6-10-1
日土地西新宿ビル 20F
TEL：03-6911-4811
URL：http://www.hoya.co.jp/

JSR 株式会社
〒105-8640　東京都港区東新橋一丁目 9 番 2 号
汐留住友ビル 22F
TEL：03-6218-3500
URL：https://www.jsr.co.jp/

JX 金属株式会社
〒105-8417　東京都港区虎ノ門 2-10-4
オークラ プレステージタワー
TEL：03-6433-6000
URL：https://www.nmm.jx-group.co.jp/

株式会社 SUMCO
〒105-8634　東京都港区芝浦 1-2-1 シーバンス N 館
TEL：03-5444-0808
URL：https://www.sumcosi.com/

【ファブレスメーカー】

株式会社アクセル
〒101-8973　東京都千代田区外神田 4-14-1
秋葉原 UDX　南ウイング 10 階
TEL：03-5298-1670
URL：http://www.axell.co.jp/jp/

インターチップ株式会社
〒270-1412　千葉県白井市桜台 2-5-1
TEL：047-498-1211
URL：http://www.interchip.co.jp/

エイ・アイ・エル株式会社
〒164-0012　東京都中野区本町 2 丁目 2 番 13 号
NKC ビル 6F
TEL：03-3320-6251
URL：http://www.ailabo.co.jp/

エーシーテクノロジーズ株式会社
〒222-0033　神奈川県横浜市港北区新横浜 3-20-12
新横浜望星ビル 4 階
TEL：045-594-6891
URL：http://www.actex.co.jp/

キュリアス株式会社
〒101-0041　東京都千代田区神田須田町 1-10-2
メットライフ神田須田町ビル 8 階
TEL：03-5207-2785
URL：http://www.curious-jp.com/

株式会社クリエイティブデザイン
〒666-0024　兵庫県川西市久代 3 丁目 13 番 21 号
TEL：072-757-2725
URL：https://www.cdi.co.jp/

ザイリンクス株式会社
〒141-0032　東京都品川区大崎 1-2-2
アートヴィレッジ大崎セントラルタワー 4 階
TEL：03-6744-7777
URL：http://japan.xilinx.com/

ザインエレクトロニクス株式会社
〒101-0053　東京都千代田区神田美土代町 9-1
MD 神田ビル 3F
TEL：03.-5217-6660
URL：http://www.thine.co.jp/

三栄ハイテックス株式会社
〒435-0015　静岡県浜松市東区子安町 311-3
TEL：053-465-1555
URL：https://www.sanei-hy.co.jp/

株式会社ジェピコ
〒169-0074　東京都新宿区北新宿 2-21-1
新宿フロントタワー 34F
TEL：
URL：https://www.jepico.co.jp/

シリコンライブラリ株式会社
〒141-0022　東京都品川区東五反田 1-10-7
AIOS 五反田 708 号
TEL：
URL：http://www.siliconlib.com/

株式会社ソシオネクスト
〒222-0033　神奈川県横浜市港北区新横浜 2-10-23
野村不動産新横浜ビル
TEL：045-568-1000
URL：https://www.socionext.com/

株式会社テクノマセマティカル
〒141-0031　東京都品川区西五反田 2-12-19
五反田 NN ビル 7 階
TEL：03-3492-3633
URL：https://www.tmath.co.jp

株式会社トリプルワン
〒103-0016　東京都中央区日本橋小網町 16-15
神明日本橋ビル 3F
TEL：03-5614-8181
URL：https://www.tripleone.net/

株式会社ナノデザイン
〒814-0001　福岡県福岡市早良区百道浜 3-8-33
福岡システム LSI 総合開発センター 513-7 号
TEL：092-832-8870
URL：http://www.nanodesign.co.jp/

株式会社ファイ・マイクロテック
〒243-0016　神奈川県厚木市田村町 8-10
本厚木トーセイビル 2F
TEL：046-297-7655
URL：http://www.phi-micro.com/

マイクロシグナル株式会社
〒613-0022　京都府久世郡久御山町市田新珠城 207
TEL：0774-43-7730
URL：http://www.microsignal.co.jp/

株式会社マグナデザインネット
〒900-0016　沖縄県那覇市前島 3-1-15
大同生命那覇ビル 4 階
TEL：098-862-5579
URL：https://magnadesignnet.com/

メガシス株式会社
〒407-0014　山梨県韮崎市富士見 3-16-37
TEL：0551-23-0575
URL：http://www.megasys.co.jp/

株式会社メガチップス
〒532-0003　大阪府大阪市淀川区宮原 1-1-1
新大阪東急ビル
TEL：06-6399-2884
URL：http://www.megachips.co.jp/

株式会社レイトロン
〒541-0053　大阪府大阪市中央区本町 1-4-8
エスリードビル本町 11 階
TEL：06-6125-0500
URL：http://www.raytron.co.jp/

株式会社ロジック・リサーチ
〒814-0001　福岡県福岡市早良区百道浜 3-8-33
TEL：092-834-8441
URL：http://www.logic-research.co.jp/

株式会社 DNP エル・エス・アイ・デザイン
〒356-8507　埼玉県ふじみ野市福岡 2-2-1
TEL：049-278-1912
URL：https://www.dnp.co.jp/

【EDA ツール・IP ベンダ】

アーム株式会社
〒 222-0033　神奈川県横浜市港北区新横浜 2-3-12
新横浜スクエアビル 17F
TEL：045-477-5260
URL：https://www.arm.com/ja/

イマジネーションテクノロジーズ
〒 141-0022　東京都品川区東五反田 1-7-11
アイオス五反田アネックスビル 3F
TEL：03-5795-4648
URL：http://jp.imgtec.com/

ザイリンクス株式会社
〒 141-0032　東京都品川区大崎 1-2-2
アートヴィレッジ大崎セントラルタワー 4 階
TEL：03-6744-7777
URL：http://japan.xilinx.com/

株式会社ジーダット
〒 104-0043　東京都中央区湊 1-1-12　HSB 鐵砲洲
TEL：03-6262-8400
URL：http://www.jedat.co.jp

株式会社スピナカー・システムズ
〒 141-0022 東京都品川区東五反田 1-10-7
アイオス五反田ビル 404 号
TEL：03-6277-4985
URL：http://www.spinnaker.co.jp

株式会社ソリトンシステムズ
〒 160-0022　東京都新宿区新宿 2-4-3
TEL：03-5360-3811
URL：https://www.soliton.co.jp/

日本ケイデンス・デザイン・システムズ社
〒 222-0033　神奈川県横浜市港北区新横浜 2-100-45
新横浜中央ビル
TEL：045-475-2221
URL：http://www.cadence.co.jp/

日本シノプシス合同会社
〒 158-0094　東京都世田谷区玉川 2-21-1
二子玉川ライズオフィス 15F
TEL：03-6746-3500
URL：http://www.synopsys.co.jp/

プロトタイピング・ジャパン株式会社
〒 222-0033　横浜市港北区新横浜 2-3-4
クレシェンドビル 7F
TEL：050-3704-6279
URL：http://prototyping-japan.com/

メンター・グラフィックス・ジャパン株式会社
〒 140-0001　東京都品川区北品川 4-7-35
御殿山トラストタワー
TEL：03-5488-3001
URL：http://www.mentorg.co.jp/

【半導体商社】

アヴネット株式会社
〒 150-6023　東京都渋谷区恵比寿 4-20-3
恵比寿ガーデンプレイスタワー 23 階
TEL：03-5792-8210
URL：https://www.avnet.com/

エム・シー・エム・ジャパン株式会社
〒 101-0051　東京都千代田区神田神保町 3-29
帝国書院ビル
TEL：03-5215-2050
URL：https://www.mcm.co.jp/

加賀 FEI 株式会社
〒 222-8508　神奈川県横浜市港北区新横浜 2-100-45
新横浜中央ビル
TEL：045-473-8030
URL：https://www.kagafei.com/jp/

兼松株式会社
〒 105-8005　東京都港区芝浦 1-2-1　シーバンス N 館
TEL：03-5440 − 8111
URL：https://www.kanematsu.co.jp/

協栄産業株式会社
〒 150-8585　東京都渋谷区松濤 2-20-4
TEL：03-3481-2111
URL：https://www.kyoei.co.jp/

株式会社グローセル
〒 101-0048　東京都千代田区神田司町二丁目 1 番地
TEL：03-6275-0600
URL：https://www.glosel.co.jp/

三信電気株式会社
〒 108-8404　東京都港区芝四 4-4-12
TEL：03-3453-5111
URL：http://www.sanshin.co.jp/

新光商事株式会社
〒 141-8540　東京都品川区大崎 1-2-2
アートヴィレッジ大崎セントラルタワー 13F
TEL：03-6361-8111
URL：https://www.shinko-sj.co.jp/

株式会社立花エレテック
〒550-8555　大阪府大阪市西区西本町 1-13-25
TEL：06-6539-8800
URL：http://www.tachibana.co.jp/

株式会社トーメンデバイス
〒104-6230　東京都中央区晴海 1-8-12
トリトンスクエアオフィスタワーZ棟 30 階
TEL：03-3536-9150
URL：http://www.tomendevices.co.jp/

東京エレクトロンデバイス株式会社
〒221-0056　神奈川県横浜市神奈川区金港町 1 番地4
横浜イーストスクエア
TEL：045-443-4000
URL：https://www.teldevice.co.jp/

株式会社ネクスティ エレクトロニクス
〒108-8510　東京都港区港南 2-3-13 品川フロントビル
TEL：03-5462-9611
URL：https://www.nexty-ele.com/

伯東株式会社
〒160-8910　東京都新宿区新宿 1-1-13
TEL：03-3225-8910
URL：https://www.hakuto.co.jp/

株式会社日立ハイテク
〒105-6409　東京都港区虎ノ門 1-17-1
虎ノ門ヒルズ ビジネスタワー
TEL：03-3504-7111
URL：https://www.hitachi-hightech.com/

株式会社フィギュアネット
〒221-0854　神奈川県横浜市神奈川区三ツ沢南町 7-45
TEL：045-440-5545
URL：http://www.figurenet.com/

株式会社マクニカ
〒222-8561　神奈川県横浜市港北区新横浜 1-6-3
TEL：045-470-9870
URL：http://www.macnica.co.jp/

丸文株式会社
〒103-8577　東京都中央区日本橋大伝馬町 8-1
TEL：03-3639-9801
URL：http://www.marubun.co.jp/

株式会社リョーサン
〒101-0031　東京都千代田区東神田 2-3-5
TEL：03-3862-2591
URL：http://www.ryosan.co.jp/

菱電商事株式会社
〒170-0013　東京都豊島区東池袋 3-15-15
TEL：03-5396-6111
URL：http://www.ryoden.co.jp/

菱洋エレクトロ株式会社
〒104-8408　東京都中央区築地 1-12-22 コンワビル
TEL：03-3543-7711
URL：https://www.ryoyo.co.jp/

株式会社レスターホールディングス
〒140-0002　東京都品川区東品川 3-6-5
TEL：03-3458-4618
URL：https://www.restargp.com/

株式会社 PALTEK
〒222-0033　神奈川県横浜市港北区新横浜 2-3-12
新横浜スクエアビル 6F
TEL：045-477-2000
URL：https://www.paltek.co.jp/

図解入門
How-nual

索引

INDEX

か行

あ行

さ行

な行

は行

た行

索引

ま行

わ行

アルファベット

や行

ら行

■数字

Memo

[センス・アンド・フォース]

御厨 恵寿（みくりや　しげとし）
音響機器、計測制御機器、コンピュータ周辺機器などを製造販売する電気機器メーカーにライターとして勤務し、原稿制作に携わる。センス・アンド・フォース設立後も、IT関連と産業機器関連のライターとして、半導体メーカーや半導体商社の取材記事執筆を続ける。特に自動車用半導体については、メーカーへの取材や機関誌の執筆も行っており、近年は半導体の関連から、めっき関連の連載も持っている。また、セキュリティ分野では、ネットワークセキュリティと防犯のいずれにも携わっている。「防犯設備士」と「防災士」の資格も持つ。

編集協力　株式会社エディポック

図解《ずかい》入門《にゅうもん》業界《ぎょうかい》研究《けんきゅう》
最新《さいしん》半導体《はんどうたい》業界《ぎょうかい》の動向《どうこう》とカラクリがよ〜くわかる本《ほん》[第《だい》3版《はん》]

発行日　2021年　7月25日　第1版第1刷

著　者　センス・アンド・フォース

発行者　斉藤　和邦
発行所　株式会社　秀和システム
〒135-0016
東京都江東区東陽2-4-2　新宮ビル2F
Tel 03-6264-3105（販売）Fax 03-6264-3094
印刷所　三松堂印刷株式会社　Printed in Japan

ISBN978-4-7980-6418-5 C0033